名校名师精品
系列教材

Data Analysis and Visualization

数据分析与可视化

基于 AWS 云平台 | 微课版

薛国伟 ◉ 主编

人 民 邮 电 出 版 社
北 京

图书在版编目（CIP）数据

数据分析与可视化 ：基于AWS云平台 ：微课版 / 薛国伟主编. -- 北京 ：人民邮电出版社，2022.2
名校名师精品系列教材
ISBN 978-7-115-57678-1

Ⅰ. ①数… Ⅱ. ①薛… Ⅲ. ①可视化软件－数据分析－高等职业教育－教材 Ⅳ. ①TP317.3

中国版本图书馆CIP数据核字(2021)第210626号

内 容 提 要

本书较为全面地介绍了在 AWS 云平台上进行数据分析和可视化开发必备的知识和技能。全书包含 6 个项目，分别介绍了搭建 AWS 数据分析开发环境、在数据分析中使用 Amazon S3 存储桶、使用 Flask 框架设计网站并进行数据分析、在 Notebook 中进行数据分析及可视化、Web 应用程序的数据可视化和航空数据分析及可视化。每个项目之后还提供了课后练习，帮助读者巩固所学的内容。

本书可以作为高职高专软件技术相关专业和非计算机专业云计算开发课程的教材，也可以作为计算机软件、硬件培训班教材，还可供数据分析开发人员、数据可视化开发人员和广大计算机爱好者阅读参考。

◆ 主　　编　薛国伟
　责任编辑　初美呈
　责任印制　王　郁　焦志炜
◆ 人民邮电出版社出版发行　　北京市丰台区成寿寺路 11 号
　邮编　100164　　电子邮件　315@ptpress.com.cn
　网址　https://www.ptpress.com.cn
　北京天宇星印刷厂印刷
◆ 开本：787×1092　1/16
　印张：14.25　　2022 年 2 月第 1 版
　字数：348 千字　　2025 年 1 月北京第 2 次印刷

定价：59.80 元

读者服务热线：(010)81055256　印装质量热线：(010)81055316
反盗版热线：(010)81055315
广告经营许可证：京东市监广登字 20170147 号

前言 PREFACE

党的二十大报告提出：我们要坚持教育优先发展、科技自立自强、人才引领驱动，加快建设教育强国、科技强国、人才强国。本书讲解在亚马逊（Amazon）云计算平台上开展数据分析和可视化的技术。对数据分析工具，本书重点讲解 numpy 和 pandas 包；对网站建设，本书主要使用 Flask 框架；对数据可视化工具，本书重点讲解 echarts.js 和 pyecharts 包。

本书按照初学者的学习路径，将全书编排为 6 个项目。

项目一学习搭建 AWS 数据分析开发环境。完成本章的案例，需要在 AWS 上创建 Amazon EC2 实例，使用 SSH 客户端进行远程登录，安装和配置 Notebook 开发环境，为 Amazon EC2 实例创建多用户等。

项目二学习使用 Amazon S3 存储桶存取数据的方法。完成本章的案例，需要在 Amazon S3 中创建存储桶，操作存储桶中的对象，使用 Python 语言操作 Amazon S3 存储桶中的数据并进行可视化。

项目三学习使用 Flask 框架设计网站并进行简单的数据分析。完成本章的案例，需要使用 Flask 框架创建前后端分离的网站技术，操作 SQLite 数据库，并将数据分析的结果在网页上进行展示。

项目四学习在 Notebook 中使用 pyecharts 包进行可视化的方法。完成本章的案例，需要在 Notebook 环境中根据不同数据的特点，使用 pyecharts 包的柱状图、饼图和散点图等不同的形式对数据进行可视化呈现。

项目五学习 Web 应用程序的数据可视化案例。完成本章的案例，需要使用 Flask 框架设计前后端分离的可视化网站并部署在 AWS 的 Amazon EC2 实例上，根据需要展示的不同侧重点，使用柱状图、饼图和散点图等不同的形式对数据进行可视化呈现。

项目六学习航空数据分析及可视化案例。完成本章的案例，需要在 Notebook 开发环境中读取并解压 Amazon S3 存储桶的 zip 数据，根据需求设计数据分析程序，对分析的量化结果分别使用时间轮播柱状图和地图热力图等图表形式进行可视化呈现。

读者学习本书，需要具有 Python 语言和网站开发的基础。

本书提供精美 PPT 课件、教案、教学大纲等资源，有需要的读者可自行通过人邮教育社区网站（http://www.ryjiaoyu.com）免费下载。

由于编者水平有限，本书难免存在不足之处，敬请读者指正。

编者

2023 年 5 月

目录 CONTENTS

项目一　搭建 AWS 数据分析开发环境

学习指导

知识目标	了解云计算的概念
	了解 AWS 提供的主要服务
	了解 Amazon EC2 实例的概念
技能目标	能够在 AWS 中配置 Amazon EC2 实例
	能够使用 SSH 协议客户端登录 Amazon EC2 实例
	能够配置并使用 Anaconda 及 Jupyter Notebook
	能够使用 conda 安装第三方包
	能够在 Amazon EC2 实例中创建用户

1.1 情境描述

微课 1-1

欢喜科技公司是一家数据分析公司，开发了很多数据分析和可视化项目。近期，公司希望将这些项目的实施过程迁移到 AWS 云平台上，用以针对性地降低运营成本、改善公司经营策略和提升公司业绩。

经讨论研究，公司决定使用亚马逊的 Amazon EC2 实例代替传统的服务器，将应用程序的服务器部署在 Amazon EC2 实例上，并在 Amazon EC2 实例上开展开发活动。

欢喜科技公司将配置开发环境的任务交给了小刘。经过调研与分析，小刘认为可以将 EC2 中的 Amazon EC2 实例作为首选。对于开发环境，由于 Jupyter Notebook 包含多个 Python 编辑器，预先安装了 numpy 和 pandas 等常用的数据分析包，安装过程简单，易于进行学习、记录和调试，因此小刘决定选用该工具作为公司进行数据分析的主要开发环境。

1.2 任务分析

微课 1-2

1．Amazon EC2 实例操作系统的选择

Python 是跨平台的语言，可以在 Windows、Linux 和 Mac OS 下运行。

Linux 发行版自带命令行界面，通常自带 Python 程序，可以较容易地安装第三方包。虽然 Linux 操作系统可以实现对图形界面的支持，但用户友好程度不高，导致初学者使用不便。

Windows 操作系统具有简单、易用的图形界面，因而成为桌面操作系统的“绝对霸主”。Python 开发环境也不例外，主流的 Python 语言开发工具都有 Windows 版本，对第三方包的管理也越来越成熟。

然而，远程登录云计算平台通常需要使用 SSH 等协议，这要求网络传输的数据短小而高效。因此，将 Linux 操作系统作为 Amazon EC2 实例的操作系统，更有助于客户端远程登录。

本书使用 Linux 操作系统的 Amazon EC2 实例进行开发。

2. Python 语言版本的选择

当前，使用得较多的 Python 语言包括 2.x 版本和 3.x 版本。比起 2.x 版本，3.x 版本有较大的改进，而且越来越多的第三方包提供对 3.x 版本的支持。可以做大胆的猜测，3.x 版本会逐渐成为 Python 语言的主流。

3. 数据分析和开发工具选择

作为一门应用越来越广泛、用户越来越多的程序设计语言，Python 的第三方包也越来越多。在各个领域，都有知名的第三方包作为支持。

在数据分析领域，最有名的可能是 numpy 包和 pandas 包。在绘图领域，应用最广泛、最普及的可能是 matplotlib 包。在数据可视化领域，由百度公司开发的 ECharts 工具和第三方的 pyecharts 包，越来越受到开发人员的青睐。

对于这些包而言，一个重要但也让人很难解决的问题是这些包之间的依赖性。这意味着用户在安装一些第三方包的时候，不得不考虑还需要其他哪些包的支持。特别是一些版本较老的 Python 开发环境，需要耗费较多的精力才能完成开发环境的搭建。

现在，这个问题得到了极大的改善。Python 3.x 提供了 pip 工具，可以方便、有效地支持第三方包的管理。并且，诸如 Anaconda 这样的集成开发环境，集成了大量流行的科学计算、工程和数据分析第三方包。

微课 1-3

1.3 云计算及 AWS 基础

1.3.1 云计算概述

1. 云计算简介

云计算提供了一种在互联网上访问服务器、存储空间、数据库和各种应用程序的简单方法。这些硬件属于云平台，并且由云平台进行管理。当用户通过网络请求资源、使用资源时，云平台完成对硬件资源的管理和调度。

云计算通过使用基于互联网的云平台，按照按需付费的收费方式，实现了对计算能力、数据库存储、应用程序和其他 IT 资源的按需分配。

云计算可以满足多种应用场景的需求。无论是具有多用户和大数据并发特点的移动应用程序，如有数百万用户的视频、图片共享移动应用程序，还是支撑公司重要运营流程的应用软件，云平台都可以使用户对灵活、低成本的 IT 资源进行快速访问。

使用云计算，用户无须再像使用传统的部署模式一样，进行大量的前期硬件投资，并花费大量的时间进行硬件管理。用户需要关注的是如何精准配置所需的计算资源类型及规模，为需要实现的新想法助力，或者如何运作 IT 部门。在需要更多资源的场景下，用户可以根据需求获取（几乎是立即获取）任意数量的资源，而且只需为所用资源付费。

2. 使用云计算的优势

和传统的开发和部署模式相比，使用云计算具有如下六大优势。

（1）将资本投入变成可变投入

使用云计算，用户无须在不确定的情况下，花费大量资金建设数据中心和服务器。用户只需在使用计算资源的时候付费，而且仅需为自己实际消耗的计算资源付费。

（2）大范围规模经济的优势

使用云计算，用户可以获得更低的可变成本。由于数十万家客户聚集在云中，AWS 等提供商能够实现更高的规模经济效益，从而提供价格更低的即用即付服务。

（3）无须预估容量

用户不必再预估基础设施容量需求。如果用户在部署应用程序前就确定了容量，通常的结果是资源闲置或容量不足。而使用云计算，这些问题都不会出现。用户可以根据需要使用容量，而且只需几分钟就可以根据需要扩大或缩小容量。

（4）增加速度和灵活性

在云计算环境中，用户只需点击鼠标就可以获取新的 IT 资源，这意味着可以将开发人员获取可用资源的时间从数周缩短为几分钟。由于用于试验和开发的成本和时间明显减少，这就大大增加了组织的灵活性。

（5）无须为运行和维护数据中心额外投资

使用云计算，用户可以专注于服务自己的客户，而不是忙于搬动沉重的机架、堆栈和电源服务器。云计算的这一特点，可以帮助用户关注其项目，而非基础设施。

（6）数分钟内实现全球化部署

用户可以轻松地将应用程序部署在全世界的多个区域。这意味着，用户能够用更低的成本，为客户提供更低的延迟和更好的体验。

1.3.2 云计算的类型

使用云计算，开发人员和 IT 部门可以专注于最重要的职能，从而避免无差别劳动（如采购、维护和容量规划）。随着云计算日渐普及，出现了不同类型的模型和部署策略，以满足不同用户的特定需求。不同类型的云服务和部署方法为用户提供了不同级别的控制、灵活性和管理。理解基础设施即服务、平台即服务和软件即服务之间的差异，以及可以使用的部署策略，有助于用户根据需求选用合适的服务组合。

1. 云服务计算模型

（1）基础设施即服务

基础设施即服务（Infrastructure as a Service，IaaS）包含构建云 IT 的基本模块，通常提供对网络功能、计算机（虚拟或专用硬件）以及数据存储空间的访问。IaaS 为用户提供的 IT 资源具有最高级别的控制、灵活性和管理，并且与当今许多 IT 部门和开发人员熟悉的现有 IT 资源极其相似。

（2）平台即服务

平台即服务（Platform as a Service，PaaS）使用户无须管理底层基础设施（通常是硬件和操作系统），从而能够专注于应用程序的部署和管理。由于用户可以不再关注资源购置、容量规划、软件维护、补丁安装，以及任何与应用程序运行有关的、不能产生价值的繁重工作，因而可以提高用户的工作和开发效率。

（3）软件即服务

软件即服务（Software as a Service，SaaS）为用户提供由服务提供商运营和管理的完整产品。通常人们所说的软件即服务指的是终端用户应用程序。使用 SaaS 产品时，用户不必考虑如何维护服务或如何管理底层基础设施，用户只需考虑如何使用软件。SaaS 应用程序的一个常见示例是基于 Web 的电子邮件，用户使用该应用发送和接收电子邮件时，无须管理电子邮件产品的功能或维护运行电子邮件程序的服务器和操作系统。

2. 云服务部署模型

（1）云部署

基于云的应用程序完全部署在云中，且应用程序的所有组件都在云中运行。

云中的应用程序既可以在云中创建，也可以由现有基础设施迁移而来，以利用云计算的优势。

基于云的应用程序可以构建在级别较低的基础设施组件上，也可以构建在抽象级更高的服务上，这些服务提供了从核心基础设施的管理、架构和扩展要求中抽象提取的能力。

（2）混合部署

混合部署提供了一种连接云和非云资源的方法，这些资源可以是基础设施，也可以是应用程序。最常见的混合部署是在云与现有的本地基础设施之间进行，将组织的基础设施扩展到云中，同时将云资源链接到内部系统。

（3）本地部署

可以使用虚拟化技术和资源管理工具，将资源部署在本地，这有时称作“私有云”。私有云无法提供云计算的诸多好处，但可以为用户提供一些专用资源。在大多数情况下，这种部署模式与传统的 IT 基础设施相同，但它会利用应用程序管理和虚拟化技术来尝试提高资源利用率。

1.3.3 AWS 概述

1. 全球基础设施

AWS（Amazon Web Services）为 190 多个国家和地区的数百万客户提供服务。通过逐步扩大全球基础设施，AWS 帮助全球客户实现了更低的延迟和更高的吞吐量，并确保用户的数据仅驻留在其指定的 AWS 区域。为了满足 AWS 客户业务增长的需求，AWS 将持续提供满足其全球需求的基础设施。

AWS 云基础设施围绕 AWS 区域（Region）和可用区（Availability Zone，AZ）构建。每个 AWS 区域对应全球范围内的一个物理节点，每个区域由多个 AZ 组成。AZ 由一个或多个分散的数据中心组成，每个 AZ 都拥有独立的配套设施，其中包括冗余电源、独立的网络等。AZ 给用户提供了操作应用程序和数据库的功能，其具备比单个数据中心更强的可用性、容错能力以及可扩展性。

截至2021年5月，AWS云已在全球25个地理区域内运营着80个AZ。每个AWS区域均被设计为与其他AWS区域完全隔离，可实现最大程度的容错和稳定性。同一个区域内的每个AZ都是独立的，但这些AZ通过低延迟链接相连。使用AWS可以灵活地存储数据和部署实例，用户既可以跨多个地理区域放置实例和存储数据，也可以在每个地理区域内跨AZ放置实例和存储数据。

每个AZ均设计为独立的故障区域。这意味着AZ被物理分隔在一个典型的大城市区域内，并位于风险较低的冲积平原中（特定的洪水区分类随AWS区域不同而不同）。除了离散分布的不间断电源（Uninterruptable Power Supply，UPS）和现场备用发电设备，它们还通过其他网格的独立设备供电，以进一步降低单点故障发生率。

AZ全部以冗余方式连接至多个一级传输供应商。

2. 安全性与合规性

（1）安全性

在AWS云计算平台上，安全性具有最高的优先级。AWS的客户将会从专为满足大多数安全敏感型组织的要求而打造的数据中心和网络架构中受益。云的安全性与本地数据中心的安全性大体相同，只是少了维护设施和硬件的成本。在云中，用户无须管理物理服务器或存储设备。相反，用户只需要使用基于软件的安全工具监控和保护进出云资源的信息流。

AWS云的一大优势是用户可以对应用或者资源进行扩展、创新，与此同时保持安全的环境并且只需为使用的服务付费。这意味着用户获得所需安全性的成本比本地环境中的成本更低。

AWS为用户构建了可以继承的AWS策略、架构和运营流程，用以满足对安全要求苛刻的客户的需求。

AWS云支持责任共担模型。AWS负责管理云本身的安全，云内部的安全则由用户负责。也就是说，用户可以决定选择哪种安全措施来保护自己的内容、平台、应用程序、系统和网络，这与用户对现场数据中心所做的操作并无不同。

AWS通过在线资源、人员和合作伙伴为用户提供指导和专业知识。AWS可以为用户提供有关当前问题的建议，在遇到安全问题时，用户还可以选择与AWS合作。

用户可以通过使用数百种工具和功能，来满足自己的安全目标。AWS提供涵盖网络安全、配置管理、访问控制和数据加密的安全相关的工具和功能。

最后，AWS云平台受到持续严格的审查，并获得了跨地理区域和垂直市场的多家认证机构颁发的证书。在AWS环境中，用户可以利用自动化工具生成资产清单和特权访问报告。

AWS的安全性可以让客户从多方面获益，具体如下。

- 确保用户的数据安全。AWS基础设施可提供强大的保护措施，以帮助保护用户的隐私。所有数据均存储在高度安全的AWS数据中心内。
- 满足合规性要求。AWS在其基础设施中管理着数十项合规性程序，这意味着AWS已为用户履行了合规性职责。

- 节省开支。用户使用 AWS 数据中心可以降低成本。AWS 保持最高标准的安全性，而不必管理用户自己的设施。
- 快速扩展。安全性随着用户使用 AWS 云的具体情况而异，但无论客户的规模如何，AWS 基础设施都可以确保数据安全。

（2）合规性

AWS 云平台的合规性帮助用户理解 AWS 可靠的控制方案，这些方案用来维持云中的数据安全、保护云中的数据不被破坏。由于系统构建在 AWS 云基础设施上，因此 AWS 必须承担合规性的责任。通过将侧重于监管的、支持审核的服务功能与适用的合规性或审核标准相结合，AWS 合规性能够基于传统计划进行构建。这使客户的业务运营在 AWS 安全控制的环境下。

AWS 向客户提供的 IT 基础设施是根据最佳安全实践和各种 IT 安全标准来设计和管理的。以下是 AWS 遵守的部分保障计划列表。

- SOC 1/ISAE 3402、SOC 2、SOC 3。
- FISMA、DIACAP 和 FedRAMP。
- PCI DSS 第 1 级第 6 页。
- ISO 9001、ISO 27001、ISO 27018。

AWS 通过报告、认证、资格鉴定和其他第三方鉴定向客户提供各种有关其 IT 控制环境的信息。

1.3.4 AWS 云平台概述

AWS 云平台（Amazon Web Services Cloud Platform）由诸多云服务组成，用户可以根据自己的业务或架构需要，组合使用这些服务。有多种方法可以访问这些服务，包括使用 AWS 管理控制台（AWS Management Console）、AWS 命令行界面（Command Line Interface，CLI）或软件开发工具包（Software Development Kit，SDK）等。

下面根据技术分类介绍 AWS 云平台提供的主要服务。

1. AWS 云平台提供的数据库服务

（1）Amazon Aurora

Amazon Aurora 是一种兼容 MySQL 和 PostgreSQL 的关系数据库引擎，具备高端商用数据库的高性能和普适性，同时还具有开源数据库的简单性和低成本性。

Amazon Aurora 的性能最高可达到标准 MySQL 数据库的 5 倍、标准 PostgreSQL 数据库的 3 倍，并且能以商用数据库十分之一的成本提供等效的安全性、可用性和可靠性。Amazon Aurora 完全由 Amazon 关系数据库（Relational Database Service，RDS）管理，这样可以自动运行一些耗时的管理任务，例如硬件预置、数据库设置和备份等。

Amazon Aurora 是一个分布式、容错、自我修复的存储系统，其每个实例可以自动扩展到 64TB。Amazon Aurora 可以为多达 15 个低延迟只读副本提供高性能、实时恢复、向 Amazon S3 的持续备份，以及跨 AZ 的复制服务。

（2）Amazon RDS

通过使用 Amazon RDS，可在云中轻松设置、操作和扩展关系数据库。对于硬件安装、数据库设置和备份等耗时的管理工作，RDS 提供了高效和可伸缩的功能。RDS 将用户解放出来，使其能专注于开发高性能、高可用、安全和兼容性好的应用程序。

RDS 可以用于多种数据库实例类型，并根据内存、性能或者 I/O 做有针对性的优化。RDS 为用户提供了 6 种熟悉的数据库引擎，包括 Amazon Aurora、PostgreSQL、MySQL、MariaDB、Oracle Database 和 SQL Server。

2. AWS 云平台提供的计算服务

（1）Amazon EC2

Amazon EC2（Elastic Compute Cloud，弹性计算云）是一种 Web 云服务，在云中提供安全且大小可调的计算容量。使用该服务，开发人员可以轻松地进行全网域计算开发。

Amazon EC2 的 Web 服务接口非常简单，用户可以很容易地获取和配置容量。使用该服务，用户可以完全控制计算资源，并可以在成熟的 Amazon 计算环境中运行服务器。Amazon EC2 将获取以及启动新服务器实例（称为 Amazon EC2 实例）所需要的时间缩短至几分钟，这保证了当用户的计算要求发生变化时，可以快速扩大或缩小容量。Amazon EC2 采用按实际使用容量收费的方法，从而改变了成本结算方式。Amazon EC2 还为开发人员和系统管理人员提供了创建故障恢复应用程序和排除常见故障情况的工具。

使用 Amazon EC2，用户可以享受 Amazon 云计算规模效应带来的“红利”，用户只需为实际消耗的计算容量支付费用。

根据付费方式的不同，可以将 Amazon EC2 实例分为如下几种类型。

- 按需实例（On-Demand Instance）。使用按需实例，用户只需要按小时支付计算容量费用，无须长期购买。用户可以根据应用程序的需求扩大或缩小容量，并且只需按规定的小时费率为所使用的实例付费。按需实例让用户不必面对制订计划、采购和维护硬件带来的成本和复杂性，并能将一般较高的固定成本变为较低的可变成本。此外，按需实例可解决定期流量高峰的问题，免除购买“安全网”功能的多余开销。
- 预留实例（Reserved Instance）。和按需实例的定价相比，预留实例可以提供大幅的折扣（最高可达 75%）。借助可转换预留实例（Convertible Reserved Instance），用户可以灵活地更改 Amazon EC2 实例类型、操作系统类型和租期，同时从预留实例定价中受益。
- 竞价实例（Spot Instance）。使用竞价实例，用户可以为空闲的 Amazon EC2 计算容量出价。由于竞价实例相对于按需实例有一定的折扣，因此用户不仅可以大大降低应用程序的运行成本，还能在预算不变的情况下提升应用程序的计算容量和吞吐量，并且还能启用新型云计算应用程序。

（2）AWS Lambda

AWS Lambda 是一种无须配置或管理服务器的计算服务。利用 AWS Lambda，用户可以运行代码而无须配置或管理服务器。用户只需按消耗的计算时间付费，代码未运行时不产生费用。借助 Lambda，用户几乎可以运行任何类型的应用程序或后端服务代码，并且不必进行任何管理。用户只需上传代码，AWS Lambda 就会处理运行和扩展具有高度可用性的代码所需的一切工作。除此之外，用户可以将代码设置为被其他 AWS 服务触发，或者直接从任何 Web 或移动应用程序调用。

（3）AWS Batch

借助 AWS Batch，开发人员、科学家和工程师能够轻松、高效地在 AWS 上运行成千上万个批处理计算任务。AWS Batch 可根据提交的批处理任务的卷和特定资源需求，动态预置最佳的计算资源（如 CPU 或内存）数量和类型。借助 AWS Batch，用户无须安装和管理运行任务时所使用的批处理计算软件或服务器集群，从而能够专注于分析结果和解决问题。AWS Batch 将通过全系列的 AWS 计算服务和功能（如 Amazon EC2 和竞价实例）计划、安排和执行批量计算工作负载。

3. AWS 云平台提供的存储服务

（1）Amazon S3

Amazon 简单存储服务（Simple Storage Service，S3）是一种提供了业界领先的可伸缩性、数据可用性，安全和性能兼具的对象存储服务。用户可通过它随时在 Web 的任何位置存储和检索任意大小的数据。

任何规模和行业的客户，都可以使用 Amazon S3 存储和保护任意用途、任意数量的数据，例如网站、移动应用程序、备份和恢复、存档、企业应用程序、物联网设备和大数据分析等。

Amazon S3 提供了简单易用的管理特性，帮助用户组织数据和配置存取控制，以满足特殊商业、组织和合规性的需求。

Amazon S3 旨在提供 99.999999999%（11 个 9）的持久性，并在全球范围内扩展容纳数万亿个对象。

（2）Amazon EBS

弹性块存储（Elastic Block Store，EBS）提供了 AWS 云中的持久性块级存储卷，用于和 Amazon EC2 实例同时使用。每个 Amazon EBS 卷所在的可用区均会自动复制这些卷，以保护用户数据免受组件故障的影响，同时提供高可用性和持久性。Amazon EBS 为用户提供处理工作所需的一致性和低延迟性能，通过 Amazon EBS，用户可以在几分钟内调整资源使用量，且仅需为配置的资源支付很低的费用。

（3）AWS Storage Gateway

AWS Storage Gateway 是一种能够实现本地应用程序无缝使用 AWS 云存储的混合存储的服务。用户可以使用该服务进行备份和存档、灾难恢复、云数据处理、存储分层和映射。使用 Amazon EC2 实例或者标准存储协议的硬件网关，可以将用户的应用和该服务连接起来。这些标准存储协议包括 NFS、SMB 和 iSCSI 等。连接到 AWS 存储服务（如 Amazon S3、Amazon Glacier 和 Amazon EBS 等）的网关提供了文件存储、卷存储和 AWS 虚拟磁带的存储功能。

AWS Storage Gateway 服务包含高度优化的数据传输机制，该机制包括带宽管理、自动化网络弹性管理、高效数据传输、低延迟的本地缓存。

4. AWS 云平台提供的数据分析服务

（1）Amazon Athena

Amazon Athena 是一种交互式查询服务，使用此服务可以通过标准 SQL 在 Amazon S3 中分析数据。Amazon Athena 是一种面向用户无服务器的服务，因此用户无须管理任何基础设施，而且仅需为执行的查询付费。

Amazon Athena 简单易用，用户只需指向存储在 Amazon S3 中的数据、定义架构，就可以使用标准 SQL 进行查询。大部分任务可以在数秒内获得结果。通过使用 Amazon Athena，用户不必在分析数据前通过执行复杂的提取、转换和加载（Extract,Transform,Load, ETL）来准备数据，这就可以帮助具备 SQL 技能的人快速地分析大规模数据集。

Amazon Athena 集成在 AWS Glue 数据分类当中，开箱即用，这允许用户创建唯一的、可以应用于多种服务的元数据操作。用户还可以使用 Glue 托管的 ETL，完成数据变换操作或者将数据转换为列格式，以优化成本和改进性能。

（2）Amazon EMR

Amazon EMR 提供一个 Hadoop 托管框架，使用户可以轻松、快速又经济、高效地处理跨动态扩展的 EC2 实例的大量数据。用户还可以运行其他常用的分布式框架（如 Amazon EMR 中的 Apache Spark、HBase、Presto 和 Flink），以及与其他 AWS 数据存储服务（如 Amazon S3 和 Amazon DynamoDB）中的数据进行交互。

Amazon EMR 能够安全可靠地处理广泛的大数据使用案例，包括日志分析、Web 索引、数据转换、机器学习、财务分析、科学模拟和生物信息处理。

（3）Amazon Kinesis

使用 Amazon Kinesis 可以很容易地采集、处理和分析实时流数据，以此获取新信息的内涵，做出快速响应。Amazon Kinesis 提供了以低成本处理流数据的关键功能，并且可以为应用场景选择最合适的工具。使用 Amazon Kinesis，用户可以将实时数据，例如视频、音频、应用程序日志、网站点击流数据和物联网数据，用于机器学习、分析和其他应用处理。

Amazon Kinesis 帮助用户在数据到达时进行实时处理和分析，做出快速响应，而不是一直等到所有数据采集完成才能开始进行处理。

Amazon Kinesis 目前提供 4 项服务：Kinesis Data Firehose、Kinesis Data Analytics、Kinesis Data Streams 和 Kinesis Video Streams。

5. AWS 云平台提供的人工智能服务

（1）Amazon Lex

Amazon Lex 是一项可在任何使用语音和文本的应用程序内构建对话接口的服务。Amazon Lex 可提供高级自动语音识别（Automatic Speech Recognition，ASR）、深度学习功能和自然语言理解（Natural Languge Understanding，NLU），使用户构建的软件具有较好的用户体验和逼真的对话式交互。

借助 Amazon Lex，支持 Amazon Alexa 的深度学习技术现在可供所有开发人员使用，从而使用户能够轻松、快速地构建出掌握自然语言的精密对话机器人（即聊天机器人）。

语音识别和自然语言理解是计算机科学领域需要解决的一些最具挑战性的问题，需要根据大量数据和基础设施训练复杂的深度学习算法。通过让所有开发人员都能够利用 Amazon Alexa 的强大功能，Amazon Lex 普及了这些深度学习技术。利用这些技术，Amazon Lex 能够通过会话界面定义全新的产品类别。

（2）AWS Deep Learning AMI

AWS Deep Learning AMI 为机器学习应用提供了基础设施和各种工具，从而加快在云中进行任意规模的深度学习的速度。用户能够快速启动 Amazon EC2 实例来训练复杂的自定义 AI 模型、试验新算法或学习新的技能技巧。

AWS Deep Learning AMI 支持常见的深度学习框架。AMI 专为 Amazon Linux 和 Ubuntu 构建，预配置了 TensorFlow、PyTorch、Apache MXNet、Chainer、Microsoft Cognitive Toolkit、Gluon、Horovod 和 Keras，使用户可以快速地大规模部署和运行这些框架和工具。

为了加快开发和训练模型的速度，AWS Deep Learning AMI 安装了常用的 Python 软件包和 Anaconda 平台，并通过预配置的 CUDA 和 cuDNN 驱动程序以及 Intel 数学核心函数库（Math Kernel Library，MKL）来提供最新的 nvidia GPU 加速功能，从而满足大规模数据处理、预测分析和科学计算的需求。

用户使用 Amazon EC2 GPU 或者 CPU 实例时，无须为 AWS Deep Learning AMI 支付额外费用，仅为存储和运行应用程序所需的 AWS 资源付费即可。

1.3.5 Jupyter Notebook 简介

1. 介绍

Jupyter Notebook（以下简称 Notebook）是一个开源的网络应用程序，用来创建和分享在线代码、方程、可视化内容和文本。其应用场合包括数据清洗、数据转换、数据仿真、统计模型、数据可视化、机器学习等。

Notebook 支持 40 多种编程语言，包括 Python、R 语言、Julia 和 Scala 等。通过编程开发，Notebook 可以输出多种格式的结果，如 HTML 页面、图像、视频和 LateX 等。

除了可以在个人计算机上使用，还可以将 Notebook 托管在服务器上使用。

Notebook 有两种键盘输入模式：编辑模式，允许用户在单元中输入代码或文本；命令模式，使用键盘输入运行程序命令。

2. 快捷方式

使用快捷方式可以快速、高效地在 Notebook 中编辑代码，完成开发任务。表 1-1 给出了一些常用的快捷方式。

表 1-1 Notebook 常用快捷方式

工作模式	操作	功能
命令模式	Esc	进入命令模式
	Enter	进入编辑模式
	Shift + Enter	运行当前单元格，选中下一个单元格
	Alt + Enter	运行当前单元格，之后新建一个单元格
	Ctrl + Enter	运行当前单元格
	Y 或 y	将当前单元格转换为代码模式
	M 或 m	将当前单元格转换为笔记（Markdown）模式

续表

工作模式	操作	功能
命令模式	1	将当前单元格设定为 1 级标题
	2	将当前单元格设定为 2 级标题
	3	将当前单元格设定为 3 级标题
	4	将当前单元格设定为 4 级标题
	5	将当前单元格设定为 5 级标题
	6	将当前单元格设定为 6 级标题
	K 或 k	选中当前单元格上方的单元格
	J 或 j	选中当前单元格下方的单元格
	A 或 a	在当前单元格上方新建一个单元格
	B 或 b	在当前单元格下方新建一个单元格
	X 或 x	剪切选中的单元格
	C 或 c	复制选中的单元格
	Shift + V（或 v）	粘贴到当前单元格上方
	V 或 v	粘贴到当前单元格下方
	Z 或 z	恢复删除的最后一个单元格
	Shift + M	将选中的单元格合并
	S 或 s	保存当前 Notebook 文档
编辑模式	Ctrl + /	注释/取消注释当前光标所在的行
	Ctrl +]	缩进当前光标所在的行
	Ctrl + [	取消缩进当前光标所在的行
	Ctrl + Backspace	删除当前光标所在位置的前一个单词
	Ctrl + D	删除当前光标所在行
	Ctrl + Delete	删除当前光标所在位置的后一个单词
	Ctrl + Shift + -	在当前光标所在位置拆分当前单元格

1.4 安装并配置 AWS 数据分析及可视化开发环境

微课 1-4

1.4.1 登录 AWS 中国区管理控制台

Step 1：登录 AWS 中国官方网站

使用网络浏览器，如 Microsoft Internet Explorer，访问 AWS 的网址。登录页面如图 1-1 所示。

Step 2：使用已有账号登录 AWS 管理控制台

从页面上方“我的账户”下拉列表中选择“AWS 管理控制台”选项，如图 1-2 所示。在弹出的页面中依次输入账户、用户名和密码，登录进入管理控制台，如图 1-3 所示。

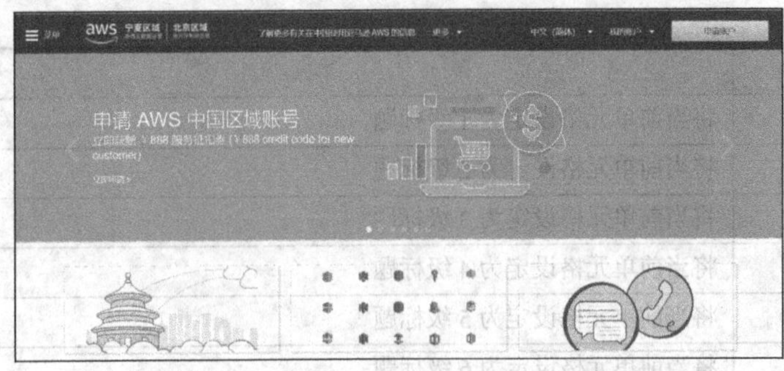

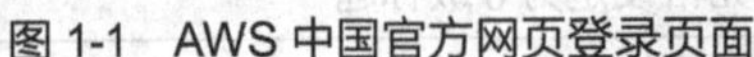
图 1-1　AWS 中国官方网页登录页面

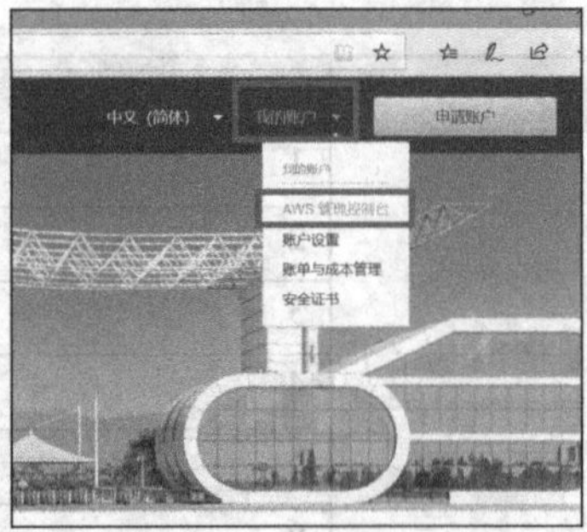

图 1-2　登录 AWS 管理控制台

图 1-3　登录进入管理控制台

成功登录后进入管理控制台页面，如图 1-4 所示。

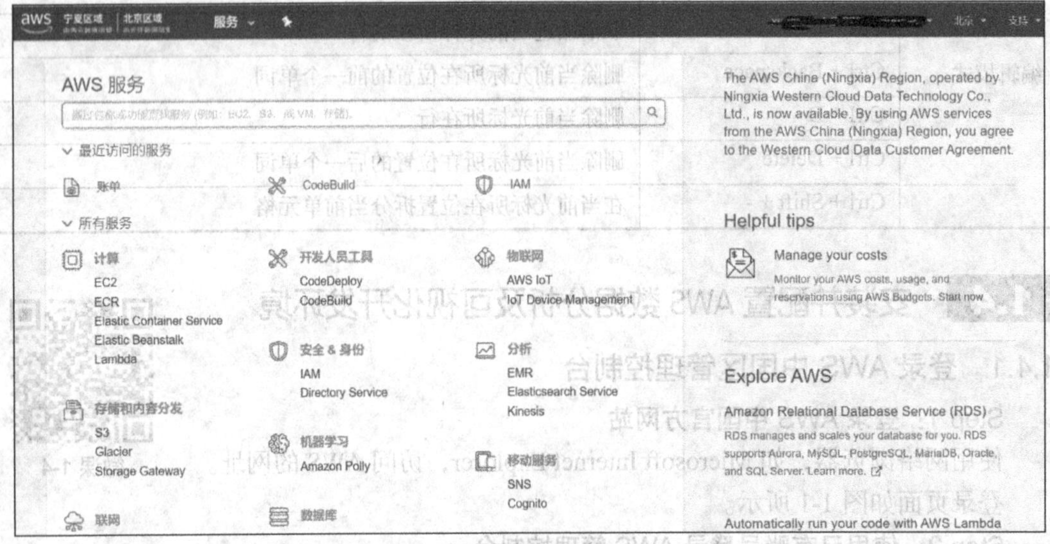

图 1-4　管理控制台页面

Step 3：使用 AWS 服务中的 Amazon EC2 实例

从 AWS 的“计算”服务中选择“EC2”服务，如图 1-5 所示。

EC2 服务的页面如图 1-6 所示。

图 1-5 选择“EC2”服务

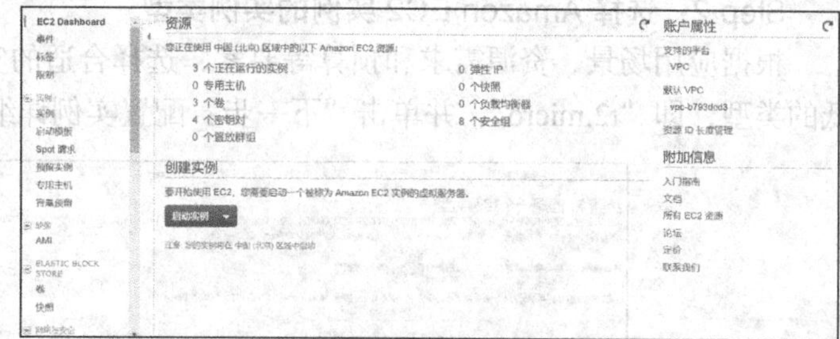

图 1-6 EC2 服务的页面

Step 4：创建新实例

从“创建实例”选项中，依次选择“启动实例”-“启动实例”选项，进入创建新实例的页面，如图 1-7 所示。

成功运行之后，进入创建 Amazon EC2 实例的页面（选择 Amazon EC2 实例类型），如图 1-8 所示。

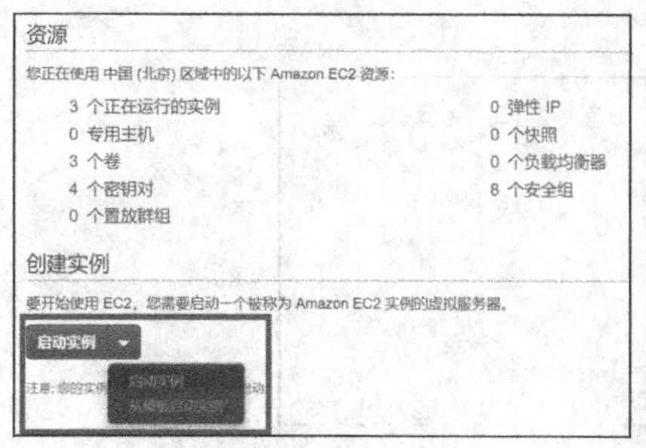

图 1-7 创建新实例的页面

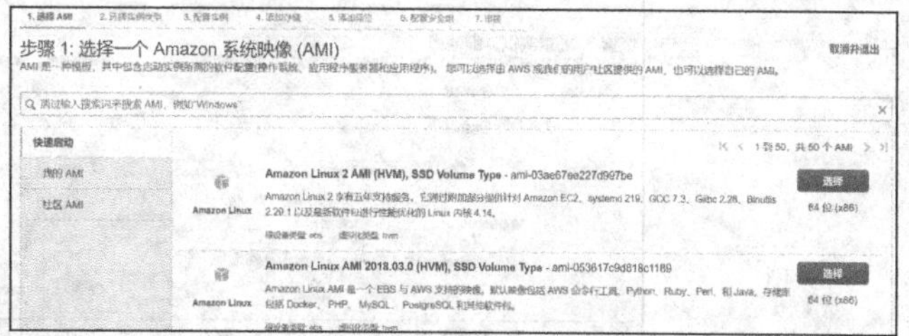

图 1-8 选择 Amazon EC2 实例类型页面

1.4.2 创建并配置 Amazon EC2 实例

微课 1-5

AWS 的 EC2 服务提供了不同模板，根据资源提供了多种不同的实例类型，具有可扩展的存储服务，并且可以根据需要自定义安全组。

Step 1：选择 Amazon EC2 实例模板（AMI）

AWS 提供了多种系统模板，在这里选择 Amazon Linux 2 模板。

用户在搜索栏内输入“linux”，执行搜索操作后，单击“Amazon Linux 2 AMI(HVM), SSD Volume Type-ami-03ae67ee227d997be”名称右侧的“选择”按钮，进行 Amazon EC2 实例的创建，如图 1-9 所示。

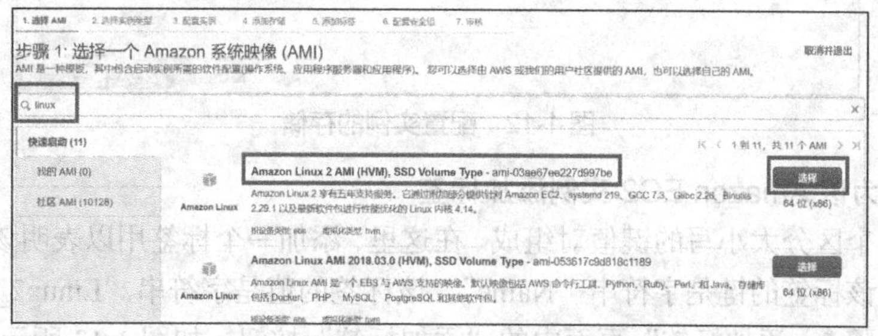

图 1-9 选择并创建类型合适的 Amazon 系统映像

Step 2：选择 Amazon EC2 实例的实例类型

根据应用场景、资源需求和预算等要素，选择合适的实例类型。在这里，选择配置较低的类型，即“t2.micro”，并单击“下一步：配置实例详细信息”按钮，如图 1-10 所示。

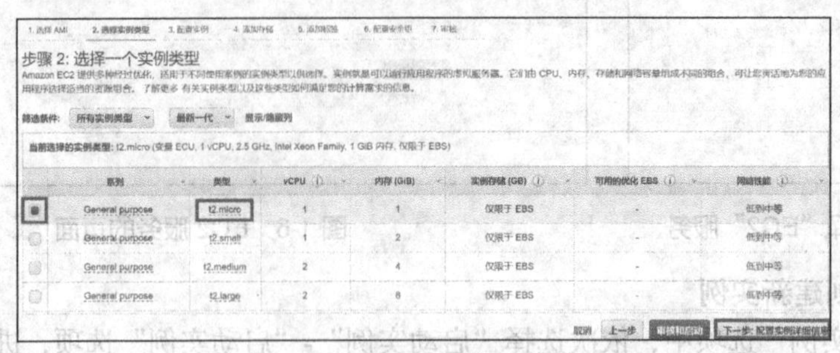

图 1-10　选择 Amazon EC2 实例的实例类型

Step 3：配置该 Amazon EC2 实例的详细信息

根据需要配置该实例的详细信息，如实例的数量等。单击“下一步：添加存储”按钮，如图 1-11 所示。

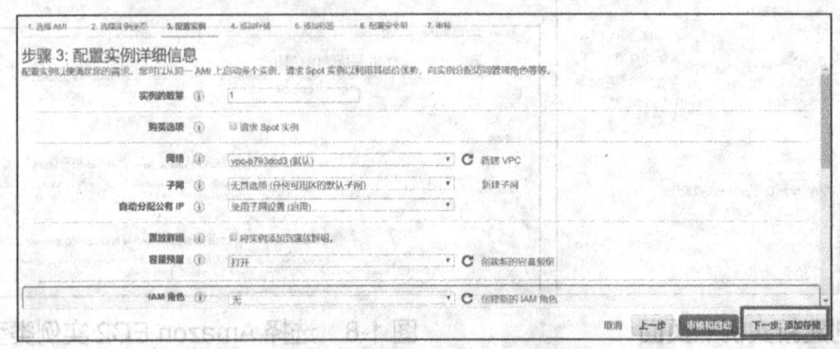

图 1-11　完成实例的详细配置

Step 4：配置该 Amazon EC2 实例的存储

根据需要为 Amazon EC2 实例配置或添加存储资源，如磁盘的大小、类型等。单击“下一步：添加标签”按钮，如图 1-12 所示。

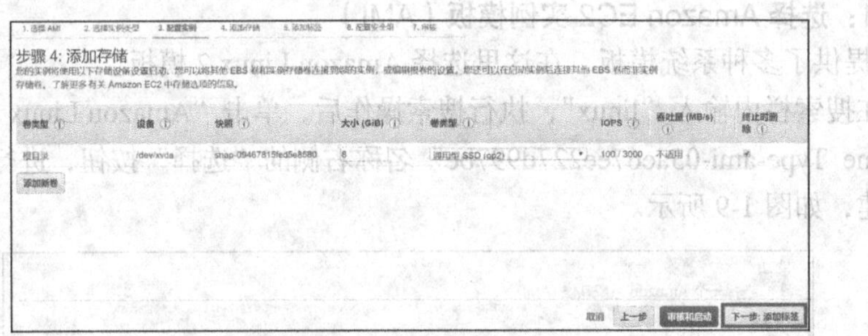

图 1-12　配置实例的存储

Step 5：为该 Amazon EC2 实例添加标签

标签由一个区分大小写的键值对组成。在这里，添加一个标签用以表明该 Amazon EC2 实例的名称，该标签的键是字符串“Name”，该标签的值是字符串“Linux2_micro”。

单击“步骤 5：添加标签”页面中的“添加标签”按钮，如图 1-13 所示。

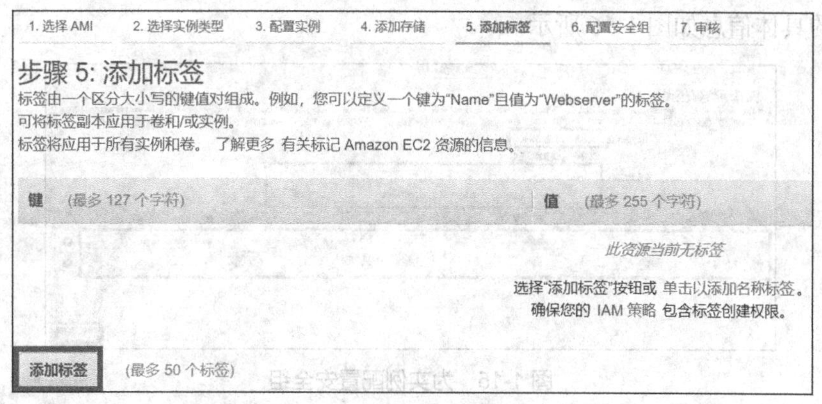

图 1-13　进入为实例添加标签的页面

在弹出的页面中输入键值对，并勾选“实例”和“卷”复选框，单击“下一步：配置安全组”按钮，如图 1-14 所示。

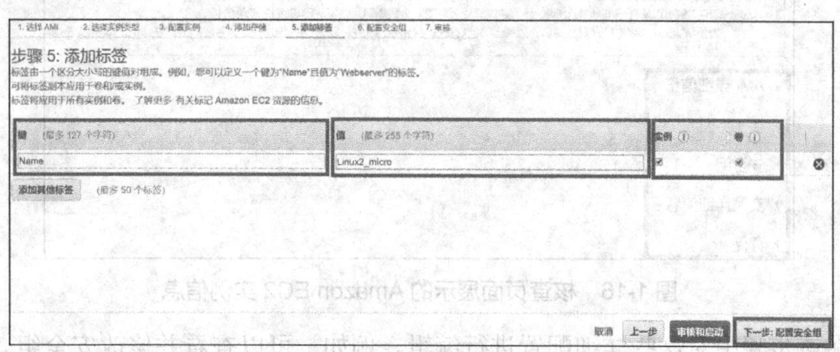

图 1-14　为实例添加标签

Step 6：为该 Amazon EC2 实例配置安全组

在这里，需要设置 TCP 和 SSH 两种协议类型。具体配置参数如表 1-2 所示。

表 1-2　Amazon EC2 实例安全组配置详细信息

配置参数	SSH 协议	TCP
类型	SSH	自定义 TCP 规则
协议	TCP	TCP
端口范围	22	8888
来源	任何位置	任何位置
描述	linux2_micro_sg_ssh	linux2_micro_sg_tcp
安全组名称	linux2_micro_sg	
描述	linux2_micro_sg created 2019-01-21T15:23:40.052+08:00	

选择“创建一个新的安全组”单选项，根据表 1-2 中的内容完成安全组的配置。单击“审核和启动”按钮，如图 1-15 所示。

Step 7：审核 Amazon EC2 实例

在“步骤 7：核查实例启动”页面中，集中展示了配置的 Amazon EC2 实例的详细信息。展示的具体信息如图 1-16 所示。

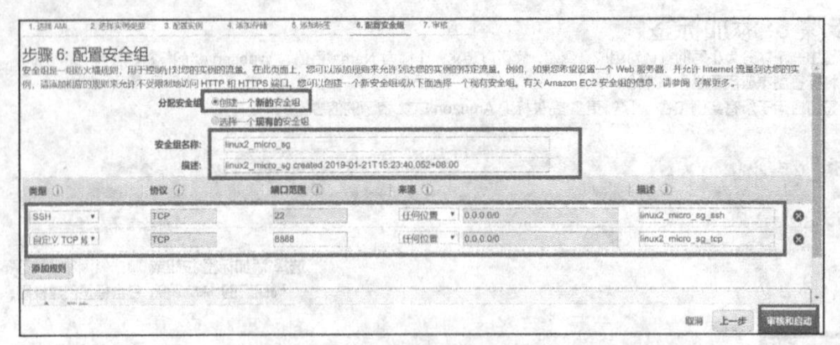

图 1-15　为实例配置安全组

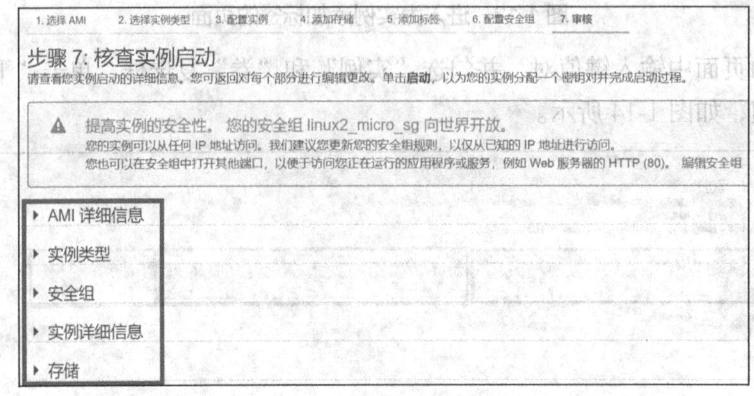

图 1-16　核查页面展示的 Amazon EC2 实例信息

可以在该步骤中对这些详细配置进行编辑。例如，可以查看并修改安全组。如果确认无误，则可以单击“启动”按钮，如图 1-17 所示。

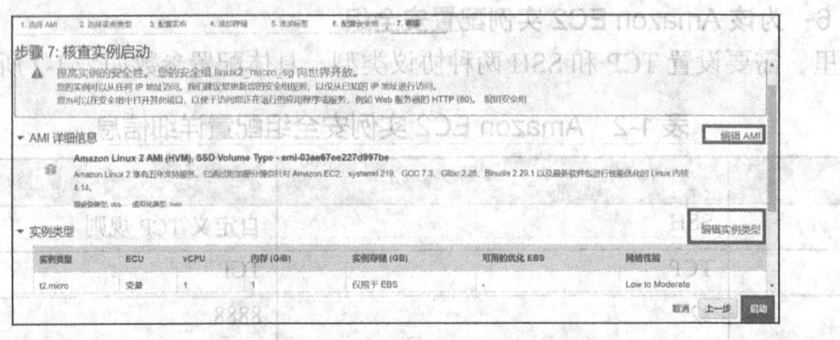

图 1-17　编辑 Amazon EC2 实例的详细信息

Step 8：选择现有密钥或者创建新密钥对

在单击“启动”按钮之后，需要为该 Amazon EC2 实例选择密钥对，既可以选择已经存在的密钥对，也可以创建一个新密钥对。这里创建一个名为“linux2-t2micro-key”的新密钥对。单击“下载密钥对”按钮并保存该密钥对，单击“启动实例”按钮以开启此 Amazon EC2 实例，如图 1-18 所示。

接下来，将跳转到“启动状态”页面，该页面提供了费用通知提醒、连接到该实例的方法以及一些帮助文件，如图 1-19 所示。

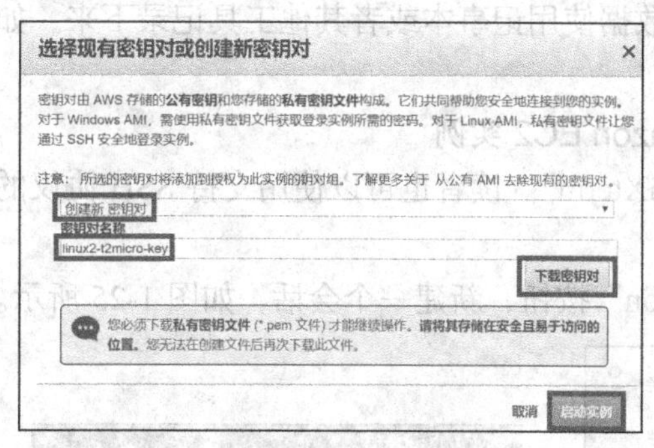

图 1-18　创建一个新密钥对

图 1-19　Amazon EC2 实例“启动状态”页面

Step 9：查看 Amazon EC2 实例状态

进入 EC2 服务页面，在“资源”项下，可以看到正在运行的实例。在下图的账户中有 4 个正在运行的实例，所以单击“4 个正在运行的实例”超链接，如图 1-20 所示。

在实例页面中，可以看到之前新建的 Amazon EC2 实例正在运行中，如图 1-21 所示。

图 1-20　查看正在运行的实例

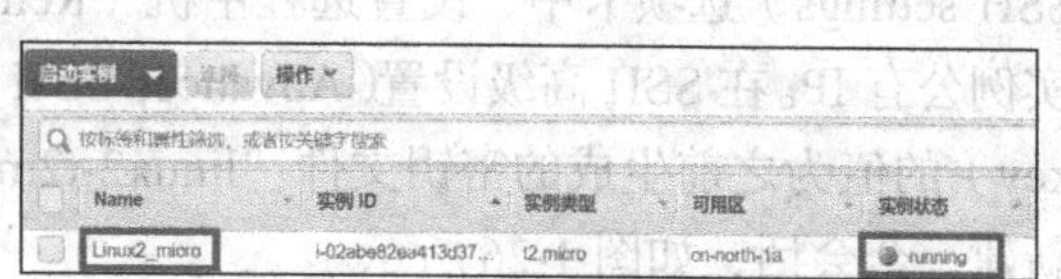

图 1-21　新建的 Amazon EC2 实例正在运行

Step 10：修改、编辑 Amazon EC2 实例状态和信息

这里可以改变 Amazon EC2 实例的状态，如停止、重启和终止等。也可以进行实例设置、修改安全组和创建映像等操作。

在这里将创建的 Amazon EC2 实例关闭。选中该 Amazon EC2 实例后，依次选择“操作”-“实例状态”-“停止”选项，如图 1-22 所示。

关闭后，可以看到 Amazon EC2 实例状态变成了关闭状态，即“stopped”，如图 1-23 所示。

图 1-22　关闭新建的 Amazon EC2 实例

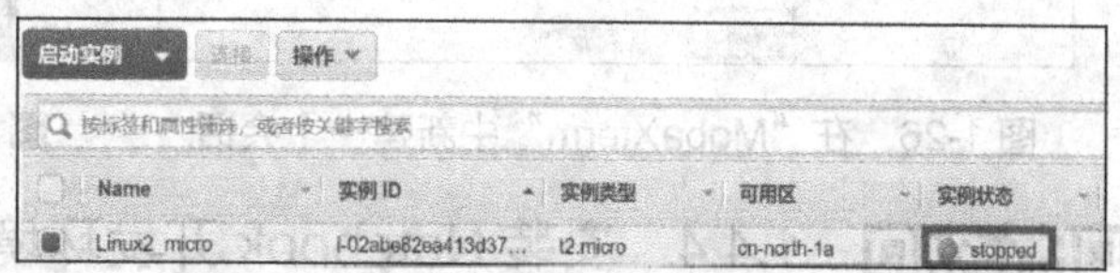

图 1-23　执行“停止”操作后 Amazon EC2 实例的状态

1.4.3　使用 SSH 客户端远程登录 Amazon EC2 实例

微课 1-6

Step 1：获取 Amazon EC2 实例的 IP 地址

启动 Amazon EC2 实例后，选中要连接的 Amazon EC2 实例，在下方的“描述”选项卡中单击公有 IP 右方的“复制”到剪贴板按钮，复制该

Amazon EC2 实例的公有 IP，将复制的公有 IP 数据使用记事本或者其他工具记录下来，如图 1-24 所示。

Step 2：使用 SSH 客户端工具连接到 Amazon EC2 实例

在这里，使用的 SSH 客户端工具是“MobaXterm”。读者也可以使用支持 SSH 协议的远程登录工具，如“Putty”等。

启动 MobaXterm 后，单击左上角的“Session”按钮，新建一个会话，如图 1-25 所示。

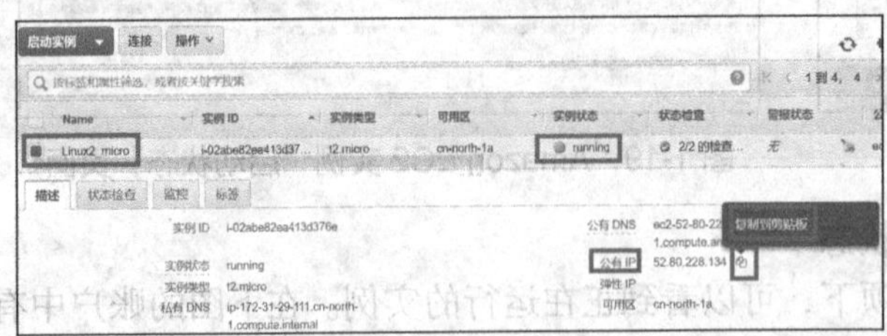

图 1-24 获取 Amazon EC2 实例的公有 IP

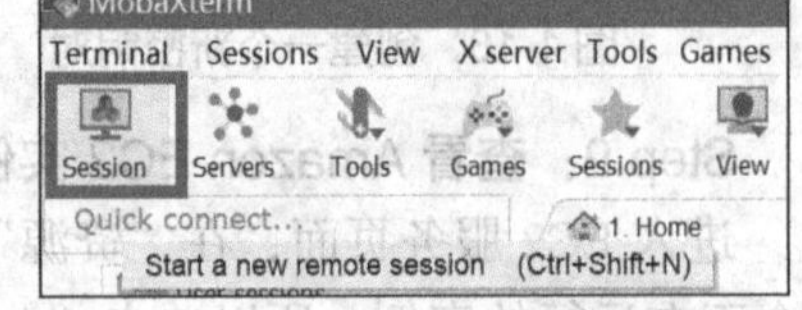

图 1-25 在工具中新建一个会话

在弹出的窗口中，单击左上角的“SSH”按钮，选择 SSH 协议。在 SSH 基本设置（Basic SSH settings）选项卡中，设置远程主机（Remote host）的值为上一步复制的 Amazon EC2 实例公有 IP。在 SSH 高级设置（Advanced SSH settings）选项卡中，设置私钥文件（Use private key）的值为之前生成的密钥文件“linux2-t2micro-key.pem”。单击左下角的“OK”按钮，新建一个会话，如图 1-26 所示。

Step 3：登录 Amazon EC2 实例

Amazon EC2 实例的默认账户是 ec2-user。在输入用户名的提示符后输入该账号并按“Enter”键，进入 Amazon EC2 实例的命令行界面，如图 1-27 所示。

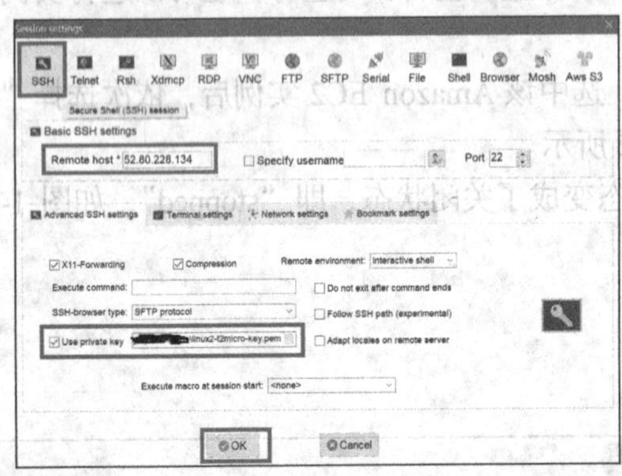

图 1-26 在“MobaXterm”中新建一个会话

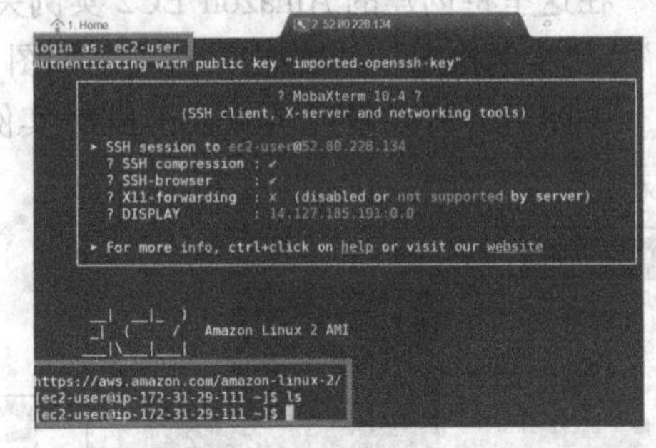

图 1-27 使用默认账户登录 Amazon EC2 实例

微课 1-7

1.4.4 安装 Notebook 开发环境

Step 1：下载支持 Python 3.6 的 Anaconda 安装包

远程登录到 Amazon EC2 实例，在命令行中输入并执行如下命令。

```
sudo wget https://repo.anaconda.com/archive/Anaconda3-5.2.0-Linux-x86_64.sh
```

该命令的作用是使用管理员权限下载文件 Anaconda3-5.2.0-Linux-x86_64.sh，如图 1-28 所示。

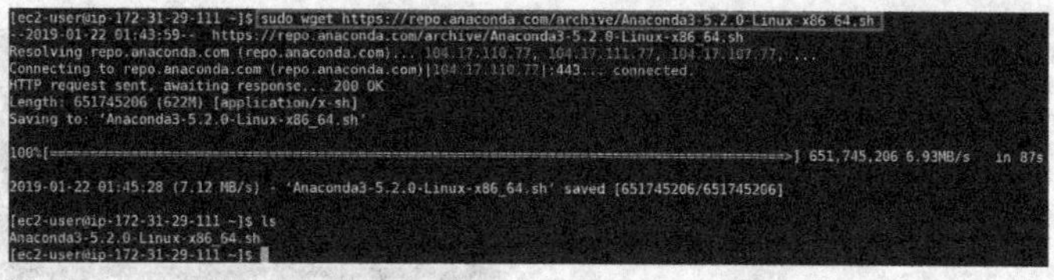

图 1-28 下载 Anaconda 安装包

Step 2：修改安装包的权限

将该安装包的权限设置为用户可执行。

使用“ls -a”命令查看文件 Anaconda3-5.2.0-Linux-x86_64.sh 的权限，如图 1-29 所示。

在图 1-29 中使用的命令是“ll”，这是因为设置了命令的缩写，即“ll”命令等同于“ls -a”。

可以看到该文件不具有可执行权限，因此需要修改权限，设置为当前用户可执行。

图 1-29 查看 Anaconda 安装包的权限

可以执行如下命令为当前用户添加可执行权限，如图 1-30 所示。

```
sudo chmod u+x Anaconda3-5.2.0-Linux-x86_64.sh
```

也可以执行如下命令为当前用户添加可执行权限，并删除其他用户的所有权限，如图 1-31 所示。

```
sudo chmod 700 Anaconda3-5.2.0-Linux-x86_64.sh
```

图 1-30 为当前用户添加可执行权限

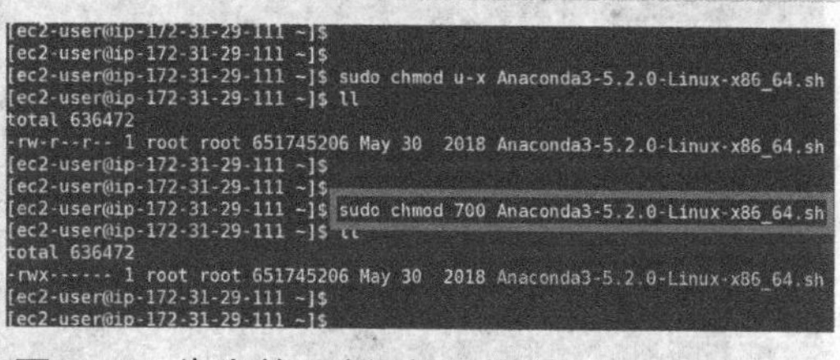

图 1-31 为当前用户添加可执行权限并取消其他用户的所有权限

为了演示修改权限的不同方法，这里先取消了当前用户对于安装包的可执行权限，然后再修改该程序的权限，如图 1-31 所示。

Step 3：安装 Anaconda 开发环境

执行如下命令。

```
sudo ./Anaconda3-5.2.0-Linux-x86_64.sh
```

开始安装 Anaconda 开发环境，根据提示按“Enter”键继续安装，如图 1-32 所示。

弹出用户许可，用户在阅读完当前页面之后，按“Enter”键进入下一页。直至完成用户许可的阅读，如图 1-33 所示。

在阅读完用户许可之后，输入“yes”，继续安装过程。

系统提示用户选择安装路径。这里用户既可以直接按“Enter”键选择默认路径（/root/anaconda3），也可以输入其他安装路径并按“Enter”键。下面将 Anaconda 的安装路径指定为“/usr/anaconda”，如图 1-34 所示。

安装完毕后，选择是否将 Anaconda3 的安装路径添加到环境变量 PATH。完成安装，如图 1-35 所示。

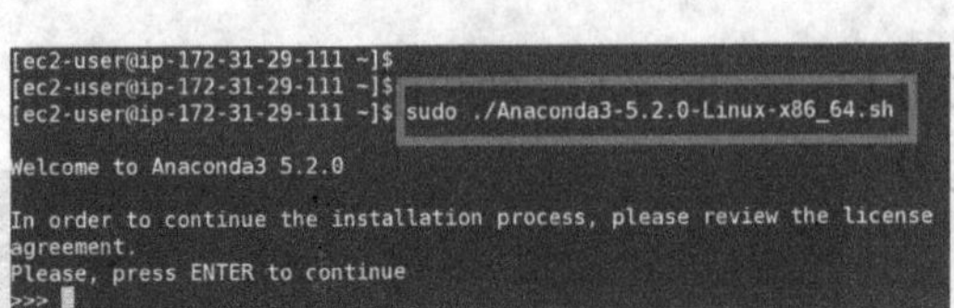

图 1-32　安装 Anaconda 开发环境

```
Anaconda End User License Agreement
===================================

Copyright 2015, Anaconda, Inc.

All rights reserved under the 3-clause BSD License:

Redistribution and use in source and binary forms, with or without modification,
s are met:

  * Redistributions of source code must retain the above copyright notice, this
  * Redistributions in binary form must reproduce the above copyright notice, th
n the documentation and/or other materials provided with the distribution.
  * Neither the name of Anaconda, Inc. ("Anaconda, Inc.") nor the names of its c
ts derived from this software without specific prior written permission.

THIS SOFTWARE IS PROVIDED BY THE COPYRIGHT HOLDERS AND CONTRIBUTORS "AS IS" AND
T LIMITED TO, THE IMPLIED WARRANTIES OF MERCHANTABILITY AND FITNESS FOR A PARTIC
NDA, INC. BE LIABLE FOR ANY DIRECT, INDIRECT, INCIDENTAL, SPECIAL, EXEMPLARY, OR
O, PROCUREMENT OF SUBSTITUTE GOODS OR SERVICES; LOSS OF USE, DATA, OR PROFITS; O
HEORY OF LIABILITY, WHETHER IN CONTRACT, STRICT LIABILITY, OR TORT (INCLUDING NE
 USE OF THIS SOFTWARE, EVEN IF ADVISED OF THE POSSIBILITY OF SUCH DAMAGE.

Notice of Third Party Software Licenses
=======================================

Anaconda Distribution contains open source software packages from third parties.
 to their individual license agreements. These licenses are available in Anacond
da/pkg-docs. Any binary packages of these third party tools you obtain via Anaco
enses as well as the Anaconda license. Anaconda, Inc. reserves the right to chan
Distribution.

In particular, Anaconda Distribution contains re-distributable, run-time, shared
--More--
```

图 1-33　阅读用户许可

```
Please answer 'yes' or 'no':'
>>> yes

Anaconda3 will now be installed into this location:
/root/anaconda3

  - Press ENTER to confirm the location
  - Press CTRL-C to abort the installation
  - Or specify a different location below

[/root/anaconda3] >>> /usr/anaconda
PREFIX=/usr/anaconda
installing: python-3.6.5-hc3d631a_2 ...
Python 3.6.5 :: Anaconda, Inc.
installing: blas-1.0-mkl ...
installing: ca-certificates-2018.03.07-0 ...
installing: conda-env-2.6.0-h36134e3_1 ...
installing: intel-openmp-2018.0.0-8 ...
installing: libgcc-ng-7.2.0-hdf63c60_3 ...
installing: libgfortran-ng-7.2.0-hdf63c60_3 ...
installing: libstdcxx-ng-7.2.0-hdf63c60_3 ...
```

图 1-34　选择安装路径

```
installation finished.
Do you wish the installer to prepend the Anaconda3 install location
to PATH in your /root/.bashrc ? [yes|no]
[no] >>>

You may wish to edit your .bashrc to prepend the Anaconda3 install location to PATH:

export PATH=/usr/anaconda/bin:$PATH

Thank you for installing Anaconda3!
[ec2-user@ip-172-31-29-111 ~]$
```

图 1-35　完成 Anaconda3 的安装

Step 4：配置 PATH 环境变量

需要确认 Anaconda 的安装路径有没有添加到环境变量 PATH 中，通过执行如下命令实现。

```
echo $PATH
```

输出结果如图 1-36 所示。

从图 1-36 可见，Anaconda3 的安装路径并不在当前用户的 PATH 变量列表中，因此需要修改当前用户 PATH 变量的值，将该路径添加到 PATH 变量中，这是通过编辑当前用户根目录下的.bashrc 文件来实现的。使用文本编辑器打开该文件，向该文件中添加如下代码，修改 PATH 变量的值。

```
export PATH=/usr/anaconda/bin:$PATH
```

然后执行如下命令使当前修改生效。

```
source ~/.bashrc
```

完成后，可能需要退出 SSH 客户端并重新登录一次。

再次执行如下命令。

```
echo $PATH
```

输出当前 PATH 变量的值，如图 1-37 所示。

图 1-36　查看当前系统的 PATH 变量

图 1-37　添加 Anaconda 安装路径后的 PATH 变量

可以通过查看 jupyter-notebook 可执行程序的路径，来验证 Anaconda 是否安装成功，这是通过执行如下命令实现的。

```
which jupyter-notebook
```

如果安装成功，输出结果如图 1-38 所示。

Step 5：生成 Notebook 的配置文件和密码文件

执行如下命令，生成 Notebook 的配置文件。

```
jupyter notebook --generate-config
```

成功执行该命令后，生成 Notebook 配置文件，存储在当前用户根目录的“.jupyter/”文件夹中，文件名称是“jupyter_notebook_config.py”，如图 1-39 所示。

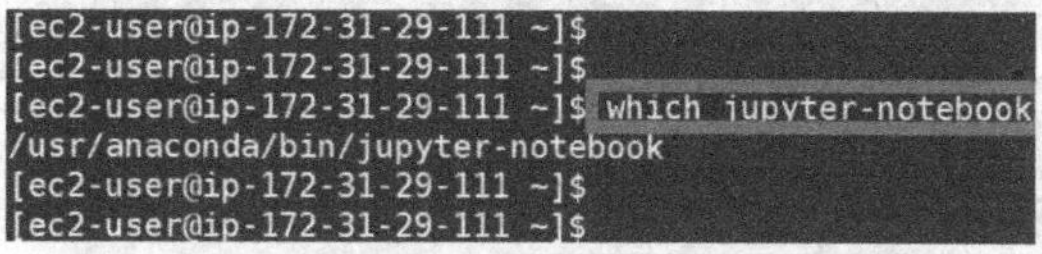

图 1-38　输出可执行程序 jupyter-notebook 的路径

图 1-39　生成 Notebook 的配置文件

执行如下命令，生成 Notebook 的密码文件。

```
jupyter notebook password
```

执行该命令后，需要用户输入并确认密码，然后将密码存储到文件中。该文件所在的默认文件夹是当前用户根目录的“.jupyter/”文件夹，文件名称是“jupyter_notebook_config.json”，如图 1-40 所示。

Step 6：编辑 Notebook 配置文件

查看上一步生成的 Notebook 配置文件，可以通过执行如下命令实现。

```
cat /home/ec2-user/.jupyter/jupyter_notebook_config.json
```

在该文件中，以加密的方式存储了用户设置的 Jupyter Notebook 密码。复制字典“password”键的值，即加密密钥，其格式是“sha1:----”，如图 1-41 中框选部分所示。

图 1-40　生成 Notebook 的密码文件

图 1-41　复制密码文件中的加密密钥

使用文本编辑工具打开 Step 5 生成的 Notebook 配置文件。在这里，使用 Vim 来完成对配置文件的编辑，这是通过执行如下命令来完成的。

```
vim /home/ec2-user/.jupyter/jupyter_notebook_config.py
```

在这里，为了远程使用具有图形界面的 Notebook，需要通过修改该配置文件，配置允许访问 Notebook 的网络 IP 地址、Notebook 的密码、是否在本地使用浏览器打开，以及可以访问 Notebook 的端口。具体来讲，需要修改的配置代码如下所示。

```
c.NotebookApp.ip = '*'
c.NotebookApp.open_browser = False
c.NotebookApp.password = u'sha1:--------'
c.NotebookApp.port = 8888
```

在默认安装的 Anaconda 软件中，这 4 行命令分别位于配置文件的第 174、220、229 和 440 行。

Step 7：在本地通过浏览器访问 Amazon EC2 实例的 Notebook

在 SSH 客户端输入如下命令，启动 Notebook 服务，如图 1-42 所示。

```
[ec2-user@ip-172-31-29-111 ~]$
[ec2-user@ip-172-31-29-111 ~]$
[ec2-user@ip-172-31-29-111 ~]$ jupyter-notebook
[I 08:19:11.414 NotebookApp] Writing notebook server cookie secret to /run/user/1000/jupyter/notebook_cookie_secret
[I 08:19:11.895 NotebookApp] JupyterLab beta preview extension loaded from /usr/anaconda/lib/python3.6/site-packages/jupyterlab
[I 08:19:11.895 NotebookApp] JupyterLab application directory is /usr/anaconda/share/jupyter/lab
[I 08:19:11.900 NotebookApp] Serving notebooks from local directory: /home/ec2-user
[I 08:19:11.900 NotebookApp] 0 active kernels
[I 08:19:11.900 NotebookApp] The Jupyter Notebook is running at:
[I 08:19:11.900 NotebookApp] http://localhost:8888/
[I 08:19:11.901 NotebookApp] Use Control-C to stop this server and shut down all kernels (twice to skip confirmation).
[W 08:19:11.901 NotebookApp] No web browser found: could not locate runnable browser.
```

图 1-42 启动 Notebook 服务

```
jupyter-notebook
```

启动浏览器，在地址栏中以“Amazon EC2 实例公有 IP:Notebook 端口”的方式远程访问 Notebook。在这里，将 Notebook 的端口设置为 8888，如图 1-43 所示。

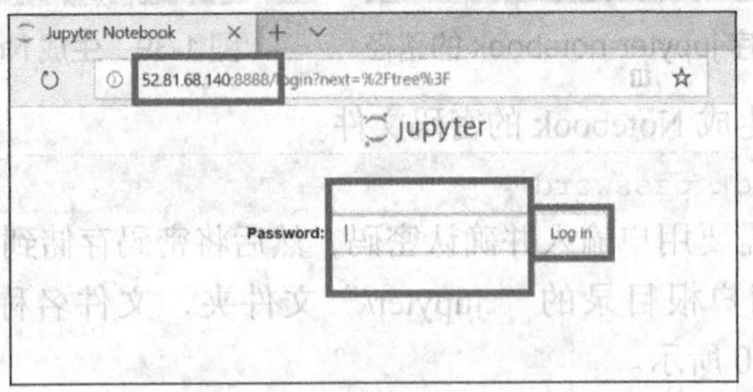

图 1-43 使用浏览器访问 Notebook

在图 1-43 所示的密码输入框中输入之前设置的密码，单击“Log in”按钮登录到 Notebook 页面，如图 1-44 所示。

当前 Notebook 的默认工作路径是“～/.jupyter”。

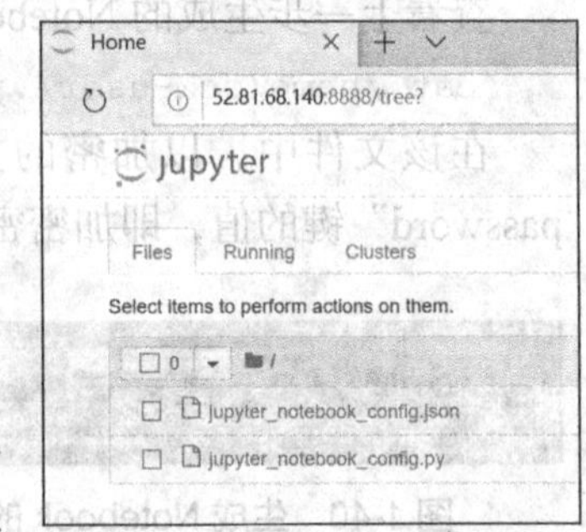

图 1-44 Notebook 的页面

Step 8：修改 Notebook 的默认工作路径

在这里，将 Notebook 的默认工作路径修改为“～/notebook”。

执行如下 4 行命令，在当前用户（ec2-user）的根目录下创建文件夹“notebook”，在“notebook”文件夹下创建子文件夹“chapter1”。

```
cd
mkdir notebook
cd notebook
mkdir chapter1
```

用文本编辑器打开“～/.jupyter/jupyter_notebook_config.py”文件，修改该配置文件，将 Notebook 的默认工作路径修改为“～/notebook”。具体来讲，需要修改的配置代码如下所示。

```
c.NotebookApp.notebook_dir = '/home/ec2-user/notebook/'
```

再次使用浏览器访问 Amazon EC2 实例的 Notebook，默认路径是当前用户根目录下的“notebook”文件夹，修改默认路径后登录 Notebook 的页面如图 1-45 所示。

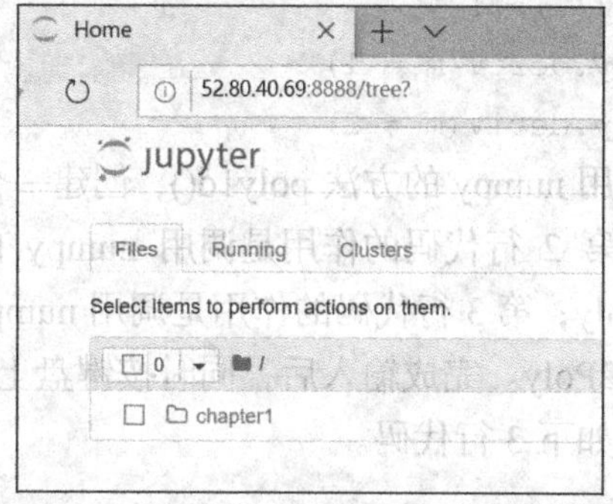

图 1-45　修改默认路径后登录 Notebook 的页面

1.4.5　使用 Notebook 完成函数曲线的可视化

Step 1：新建一个 Notebook Python 3 工程文件

微课 1-8

启动 Notebook 开发环境，进入默认的工作路径“～/notebook”，单击超链接“chapter1”，进入“～/notebook/chapter1”文件夹。在页面右上角的“New”下拉列表中选择“Python 3”选项，新建一个工程文件，如图 1-46 所示。

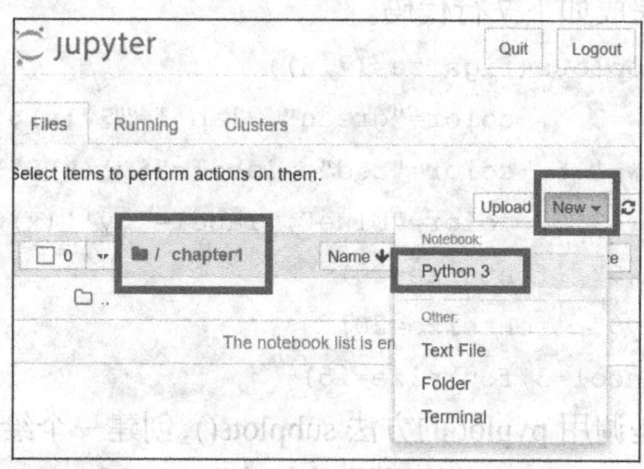

图 1-46　创建一个 Notebook 工程文件

Step 2：完成代码

可以在 Notebook 的一个单元格内完成所有代码，也可以在多个单元格内完成代码。在这里，在多个单元格内完成代码，这有助于理解和开发程序。

在第一个单元格内完成如下两行代码。

```
import numpy as np
import matplotlib.pyplot as plt
```

第 1 行代码导入 numpy 包，并起别名为“np”。第 2 行代码导入 pyplot，并起别名为“plt”。完成输入后，同时按键盘上的“Shift”和“Enter”键，执行完该单元格内的代码之后，会在当前单元格的下面新建一个单元格。

在第 2 个单元格内完成如下一行代码。

```
x = np.arange(-5, 2, 0.01)
```

这一行代码的作用是调用 numpy 的方法 arange()，创建一个数组 x，该数组的取值范围是（-5,2），相邻元素之间的步长是 0.01。完成输入后，同时按键盘上的“Shift”和“Enter”键。

在第 3 个单元格内完成如下 3 行代码。

```
orgPoly = np.poly1d([1,5,1,4])
deriv1Poly = orgPoly.deriv(m = 1)
deriv2Poly = orgPoly.deriv(m = 2)
```

第 1 行代码的作用是调用 numpy 的方法 poly1d()，创建一个多项式 orgPoly，其数学形式是 orgPoly=x^3+5x^2+x+4；第 2 行代码的作用是调用 numpy 的方法 deriv()，生成多项式 orgPoly 的一阶导数 deriv1Poly；第 3 行代码的作用是调用 numpy 的方法 deriv()，生成多项式 orgPoly 的二阶导数 deriv2Poly。完成输入后，同时按键盘上的“Shift”和“Enter”键。

在第 4 个单元格内完成如下 3 行代码。

```
y1 = orgPoly(x)
y2 = deriv1Poly(x)
y3 = deriv2Poly(x)
```

第 1 行代码的作用是将数组 x 作为自变量，通过多项式 orgPoly 生成变量 y1；第 2 行代码的作用是将数组 x 作为自变量，通过多项式 deriv1Poly 生成变量 y2；第 3 行代码的作用是将数组 x 作为自变量，通过多项式 deriv2Poly 生成变量 y3。完成输入后，同时按键盘上的“Shift”和“Enter”键。

在第 5 个单元格内完成如下 7 行代码。

```
fig, ax = plt.subplots(figsize=(7,6))
ax.plot(x, y1, lw=0.5, color="green", label="$y(x)$")
ax.plot(x, y2, lw=1.5, color="red", label="$y'(x)$")
ax.plot(x, y3, lw=2.5, color="blue", label="$y''(x)$")
ax.set_xlabel("$x$", fontsize=20)
ax.set_ylabel("$y$", fontsize=20)
ax.legend(loc=9,ncol=3,fontsize=15)
```

第 1 行代码的作用是调用 pyplot 的方法 subplots()，创建一个绘图实例，通过参数 figsize 指定了绘图区域的大小。subplots()方法返回两个对象，fig 和 ax。

第 2 行代码的作用是调用 ax 对象的 plot()方法，绘制一条曲线。通过为 plot()方法的参数赋值，指定了绘制的曲线的属性。在这里，该曲线的横坐标通过数组 x 指定，纵坐标通过数组 y1 指定，线宽是 0.5 单位，颜色是绿色，标签是 $y(x)$。

第 3 行代码的作用是调用 ax 对象的 plot()方法，绘制一条曲线。通过为 plot()方法的参数赋值，指定了绘制的曲线的属性。在这里，该曲线的横坐标通过数组 x 指定，纵坐标通过数组 y2 指定，线宽是 1.5 单位，颜色是红色，标签是 $y'(x)$。

第 4 行代码的作用是调用 ax 对象的 plot()方法，绘制一条曲线。通过为 plot()方法的参数赋值，指定了绘制的曲线的属性。在这里，该曲线的横坐标通过数组 x 指定，纵坐标通过数组 y3 指定，线宽是 2.5 单位，颜色是蓝色，标签是 $y''(x)$。

第 5 行代码的作用是调用 ax 对象的 set_xlabel()方法，指定图像的横轴名称是 x，在图像上显示的字符大小是 20 个单位。

第 6 行代码的作用是调用 ax 对象的 set_ylabel()方法，指定图像的纵轴名称是 y，在图像上显示的字符大小是 20 个单位。

第 7 行代码的作用是调用 ax 对象的 legend()方法，设置图例的属性。在这里，设置显示位置在图的上方居中，有 3 列显示，现实的字体大小是 15 个单位。

完成后的代码如图 1-47 所示。

Step 3：分析可视化输出结果

选中第 5 个单元格，运行该单元格，结果如图 1-48 所示。

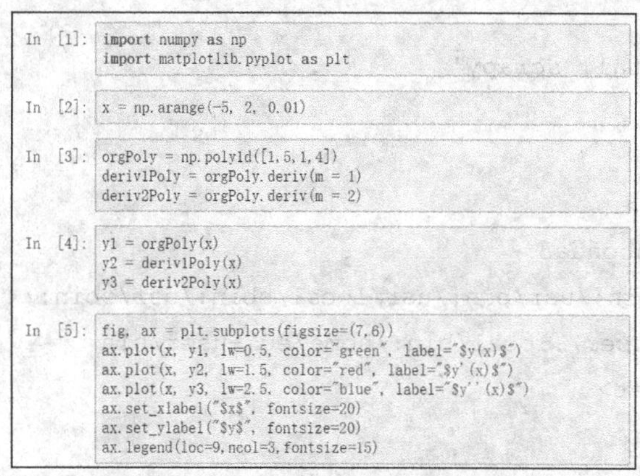

```
In [1]: import numpy as np
        import matplotlib.pyplot as plt

In [2]: x = np.arange(-5, 2, 0.01)

In [3]: orgPoly = np.poly1d([1,5,1,4])
        deriv1Poly = orgPoly.deriv(m = 1)
        deriv2Poly = orgPoly.deriv(m = 2)

In [4]: y1 = orgPoly(x)
        y2 = deriv1Poly(x)
        y3 = deriv2Poly(x)

In [5]: fig, ax = plt.subplots(figsize=(7,6))
        ax.plot(x, y1, lw=0.5, color="green", label="$y(x)$")
        ax.plot(x, y2, lw=1.5, color="red", label="$y'(x)$")
        ax.plot(x, y3, lw=2.5, color="blue", label="$y''(x)$")
        ax.set_xlabel("$x$", fontsize=20)
        ax.set_ylabel("$y$", fontsize=20)
        ax.legend(loc=9,ncol=3,fontsize=15)
```

图 1-47　完成的曲线可视化显示程序

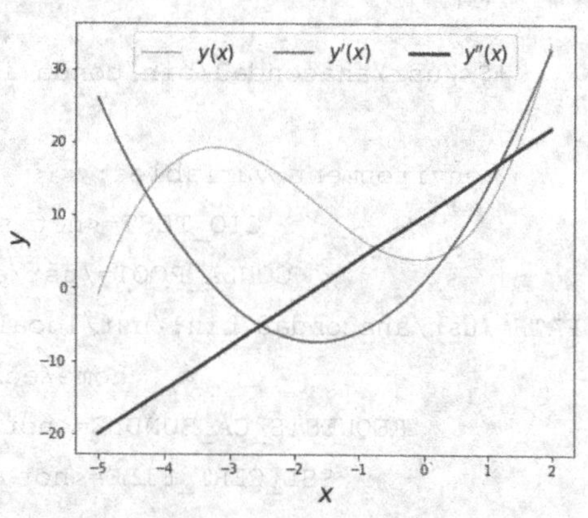

图 1-48　可视化输出结果

图 1-48 绘制了一个直角坐标系，其横坐标的名称是“x”，纵坐标的名称是“y”，每个轴的取值范围通过轴上的数值标明。在该图中，有 3 条颜色、粗细和形状均不同的曲线，每条曲线代表的变量在图的最上方标明。

1.4.6　使用 conda 安装包

conda 可以理解为一个工具，也可以理解为一个可执行命令，其核心功能是包管理与环境管理。包管理与 pip 工具的使用类似，环境管理则允许用户方便地安装不同版本的 Python 并可以快速切换。Anaconda 则是一个打包的集合，里面预装好了 conda、某个版本的 Python、众多 package、科学计算工具等，所以它也是 Python 的一种发行版。另外还有 Miniconda，顾名思义，它只包含最基本的内容——Python 与 conda，以及相关的必需依赖项，对于存储空间要求严格的用户，Miniconda 是一种较好的选择。

微课 1-9

conda 将几乎所有的工具、第三方包都当作 package 对待，甚至包括 Python 和 conda 自身。因此，conda 打破了包管理与环境管理的约束，能非常方便地安装各种版本的 Python、各种 package 并方便地切换。

1. 在线安装

Step 1：使用 conda 执行安装任务

使用 ec2-user 账号登录 Amazon EC2 实例，执行如下命令。

```
conda install scrapy
```

在命令行中执行此安装命令，发现存在错误并导致环境分析失败，如图 1-49 所示。

图 1-49　在线安装 scrapy 包

详细的错误报告信息如下所示。

```
# >>>>>>>>>>>>>>>>>>>>>> ERROR REPORT <<<<<<<<<<<<<<<<<<<<<<

    '$ /usr/anaconda3/bin/conda install scrapy'

      environment variables:
                     CIO_TEST=<not set>
                   CONDA_ROOT=/usr/anaconda3
PATH=/usr/anaconda3/bin:/usr/local/bin:/usr/bin:/usr/local/sbin:/usr/sbin:/
                             home/ec2-user/.local/bin:/home/ec2-user/bin
           REQUESTS_CA_BUNDLE=<not set>
                SSL_CERT_FILE=<not set>

        active environment : None
          user config file : /home/ec2-user/.condarc
    populated config files :
             conda version : 4.5.4
       conda-build version : 3.10.5
            python version : 3.6.5.final.0
          base environment : /usr/anaconda3  (read only)
              channel URLs : https://repo.anaconda.com/pkgs/main/linux-64
                             https://repo.anaconda.com/pkgs/main/noarch
                             https://repo.anaconda.com/pkgs/free/linux-64
                             https://repo.anaconda.com/pkgs/free/noarch
                             https://repo.anaconda.com/pkgs/r/linux-64
                             https://repo.anaconda.com/pkgs/r/noarch
                             https://repo.anaconda.com/pkgs/pro/linux-64
                             https://repo.anaconda.com/pkgs/pro/noarch
             package cache : /usr/anaconda3/pkgs
                             /home/ec2-user/.conda/pkgs
          envs directories : /home/ec2-user/.conda/envs
                             /usr/anaconda3/envs
                  platform : linux-64
```

```
            user-agent  :  conda/4.5.4  requests/2.18.4  CPython/3.6.5
Linux/4.14.88-88.76.amzn2.x86_64 amzn/2 glibc/2.26
              UID:GID : 1000:1000
            netrc file : None
          offline mode : False



    V V V V V V V V V V V V V V V V V V V V V V V V V V V V V V V

    CondaHTTPError : HTTP  000  CONNECTION  FAILED  for  url  <https://repo.
anaconda.com/pkgs/pro/noarch/repodata.json.bz2>
    Elapsed: -

    An HTTP error occurred when trying to retrieve this URL.
    HTTP errors are often intermittent, and a simple retry will get you on your
way.

    If your current network has https://www.anaconda.com blocked, please file
    a support request with your network engineering team.

    ConnectionError(MaxRetryError("HTTPSConnectionPool(host='repo.anaconda.
com',  port=443) :  Max  retries  exceeded  with  url :  /pkgs/pro/noarch/
repodata.json.bz2  (Caused  by  NewConnectionError('<urllib3.connection.
VerifiedHTTPSConnection object at 0x7f1dc8049e80>: Failed to establish a new
connection: [Errno 101] Network is unreachable',))",),)

    A reportable application error has occurred. Conda has prepared the above
report.
    If submitted, this report will be used by core maintainers to improve
    future releases of conda.
    Would you like conda to send this report to the core maintainers?
    [y/N]: n

    No report sent. To permanently opt-out, use

    $ conda config --set report_errors false
```

经分析可知，发生该错误的原因在于实例无法通过端口 443 与下载服务器建立连接，从而无法完成依赖性分析。

Step 2：修改 Amazon EC2 实例安全组规则

启动 AWS 管理控制台，在 EC2 实例页面选中使用的实例，并单击当前正在使用的安全组，如图 1-50 所示。

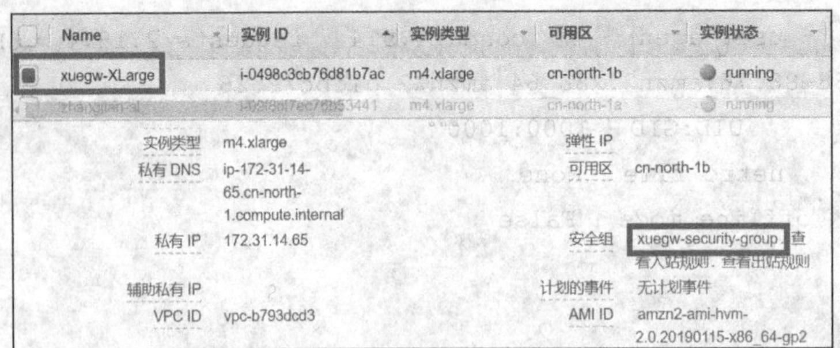

图 1-50　修改当前 Amazon EC2 实例的安全组

为该 Amazon EC2 实例添加表 1-3 所示的新规则。

表 1-3　Amazon EC2 实例安全组规则

规则属性	入站	出站
类型	自定义 TCP 规则	自定义 TCP 规则
协议	TCP	TCP
端口范围	443	443
来源	任何位置	任何位置

完成修改后，如图 1-51 和图 1-52 所示。

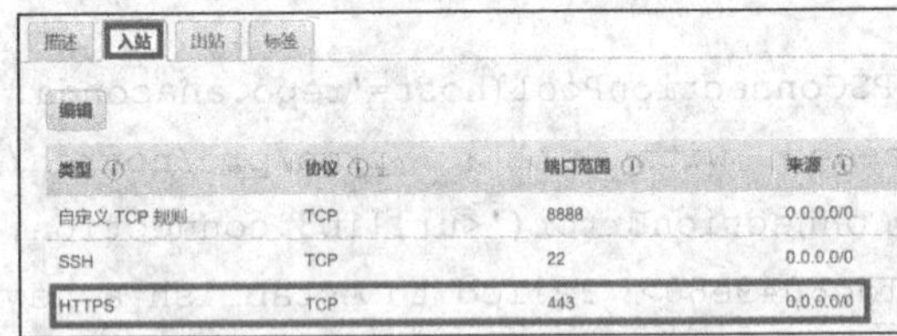

图 1-51　修改后的 Amazon EC2 实例安全组入站规则

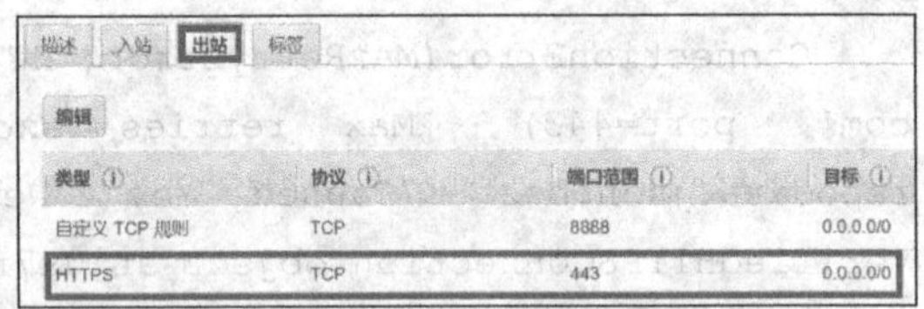

图 1-52　修改后的 Amazon EC2 实例安全组出站规则

Step 3：再次执行 conda 安装命令

在修改了 Amazon EC2 实例的安全组规则之后，需要使用 ec2-user 账号重新登录 Amazon EC2 实例。再次执行如下安装命令。

```
conda install scrapy
```

在命令行中执行此安装命令，如图 1-53 所示。

可见，通过修改 Amazon EC2 实例使用的安全规则，Amazon EC2 实例可以建立与服务器的连接，并解析出当前环境中 scrapy 包的依赖关系。

之后，系统提示用户选择是否更新 conda 包，这里选择继续更新，如图 1-54 所示。

从图 1-54 可见，更新 conda 包的时候，给出权限错误 13，这是由于当前登录的用户 ec2-user 不具有 Anaconda 所在路径的所有权。

Step 4：修改 Anaconda 的所有权并重新安装

使 ec2-user 账户获得 Anaconda 安装路径的所有权，这是通过执行下述命令实现的。

```
sudo chown -R ec2-user:ec2-user /usr/anaconda3/
```

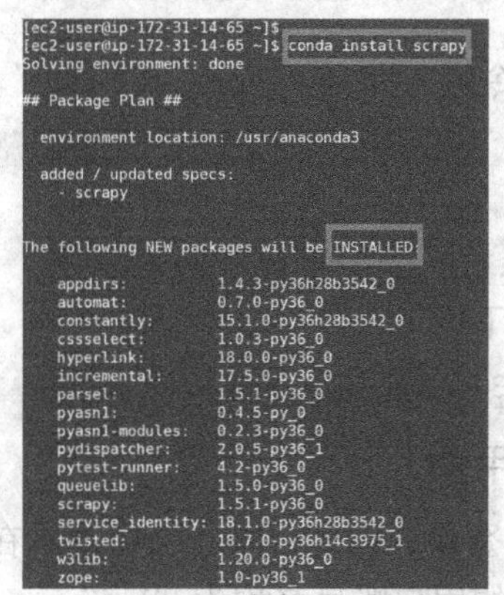

图 1-53　再次安装 scrapy 包

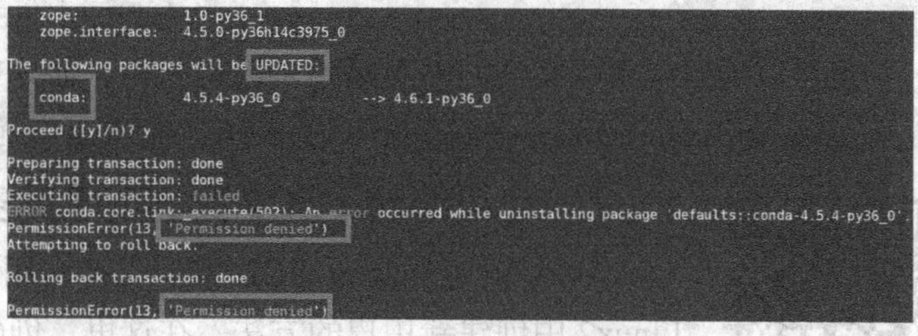

图 1-54　conda 权限错误

再次执行如下安装命令。

```
conda install scrapy
```

经过上述的配置之后，顺利地安装了 scrapy 包，如图 1-55 所示。

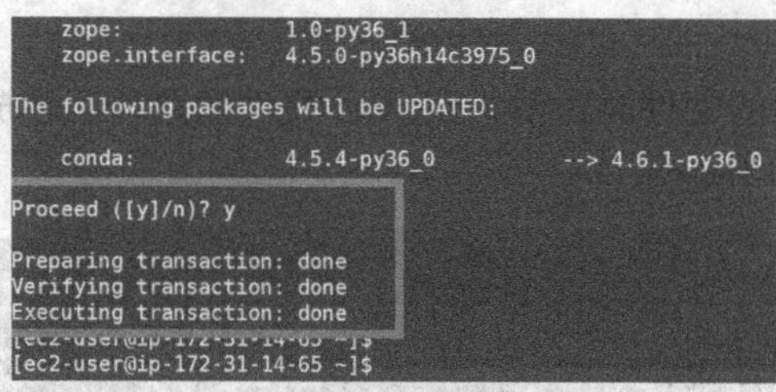

图 1-55　成功安装 scrapy

2. 离线安装

除了在线安装之外，还可以使用 conda 离线安装包。

Step 1：下载 scrapy 安装文件

启动浏览器，访问 scrapy 安装包下载网址。单击图 1-56 所示的超链接，下载安装文件“Scrapy-1.5.2-py2.py3-none-any.whl”。

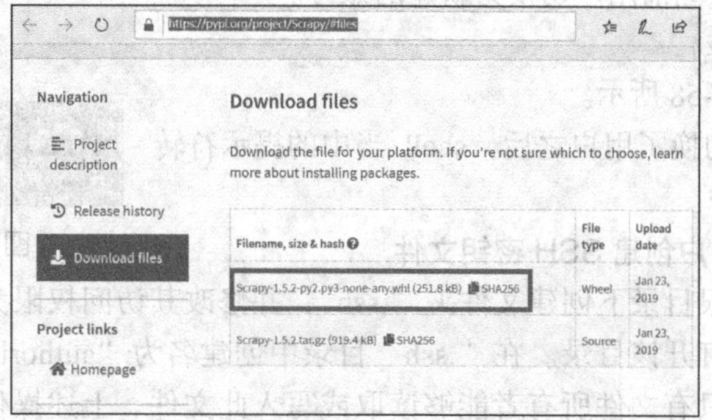

图 1-56　下载 scrapy 安装文件

将该文件上传至 Amazon EC2 实例的某一文件夹。在这里，该文件的存储路径是“/home/ec2-user”。

Step 2：使用 pip 工具安装 scrapy

使用 ec2-user 账号登录 Amazon EC2 实例，执行如下命令进入路径“/home/ec2-user”。

```
cd /home/ec2-user
```

执行如下命令安装 scrapy 包。

```
pip install ~/Scrapy-1.5.2-py2.py3-none-any.whl
```

也可以通过指定该文件的绝对路径来进行安装，命令如下。

```
pip install /home/ec2-user/Scrapy-1.5.2-py2.py3-none-any.whl
```

微课 1-10

1.4.7 为 Amazon EC2 实例创建更多用户

AWS 的 Amazon EC2 实例支持多用户登录，因此，本小节将演示在 Linux2 中创建新用户的方法。在这里，创建的用户账号名称为“lizj”。

Step 1：基于默认账户的.pem 密钥文件生成公钥

使用默认账户“ec2-user”登录 Amazon EC2 实例，执行如下命令。

```
ssh-keygen -y
```

使用 FTP 或者其他工具上传创建 Amazon EC2 实例时生成的密钥文件，该文件的扩展名是“.pem”。

当提示输入密钥所在的文件时，请指定.pem 文件的路径。在成功执行上述命令后，会生成公有密钥，如图 1-57 所示。

图 1-57　通过“.pem”密钥文件生成公钥

复制生成的公钥字符串。

Step 2：向 Amazon EC2 实例添加一个新账号并切换到新账号

执行如下命令将账号“lizj”添加到系统。

```
sudo adduser lizj
```

执行如下命令将当前用户切换为新建的账号。

```
sudo su - lizj
```

执行过程如图 1-58 所示。

可以看到，在切换了用户之后，shell 当中的提示符转换为当前登录的用户。

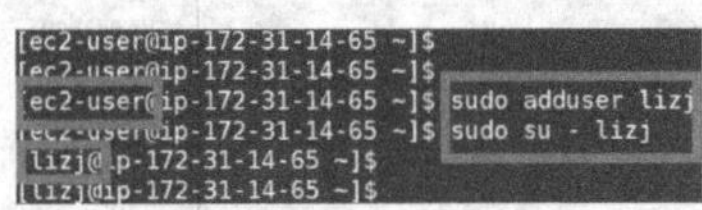

图 1-58　执行过程

Step 3：为新用户创建 SSH 密钥文件

在当前用户的根目录下创建文件夹“.ssh”，并修改其访问权限为只有文件夹所有者能够读取、写入或打开该目录。在“.ssh”目录中创建名为“authorized_keys”的文件，并将其权限更改为只有文件所有者能够读取或写入此文件。上述操作是通过执行如下命令实现的。

```
mkdir .ssh
chmod 700 .ssh
```

```
touch .ssh/authorized_keys
chmod 600 .ssh/authorized_keys
```

在执行的过程中，为了查看命令是否成功执行，可以输出相关信息，如查看文件夹或者文件的权限等，如图 1-59 所示。

最后，编辑该密钥文件，将其内容修改为之前复制的密钥内容。

Step 4：使用新用户登录

退出 SSH 客户端，并重新登录，输入新用户的账号名称，如图 1-60 所示。

```
[lizj@ip-172-31-14-65 ~]$
[lizj@ip-172-31-14-65 ~]$
[lizj@ip-172-31-14-65 ~]$ mkdir .ssh
[lizj@ip-172-31-14-65 ~]$ ll -a
total 16
drwx------ 3 lizj lizj  95 Jan 24 06:40 .
drwxr-xr-x 5 root root  47 Jan 24 04:44 ..
-rw------- 1 lizj lizj   5 Jan 24 04:46 .bash_history
-rw-r--r-- 1 lizj lizj  18 Jul 27 18:42 .bash_logout
-rw-r--r-- 1 lizj lizj 193 Jul 27 18:42 .bash_profile
-rw-r--r-- 1 lizj lizj 231 Jul 27 18:42 .bashrc
drwxrwxr-x 2 lizj lizj   6 Jan 24 06:40 .ssh
[lizj@ip-172-31-14-65 ~]$ chmod 700 .ssh/
[lizj@ip-172-31-14-65 ~]$ ll -a
total 16
drwx------ 3 lizj lizj  95 Jan 24 06:40 .
drwxr-xr-x 5 root root  47 Jan 24 04:44 ..
-rw------- 1 lizj lizj   5 Jan 24 04:46 .bash_history
-rw-r--r-- 1 lizj lizj  18 Jul 27 18:42 .bash_logout
-rw-r--r-- 1 lizj lizj 193 Jul 27 18:42 .bash_profile
-rw-r--r-- 1 lizj lizj 231 Jul 27 18:42 .bashrc
drwx------ 2 lizj lizj   6 Jan 24 06:40 .ssh
[lizj@ip-172-31-14-65 ~]$ touch .ssh/authorized_keys
[lizj@ip-172-31-14-65 ~]$ chmod 600 .ssh/authorized_keys
[lizj@ip-172-31-14-65 ~]$ ll .ssh/authorized_keys
-rw------- 1 lizj lizj 0 Jan 24 06:41 .ssh/authorized_keys
[lizj@ip-172-31-14-65 ~]$
[lizj@ip-172-31-14-65 ~]$
```

图 1-59 创建用户登录的 SSH 协议配置文件

```
login as: lizj
Authenticating with public key "imported-openssh-key"

        ? MobaXterm 10.4 ?
   (SSH client, X-server and networking tools)

 ➤ SSH session to lizj@52.80.40.69
   ? SSH compression : ✔
   ? SSH-browser     : ✔
   ? X11-forwarding  : ✘  (disabled or not supported by server)
   ? DISPLAY         : 113.118.52.157:0.0

 ➤ For more info, ctrl+click on help or visit our website

Last login: Thu Jan 24 06:37:59 2019

       __|  __|_  )
       _|  (     /   Amazon Linux 2 AMI
      ___|\___|___|

https://aws.amazon.com/amazon-linux-2/
[lizj@ip-172-31-14-65 ~]$
```

图 1-60 使用新账号登录

可见，在完成上述配置后，可以使用新建的账户名称登录 Amazon EC2 实例。

1.5 课后练习

一、填空题

1. 在 Linux 操作系统中，在当前文件夹中创建一个名为“folder1”的子文件夹，执行的命令是：______________。

2. 在 Python 中导入 numpy 包并取别名为“np”，运行的代码是：________________。

3. 使用 pip 工具在线安装 scrapy 包，执行的命令是：__________。

二、判断题

1. 在 Amazon EC2 实例上安装了 Linux 操作系统，可以使用 SSH 协议远程登录并访问该 Amazon EC2 实例。而基于图形界面的 Windows 操作系统不能远程访问。(　　)

2. 使用 AWS 云计算，必须在开发应用和部署之前，预估需要多少硬件和软件资源。(　　)

3. AWS 的每个可用区（AZ）均设计为独立的故障区域。这意味着 AZ 被物理分隔在一个典型的大城市区域内，并位于较低风险的冲积平原中。(　　)

4. Amazon Aurora 是一种兼容 MySQL 和 PostgreSQL 的非关系数据库引擎。(　　)

三、选择题

1. 在云计算中，“基础设施即服务”的英文缩写是 IaaS，其英文全称是（　　）。

A. Input an anonymous Socket　　B. Input as a Service

C. Infrastructure as a Service　　D. Input as a Service

2. AWS 云基础设施围绕（　　）构建。

A. AWS 区域（Regions）和可用区（AZ）

B. 亚洲和美洲

C. AWS 区域（Regions）和 AWS 数据中心

D. 欧洲和美洲

3. 根据付费方式的不同，可以将 Amazon EC2 实例分为（　　）。

A. 按量实例、预留实例、廉价实例　　B. 按需实例、定制实例、竞价实例

C. 按量实例、预留实例、廉价实例　　D. 按需实例、预留实例、竞价实例

4. Notebook 服务的默认端口是（　　）。

A. 80　　B. 8080　　C. 88　　D. 8888

四、综合题

在你自己的 AWS 上，创建一个 Amazon EC2 实例，并安装、配置好 Notebook 开发环境。

在 Notebook 开发环境中新建一个 Python 3 工程，使用 matplotlib 包的方法输出显示一条正弦曲线。

项目二 在数据分析中使用 Amazon S3 存储桶

学习指导

知识目标	了解 Amazon S3 的概念和特点
	了解 Amazon S3 的安全策略
技能目标	能够设计 Amazon S3 存储桶的安全策略
	能够使用管理控制台操作 Amazon S3 的存储桶
	能够使用管理控制台操作 Amazon S3 存储桶中的对象
	能够使用 Python 语言存取 Amazon S3 存储桶中的文件

2.1 情境描述

欢喜科技公司已经开始在 AWS 云平台上开发并部署项目。作为专门从事数据分析和可视化的公司，欢喜科技公司有大量的数据需要处理，很多处理的结果需要和用户共享。

微课 2-1

当前，欢喜科技公司的大量离线数据存储在本地服务器中，其中，以 CSV 格式的数据文件居多。如果使用 AWS 云平台的服务处理本地数据，需要事先读取本地数据，再将处理结果返回本地。在某些情况下，会存在延时较大、网络不稳定、设备当机等状况，导致用户使用体验差。

为了避免可能存在的诸多隐患，使数据传输更稳定、分析和可视化结果更快速地呈现，欢喜科技公司决定将数据文件迁移到 AWS 云平台。该公司委派小刘完成方案调研，并确定如何将数据迁移到 AWS 云平台上。

经过调研与分析，小刘认为使用 Amazon S3 存储桶是比较合适的存储方案。因为 Amazon S3 的存储桶可以存储不限量的数据，所以对不同的用户赋予不同的权限。最关键的是，存储桶是不分区域的，这意味着全球的客户都可以快速地访问 Amazon S3 存储桶中的数据。

2.2 任务分析

AWS 云平台提供了多种差异化的存储服务，有些适用于长期备份、有些适用于短期大流量读取。功能不同，其价格也会有差异。

因此，选择既满足功能需求又成本适中的存储服务是首先要考虑的问题。

Amazon S3 是 AWS 云平台提供的服务之一，可以用来存储任何类型的对象。使用 Amazon S3，需要掌握存储桶的常用操作，包括创建存储桶、修改存储桶的内容、清空存储桶、编辑存储桶的内容和设置存储桶的访问权限等。

操作 Amazon S3 存储桶和其内容可以通过图形化的控制台实现，也可以通过命令行格式的 CLI 实现，还可以通过程序设计语言编程实现。

2.3 Amazon S3 存储桶基础

微课 2-2

2.3.1 Amazon S3 概述

Amazon S3（Simple Storage Service）是一种互联网存储解决方案。使用该服务可以降低开发人员进行大规模网络计算的难度，并为开发人员带来最大化的规模效益。

Amazon S3 提供了一个简单的 Web 服务接口，可用于随时在 Web 上的任何位置存储和检索任何数量的数据。Amazon S3 让所有开发人员都能访问同一个具备高扩展性、可靠性、安全性，快速又价廉的数据存储基础设施。

美国亚马逊公司使用 Amazon S3 存储桶来运行其全球网络。

2.3.2 Amazon S3 的特点

使用 Amazon S3 具有如下优势和特点。

（1）Amazon S3 内置了注重简易性和稳健性的最小功能集。存储桶是 Amazon S3 用于数据存储的基础容器，并且可以创建和命名不同的存储桶。

（2）可以在存储桶中存储不限量的数据。用户将文件对象上传到 Amazon S3 存储桶中，每个对象最多可包含 5TB 的数据。

（3）对于存储桶中的数据，可以赋予不同的权限，例如可以赋予访客访问权限或者拒绝其访问。

（4）使用标准的 REST 和 SOAP 接口。

注意：HTTP 不再支持 SOAP 接口，但是该接口仍可在 HTTPS 中使用。建议用户使用 REST API 或 AWS 开发工具包。

2.3.3 Amazon S3 的核心概念和技术

1. 存储桶

存储桶是 Amazon S3 中用于存储对象的容器。每个对象都存储在一个存储桶中，并可通过网址的方式对该对象进行寻址。

2. 对象

对象是 Amazon S3 中存储的基本实体。对象由对象数据部分和元数据部分组成，其中数据部分对 Amazon S3 不透明。元数据是一组描述对象的名称值对。其中包括一些默认元数据（如上次修改日期）和标准 HTTP 元数据（如 Content-Type）。用户还可以在存储对象时指定自定义元数据。

在存储桶中，对象由键（名称）和版本 ID 唯一标识构成。

3. 键

键是指存储桶中对象的唯一标识符。存储桶内的每个对象都只能有一个键。通过存储桶、键和版本 ID 的组合，可以唯一地标识各个对象。因此，用户可以将 Amazon S3 看作"存储桶 + 键 + 版本"与对象本身之间的基本数据映射。也就是说，将 Web 服务终端节点、存储桶名、密钥和版本（可选）组合在一起，可唯一寻址 Amazon S3 中的每个对象。

4．区域

用户可以为 Amazon S3 存储桶选择其所在的 AWS 区域。对于存储区域的选择，用户通常在优化延迟、降低成本和满足法规这 3 点之间折中考虑。

在某一区域存储的数据将一直留在该区域，除非用户特意将其传输到另一区域。例如，存储在宁夏区域中的对象将一直留在该区域。

2.3.4 Amazon S3 的功能

1．存储类

Amazon S3 提供了多个存储类，以适应不同的应用场景。Amazon S3 包括适用于高数据访问频率的通用型存储（Amazon S3 STANDARD）、适用于长期存储数据但访问频率不高的 Amazon S3 STANDARD_IA，以及适用于长期存档的 Glacier。

2．存储桶策略

通过使用存储桶策略，可以实现对存储桶和对象的集中访问控制。这些策略是用访问策略语言描述的，可以对许可进行集中管理。附加到存储桶的许可适用于该存储桶中的所有对象。

个人和公司都可以使用存储桶策略。在公司向 Amazon S3 进行注册时，创建一个账户，该账户即等同于该公司。此账户承担公司（及其员工）使用 AWS 资源产生的费用，且有权基于各种条件授予存储桶策略许可，以及分配员工许可。

此账户不仅可以授予用户有限的读写访问权限，还可以允许其他人创建和删除存储桶。一个账户可以让多个地域的 IP 地址操作一个存储桶，并且仅允许来自这些地域的 IP 地址范围的写入。

登录 AWS 使用的账户、用户名和密码，如图 2-1 所示。

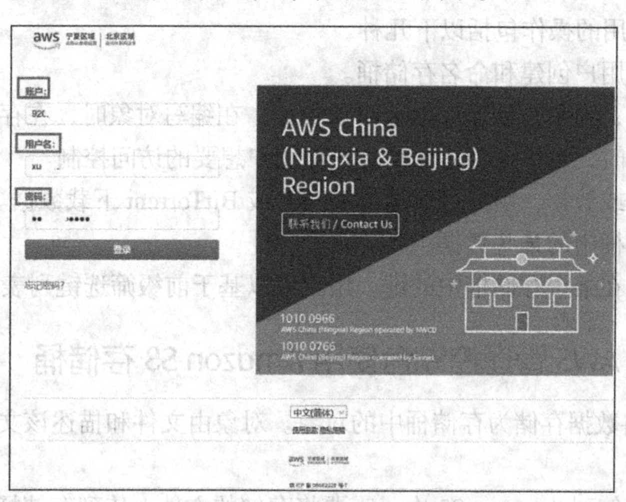

图 2-1 AWS 中国登录页面

AWS 中国的账户是一串数字，代表当前登录用户所在的机构。用户名和密码则是由"账户”分配给用户的。

与仅可以为单个对象添加（授予）许可的访问控制列表不同，策略可以为存储桶内的所有对象（或子集）添加或删除许可。在一个请求中，账户可以为存储桶内任意数量的对象设置权限。账户可以在 Amazon 资源名称（Amazon Resource Name，ARN）和其他值上使用通配符（类似于正则表达式运算符）。然后，账户可以对以通用前缀开头或者以指定扩展名结尾（如“.html”）的一组对象进行访问控制。在 AWS 中，只有存储桶拥有者可以将策略与该存储桶关联。策略将基于以下条件决定允许还是拒绝一个请求。

（1）Amazon S3 存储桶操作（如 PUT）和对象操作（如 PUT Object 或 GET Object）。

（2）请求者。

（3）策略中指定的条件。

账户可以使用特定的 Amazon S3 操作（如 GetObject、GetObjectVersion、DeleteObject 或 DeleteBucket）控制访问权限。

这些条件可以是 IP 地址、以 CIDR 法表示的 IP 地址范围、日期、用户代理、HTTP 引用站点和传输（HTTP 和 HTTPS）。

3. AWS Identity and Access Management

用户可以使用 AWS 身份和访问管理（Identity and Access Management，IAM）功能来管理 Amazon S3 资源的访问权限。例如，用户可以将 IAM 用于 Amazon S3，控制用户或用户组对该 AWS 账户的 Amazon S3 存储段的具体部分的访问类型。

4. 访问控制列表

用户可以使用访问控制列表功能来控制对每个存储桶和对象的访问。

5. 版本控制

用户可以使用版本控制功能将对象的多个版本保留在同一存储桶中。

6. 操作

Amazon S3 常用的操作包括以下几种。

（1）为账号或用户创建和命名存储桶。

（2）写入数据，通常是创建或覆盖对象数据。在编写对象时，在存储桶的命名空间中指定唯一键值。此时，也适合为对象指定任何用户想要的访问控制。

（3）读取对象或数据，用户可以通过 HTTP 或 BitTorrent 下载数据。

（4）删除存储桶中的某些数据。

（5）列出包含在某个存储桶中的键，用户可以基于前缀筛选键列表。

2.4 通过 AWS 管理控制台使用 Amazon S3 存储桶

Amazon S3 将数据存储为存储桶中的对象。对象由文件和描述该文件的任何可选元数据组成。

如果将对象存储到 Amazon S3 中，需要将存储的文件上传到存储桶中。上传文件时，可以设置对对象以及任何元数据操作的权限。

存储桶是存储对象的容器。用户可以有一个或多个存储桶。对于每个存储桶，用户都可以控制对它的访问权限（哪些用户可以在存储桶中创建、删除和列出对象）、查看存储桶及其对象的访问日志，以及选择 Amazon S3 存储桶及其内容的地理区域。

本节将使用可视化的 AWS 管理控制台完成 Amazon S3 存储桶的常用操作，如创建存储桶、向存储桶中存储对象、修改存储桶的权限等。步骤如图 2-2 所示。

图 2-2　操作 Amazon S3 存储桶的步骤

2.4.1　创建存储桶

Amazon S3 中的每个对象都存储在存储桶中。必须先创建一个存储桶，才能在 Amazon S3 中存储数据。用户无须为创建存储桶付费，只有将对象存储到存储桶中，以及向存储桶传入对象和从存储桶中传出对象时才需要付费。

Step 1：登录 AWS 管理控制台并打开 Amazon S3 控制台

登录进入管理控制台之后，可以看到 AWS 云平台提供的服务，如图 2-3 所示。

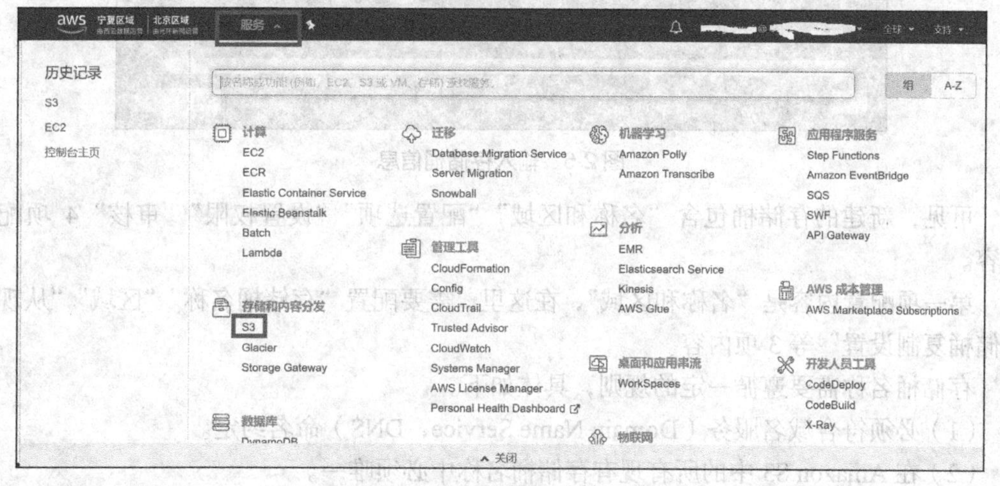

图 2-3　AWS 管理控制台页面

单击“服务”选项卡之后，在弹出的页面中单击“存储和内容分发”中的“S3”超链接，跳转到 Amazon S3 管理页面，如图 2-4 所示。

图 2-4　Amazon S3 管理页面

可见，Amazon S3 服务所在的区域是“全球”，这是因为 Amazon S3 不要求选择区域。

Step 2：创建一个 Amazon S3 存储桶并完成基本配置

单击“创建存储桶”按钮，如图 2-5 所示。

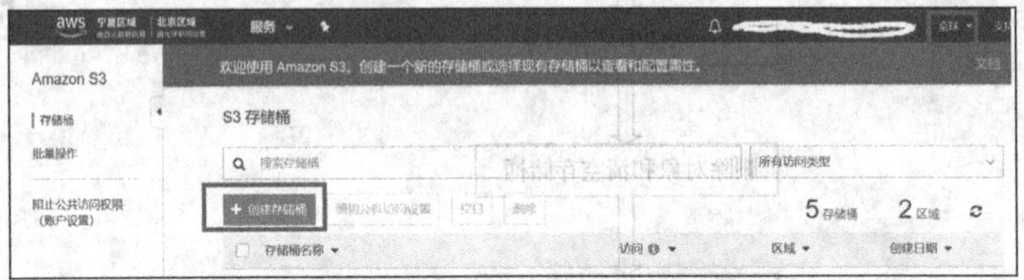

图 2-5　创建一个 Amazon S3 存储桶

弹出“创建存储桶”页面，在其中输入存储桶信息，如图 2-6 所示。

图 2-6　输入存储桶信息

可见，新建的存储桶包含“名称和区域”“配置选项”“设置权限”“审核”4 项配置内容。

第一项配置内容是“名称和区域”，在这里，需要配置“存储桶名称”“区域”“从现有存储桶复制设置”等 3 项内容。

存储桶名称需要遵循一定的规则，具体如下。

（1）必须符合域名服务（Domain Name Service，DNS）命名约定。

（2）在 Amazon S3 中的所有现有存储桶名称中必须唯一。

（3）长度必须为至少 3 个字符，且不能超过 63 个字符。

（4）创建存储桶名称后，无法对其进行修改。

（5）必须是一系列的一个或多个标签。相邻标签通过单个点（.）分隔。存储桶名称可以包含小写字母、数字和连字符。每个标签都必须以小写字母或数字开头和结尾。

（6）存储桶名称中不可以包含大写字母和下划线，以确保每个存储桶都可以使用虚拟托管类型的寻址方式找到。

（7）不得采用 IP 地址格式（例如，192.168.1.2）。

（8）当通过安全套接字（Secure Socket Layer，SSL）使用虚拟托管式存储桶时，SSL 通配符证书仅匹配不包含句点的存储桶。要解决此问题，请使用 HTTP 或编写自己的证书验证逻辑。在使用虚拟托管式存储桶时，建议用户不要在存储桶名称中使用点（.）。

（9）用于 Amazon S3 Transfer Acceleration（S3 传输加速）的存储桶的名称必须符合 DNS 标准，且不得包含点（.）。

区域指定放置该存储桶的区域。

在这里，将“存储桶名称”设置为“book.chapter2”，“区域”选择“中国（北京）”，将“从现有存储桶复制设置”留空。单击“下一步”按钮，如图 2-7 所示。

图 2-7　设置存储桶的名称和区域

进入第二项配置内容“配置选项”，如图 2-8 所示。

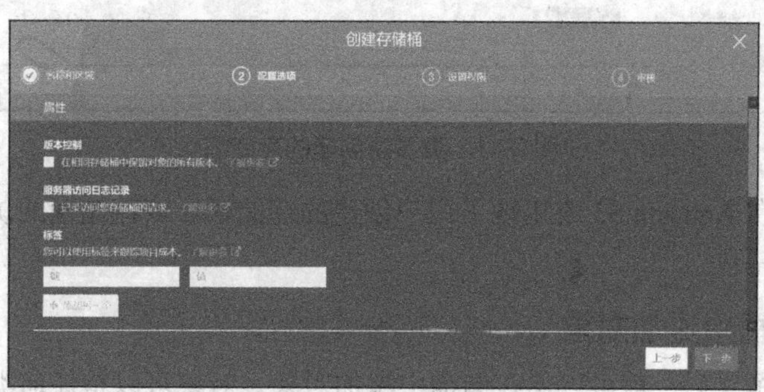

图 2-8　存储桶配置选项

在这个页面中，包含版本控制、服务器访问日志记录、标签等功能。这里保留默认选项，单击“下一步”按钮。进入第三项配置内容“设置权限”，如图 2-9 所示。

这里保留默认选项，即勾选“阻止全部公共访问权限”复选框，单击“下一步”按钮。进入第四项配置内容“审核”，如图 2-10 所示。

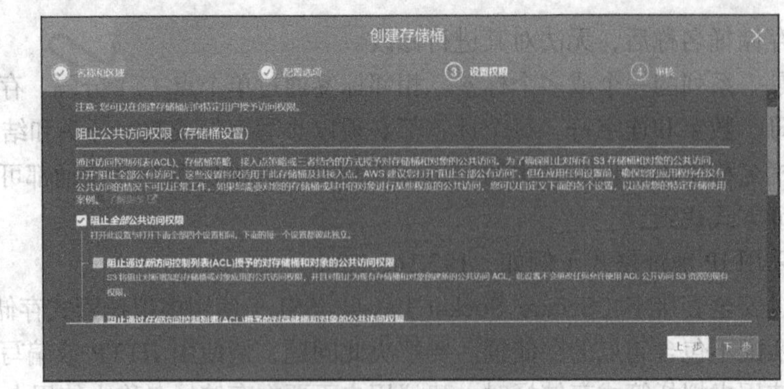

图 2-9　存储桶设置权限

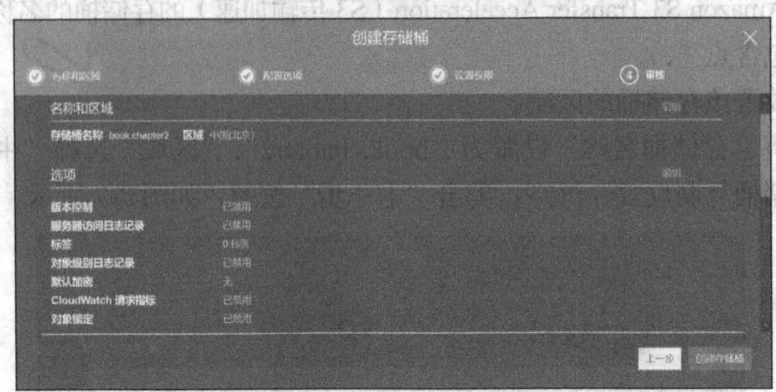

图 2-10　存储桶审核

该页面列出了用户创建的存储桶的配置信息。

单击图 2-10 中的“创建存储桶”按钮，完成存储桶的创建，如图 2-11 所示。

图 2-11　查看新创建的存储桶

可以看到，在 Amazon S3 中出现了用户创建的存储桶，该存储桶的访问权限、所在区域和用户的设置一致。

2.4.2　向存储桶中添加对象

创建了存储桶之后，就可以向存储桶中添加对象。对象可以是任何类型的文件，常用的文件有文本文件、图片、视频等。

在这里，将文件“data.csv”上传到存储桶“book-chapter2”中。

Step 1：选中要上传文件的存储桶

将鼠标指针移动到存储桶名称的上面，直到存储桶名称下面出现下划线，单击存储桶的名字，如图 2-12 所示。

图 2-12　选中存储桶

进入存储桶的配置功能页面，如图 2-13 所示。

图 2-13　存储桶配置功能页面

Step 2：上传数据文件

单击功能页面的“上传”按钮，如图 2-14 所示。

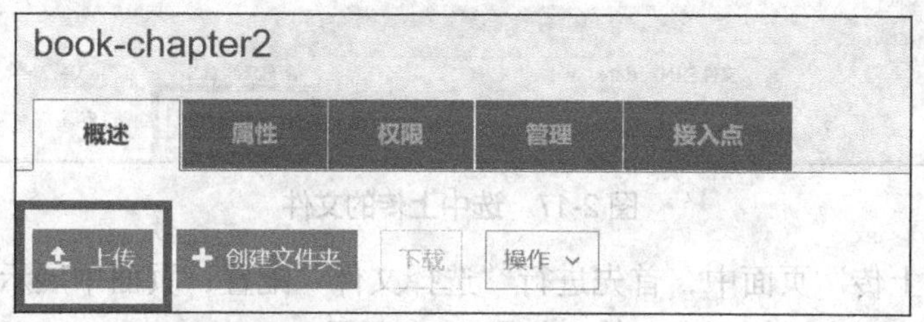

图 2-14　单击“上传”按钮

进入“上传”页面，如图 2-15 所示。

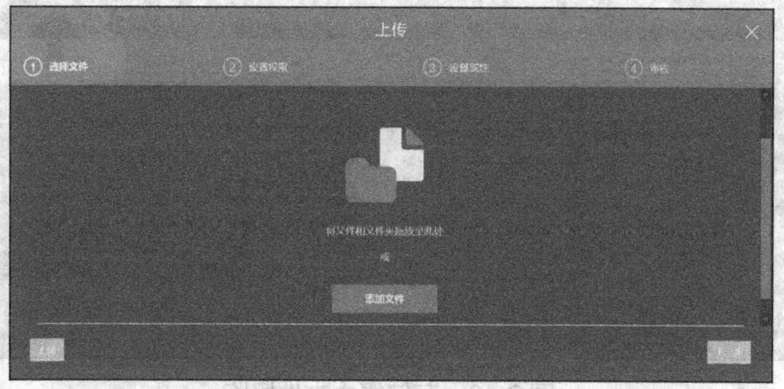

图 2-15　存储桶“上传”页面

由于当前该存储桶是空的，所以也可以通过单击页面下方的“开始使用”按钮进入上传文件的页面，如图 2-16 所示。

图 2-16　单击“开始使用”按钮

在弹出的 Windows 对话框中选中要上传的文件，单击“打开”按钮，如图 2-17 所示。

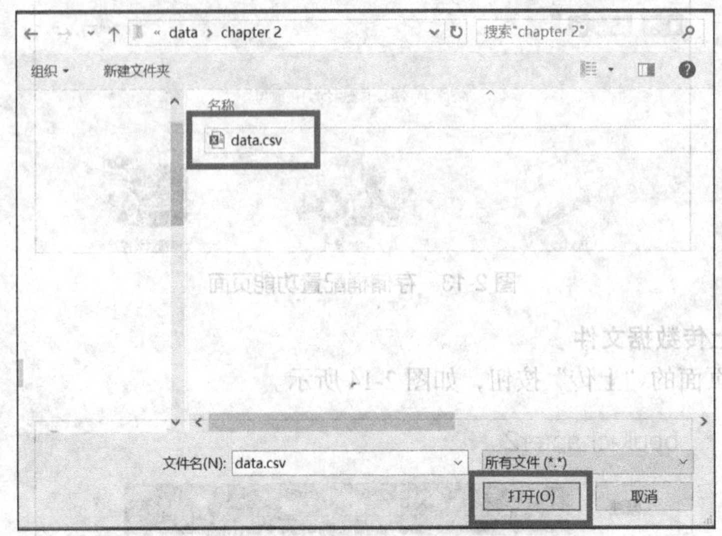

图 2-17　选中上传的文件

在弹出的“上传”页面中，首先进行“选择文件”配置，页面中展示了当前选择上传的文件，并且允许用户添加更多文件，如图 2-18 所示。

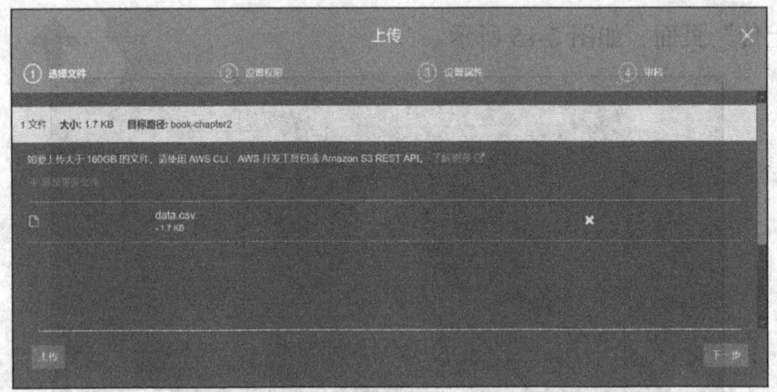

图 2-18　存储桶中文件概览

单击图 2-18 中的“下一步”按钮，进行“设置权限”配置，如图 2-19 所示。在当前的默认设置中，文件的所有者具有读取和写入权限。

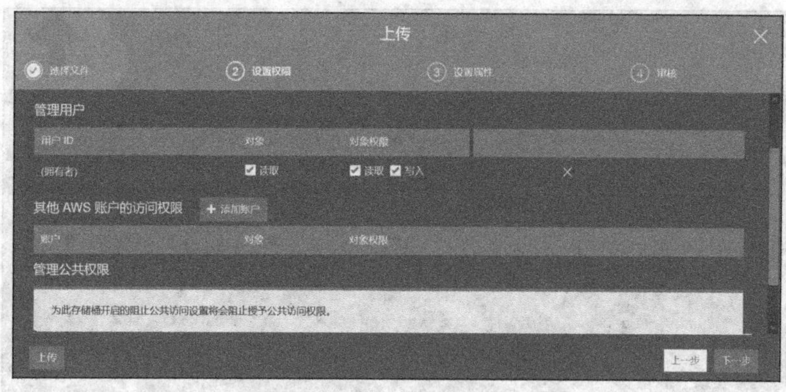

图 2-19 设置用户权限

保持默认设置，单击图 2-19 中的“下一步”按钮，进行“设置属性”配置。保持默认设置，即“存储类别”选择“标准”单选项，“加密”选择“无”单选项，“元数据”和“标签”留空，如图 2-20 和图 2-21 所示。

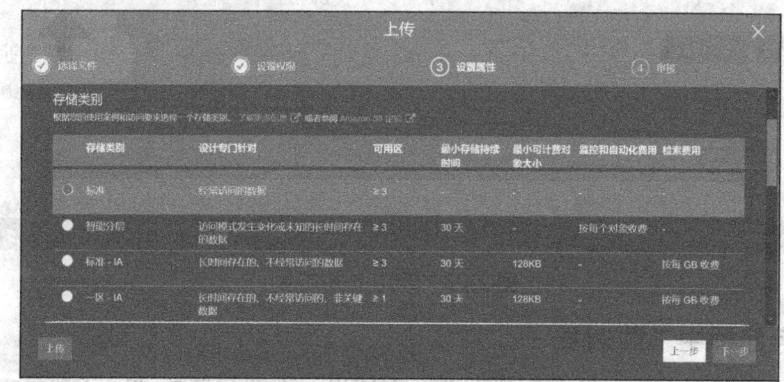

图 2-20 设置存储类别界面

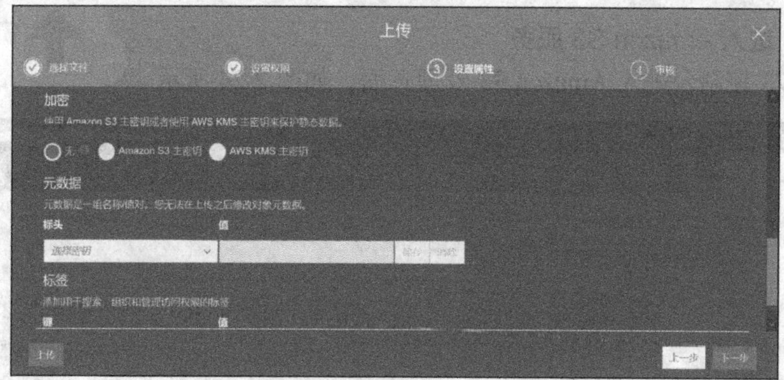

图 2-21 存储桶文件加密

单击图 2-21 中的“下一步”按钮，进行“审核”配置，页面中显示当前文件的信息，如图 2-22 所示。

单击图 2-22 中的“上传”按钮，完成该文件的上传，如图 2-23 所示。

可以看到，向该存储桶成功上传了一个文件。

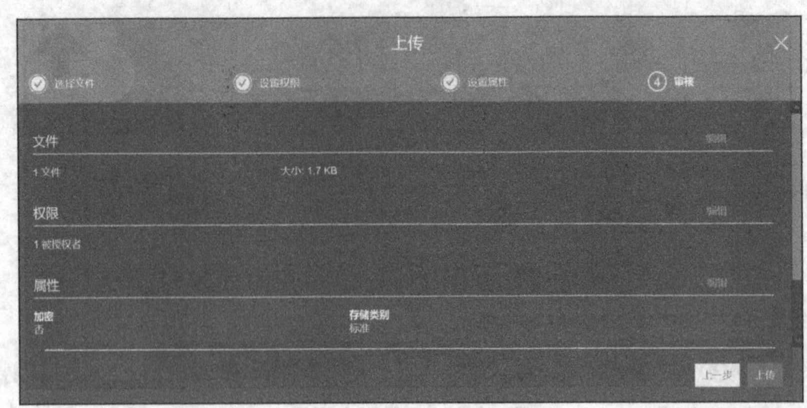

图 2-22　当前文件信息

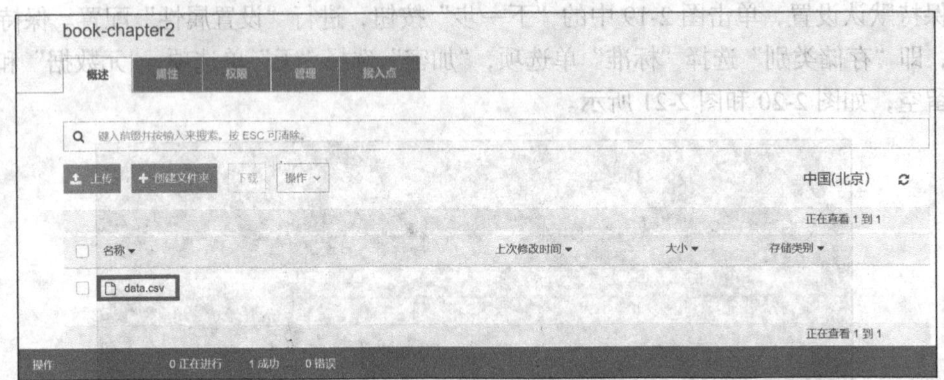

图 2-23　成功上传文件

2.4.3　从存储桶中下载对象

现在，将存储桶中的文件下载到本地。在这里，下载存储桶“book-chapter2”中的文件“data.csv”。

Step 1：进入 Amazon S3 服务

通过 AWS 控制台进入 Amazon S3 管理页面，如图 2-24 所示。

图 2-24　Amazon S3 管理页面

Step 2：进入存储桶管理页面

将鼠标指针移动到图 2-24 中的存储桶名称上，在该名称上出现下划线后，单击该存储桶，进入该存储桶的管理页面，如图 2-25 所示。

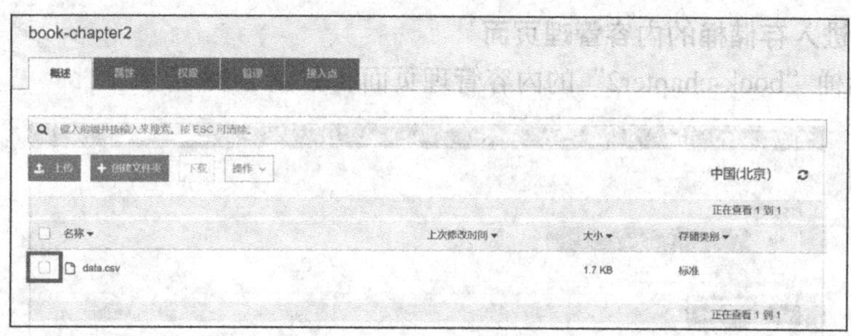

图 2-25　存储桶管理页面

Step 3：下载文件

在这里我们下载文件“data.csv”。

勾选图 2-25 中该文件名左边的复选框，稍等片刻，会出现该文件对象的概述面板，如图 2-26 所示。

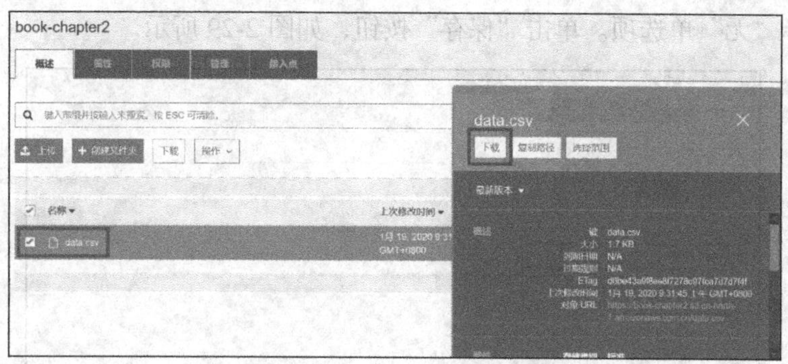

图 2-26　文件对象概述面板

单击图 2-26 中的“下载”按钮，即可下载该文件。如果使用的是 FireFox 浏览器，单击该按钮后，出现图 2-27 所示的对话框。

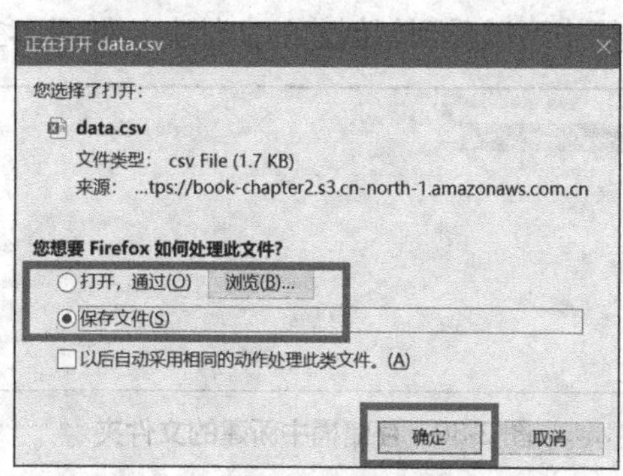

图 2-27　下载存储桶中的数据文件

用户选择一种存储方式后，单击“确定”按钮将该文件存储到本地文件系统。

2.4.4　在存储桶中复制对象

在本小节中，我们将在存储桶中创建一个文件夹，并将之前上传的文件夹复制或移动到该文件夹。

Step 1：进入存储桶的内容管理页面

进入存储桶“book-chapter2”的内容管理页面，如图 2-28 所示。

图 2-28　存储桶的内容管理页面

Step 2：在存储桶中创建文件夹

单击图 2-28 中的“创建文件夹”按钮，创建一个新文件夹，设置其名称为“CSVdata”，加密设置选择“无”单选项。单击“保存”按钮，如图 2-29 所示。

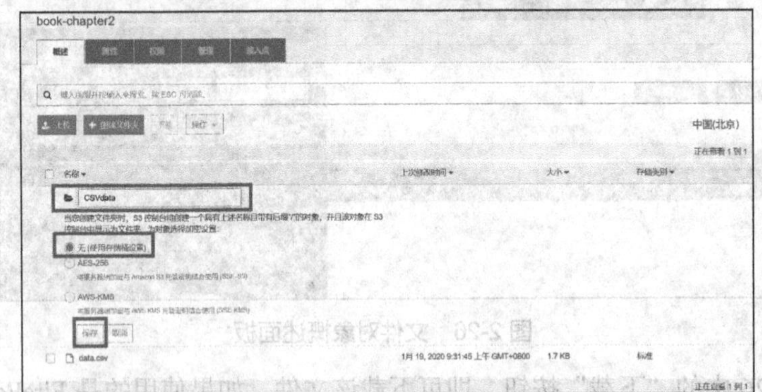

图 2-29　在存储桶中创建新文件夹

完成创建后，在存储桶中可以看到新创建的文件夹，如图 2-30 所示。

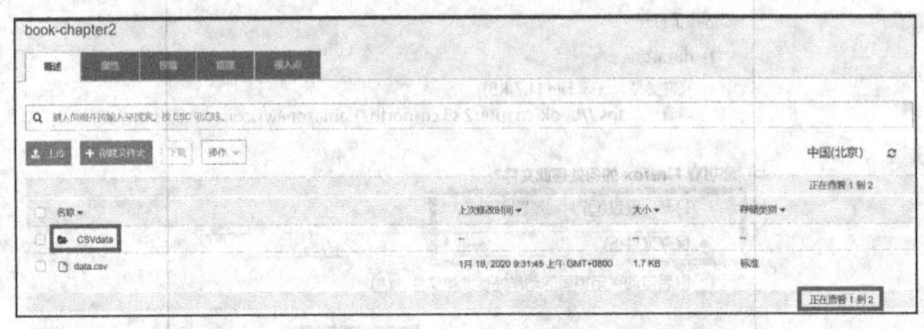

图 2-30　存储桶中新建的文件夹

现在该存储桶中包含两个对象，其中一个是刚创建的文件夹“CSVdata”。

Step 3：将文件复制到文件夹中

首先勾选文件“data.csv”旁边的复选框，然后在“操作”下拉列表中，选择“复制”选项，如图 2-31 所示。

现在，进入“CSVdata”文件夹，在“操作”下拉列表中，选择“粘贴”选项，如图 2-32 所示。

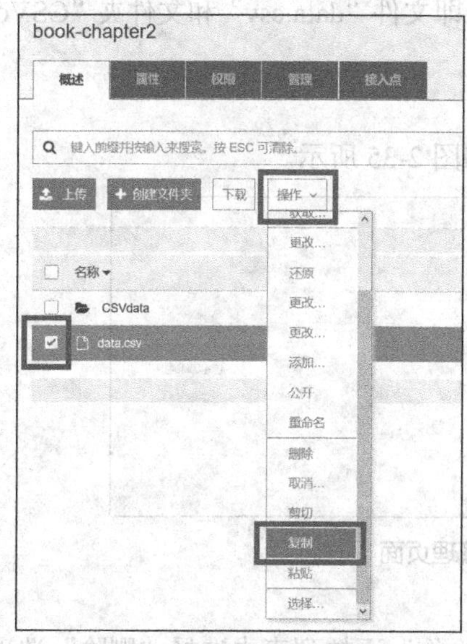

图 2-31 复制存储桶中的文件

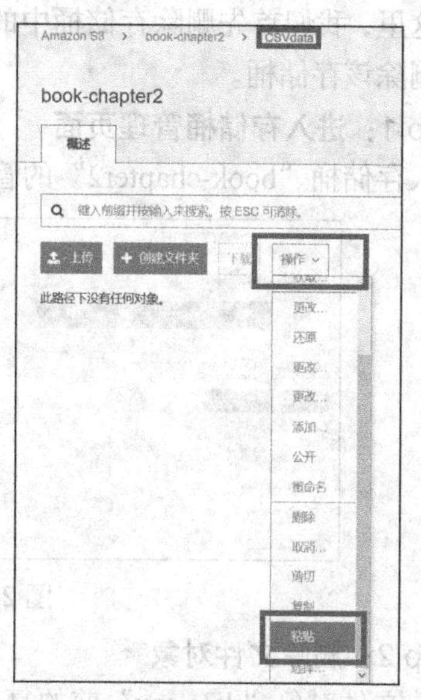

图 2-32 粘贴存储桶中的文件

此时，弹出“复制并粘贴”确认对话框，如图 2-33 所示。

在该对话框中，列出了复制粘贴操作的源文件、目标文件夹、待粘贴的文件等。单击图 2-33 中的“粘贴”按钮，将文件“data.csv”复制到该文件夹中，如图 2-34 所示。

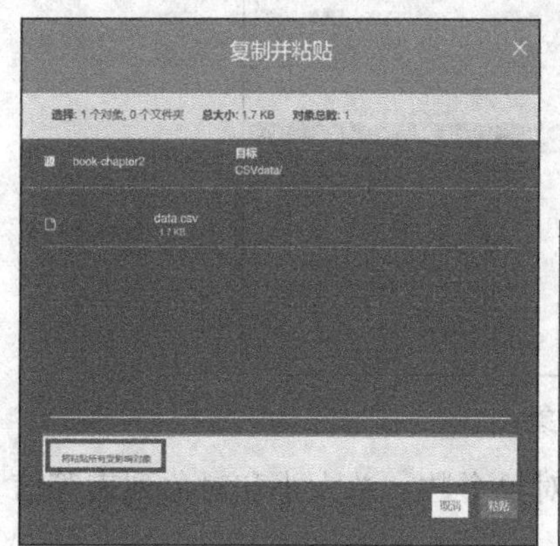

图 2-33 确认复制并粘贴

图 2-34 查看文件夹中的文件

可以看到，成功将文件“data.csv”复制到了文件夹“CSVdata”中。

2.4.5 删除对象和清空存储桶

如果用户不再需要存储桶中的对象，则应删除该对象，以免产生额外的费用。用户可以逐个删除对象，也可以清空存储桶（删除存储桶中的所有对象而不删除存储桶），还可以删除存储桶及其包含的所有对象。

如果用户希望继续使用相同的存储桶名称，则不要删除该存储桶。通常，建议用户清空并保留存储桶。删除存储桶后，该名称可以再次使用。但是出于某些原因，用户可能无法马上重新使用该名称，而是需经过一段时间之后才可再次使用相同名称，因为在再次使用该名称之前，已经有其他账户使用该名称创建了新存储桶。

在这里，我们首先删除存储桶中的两个对象，即文件“data.csv”和文件夹“CSVdata”，之后再删除该存储桶。

Step 1：进入存储桶管理页面

进入存储桶“book-chapter2”的管理页面，如图 2-35 所示。

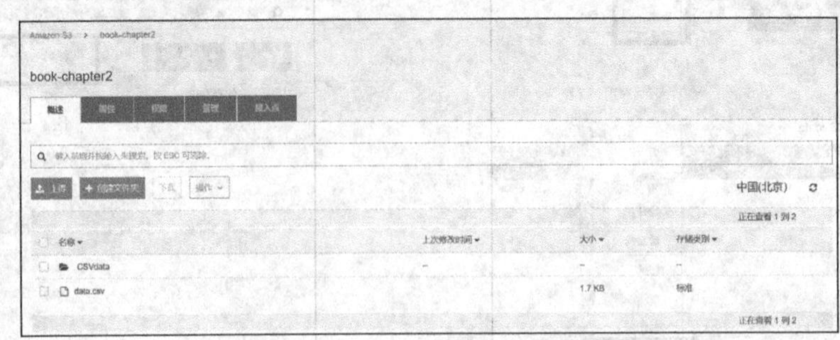

图 2-35　存储桶管理页面

Step 2：删除文件对象

勾选文件对象“data.csv”前的复选框，从“操作”下拉列表中选择“删除”选项，如图 2-36 所示。

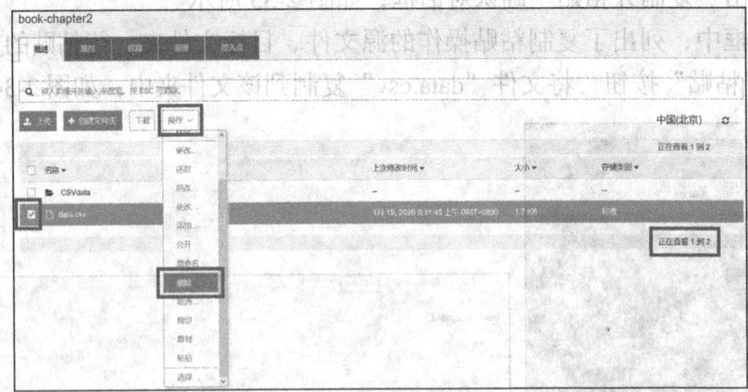

图 2-36　删除存储桶中的对象

在弹出的“删除对象”对话框中，显示了待删除的对象个数、总大小和对象列表等信息。单击“删除”按钮，如图 2-37 所示。

删除该文件后，存储桶中只有一个对象了，如图 2-38 所示。

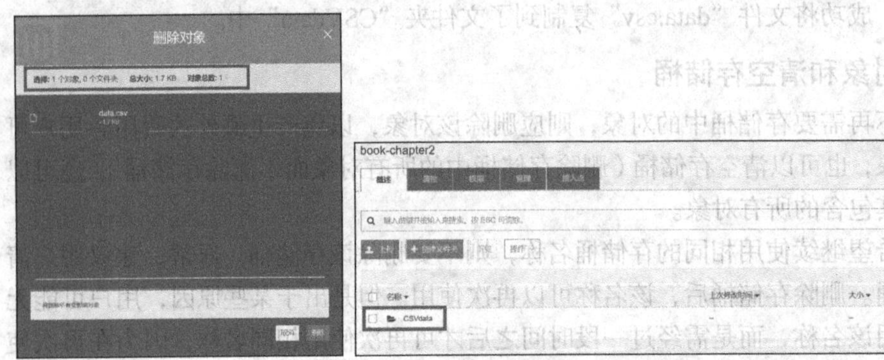

图 2-37　确认删除对象　　　　图 2-38　删除对象后的存储桶

可以用相同的方法删除图 2-38 所示的“CSVdata”文件夹。

Step 3：清空存储桶

进入 Amazon S3 存储桶管理页面后，勾选存储桶“book-chapter2”前的复选框，单击“空白”按钮，如图 2-39 所示。

在弹出的“清空存储桶”对话框中，需要填入存储桶的名称以确认是否清空。在这里，填入“book-chapter2”并单击“确认”按钮，如图 2-40 所示。

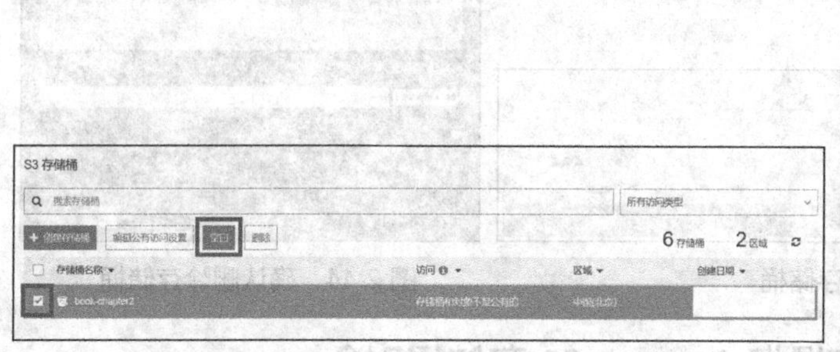

图 2-39　清空存储桶

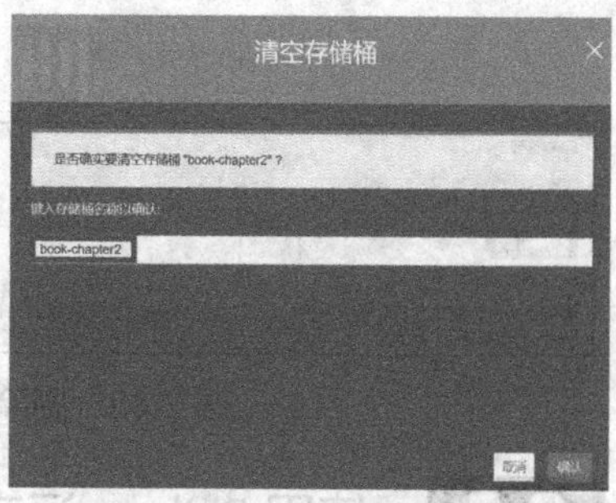

图 2-40　确认清空存储桶

这样就完成了该存储桶的清空。

进入该存储桶的管理页面，可见该存储桶当前没有任何对象，如图 2-41 所示。

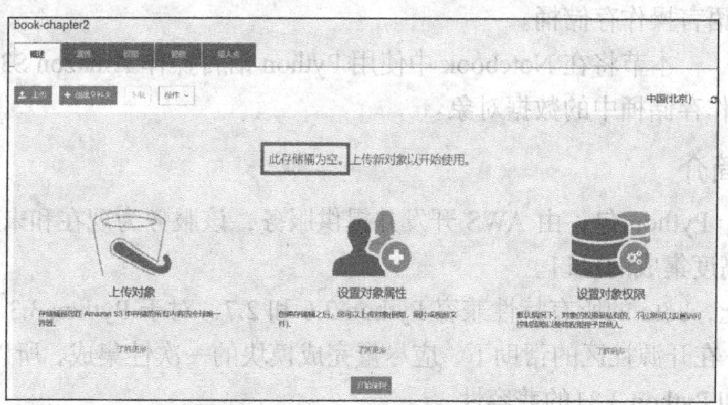

图 2-41　清空后的存储桶

2.4.6 删除存储桶

如果确定要删除已经存在的存储桶，那么可以按照本小节的方法完成删除操作。在本小节中，删除之前创建的名为“book-chapter2”的存储桶。

Step 1：进入存储桶管理页面

进入存储桶管理页面，如图 2-42 所示。

图 2-42　进入存储桶管理页面

Step 2：删除存储桶

勾选存储桶“book-chapter2”名称前的复选框，单击“删除”按钮，如图 2-43 所示。在弹出的“删除存储桶”对话框中，需要填入存储桶的名称以确认是否删除。在这里，填入“book-chapter2”，单击“确认”按钮，如图 2-44 所示。这样就成功删除了该存储桶。

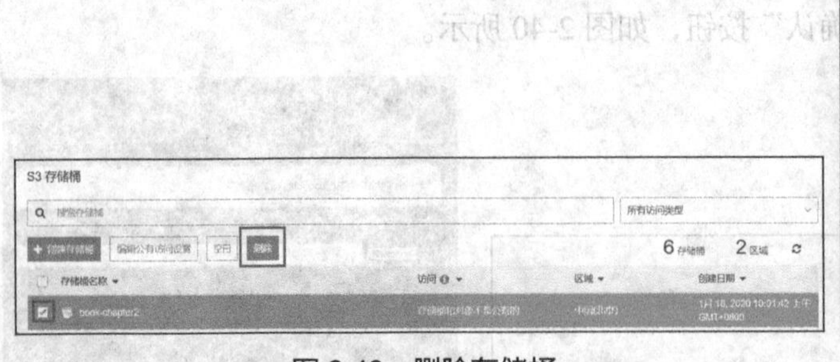

图 2-43　删除存储桶

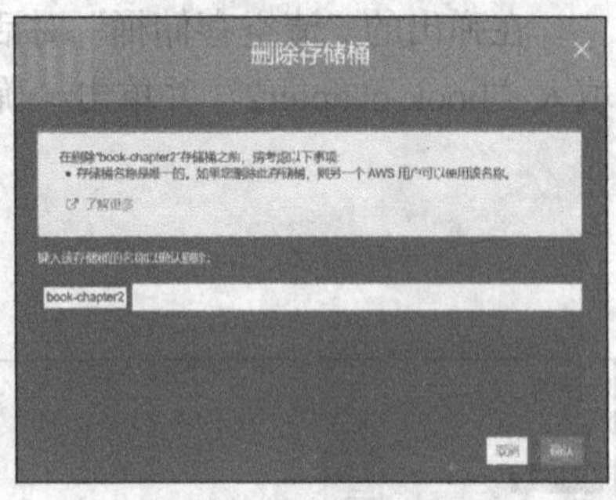

图 2-44　确认删除存储桶

2.5 使用 Python 语言操作 Amazon S3 存储桶对象

微课 2-5

除了使用 2.4 节介绍的图形界面，还可以使用编程语言完成对 Amazon S3 存储桶的操作，并操作存储桶中的数据对象。在本节中，将使用 Python 语言操作存储桶。

本节将在 Notebook 中使用 Python 语言操作 Amazon S3 存储桶，并且操作存储桶中的数据对象。

2.5.1 boto 简介

boto 是一个 Python 包，由 AWS 开发并提供服务，该服务为现在和未来的基础架构服务提供了一个高度集成的接口。

到目前为止，boto 的所有特性兼容 Python 2.6 和 2.7，对于 Python 3.3 及之后版本的支持也在开发中。在开源社区的帮助下，应尽量完成模块的一次性集成，所以在测试的时候，需要检查模块和 Python 3.3+的兼容性。

boto3 是 boto 的下一代版本，现在已经很稳定，因此可以作为开发工具使用。在同一个项目中，boto3 和 boto 可以同时使用，所以，无论是在旧的工程还是新的工程中，使用 boto3 都很容易上手。未来，API 的升级和新特性的加入，都将以 boto3 为核心进行。

2.5.2 安装并配置 boto

在本小节中，将安装并配置 boto 包。

Step 1：安装 boto 包

可以使用 pip 工具安装最新发行版的 boto。执行的命令如下所示。

```
pip install boto
```

同样，也可以使用 pip 工具安装最新发行版的 boto3。执行的命令如下所示。

```
pip install boto3
```

安装 boto3 的过程如图 2-45 所示。

Step 2：配置 boto

如果要通过 boto 访问存储桶，那么需要完成 boto 的配置。在这里，主要配置 access_key_id 和 secret_access_key。

在当前用户的根目录下创建文件“.boto”，添加如下 3 行代码。

```
[Credentials]
aws_access_key_id = $(access_key_id)
aws_secret_access_key = $(secret_access_key)
```

在这里，aws_access_key_id 是用户的 access_key_id，aws_secret_access_key 是用户的 secret_access_key。这两个密钥文件可以由用户的账号进行分配。

Step 3：测试安装

在 Notebook 中完成如下 3 行代码，如果安装、配置 boto 成功，则不应出现错误提示。

```
import boto
s3 = boto.connect_s3()
print(s3)
```

运行如上代码，输出运行结果，运行结果表明成功建立了和 Amazon S3 服务的连接，如图 2-46 所示。

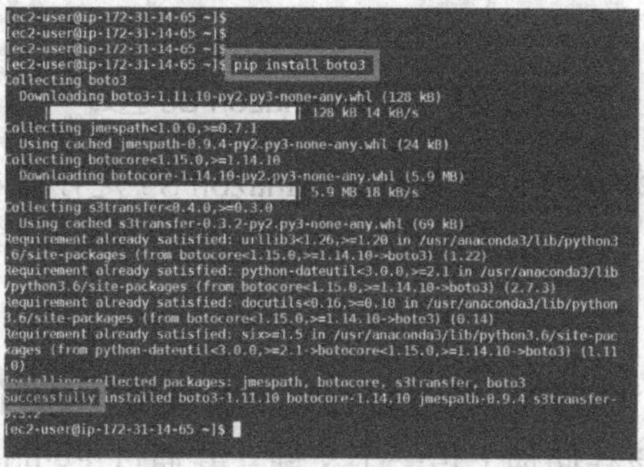

图 2-45　安装 boto3

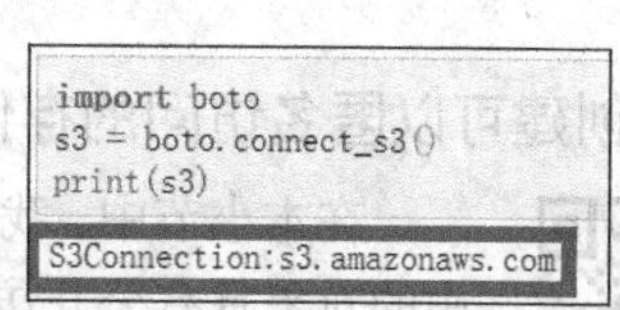

图 2-46　使用 Python 语言连接 Amazon S3

如果配置不成功，或者代码不正确，则代码会运行不成功，如图 2-47 所示。

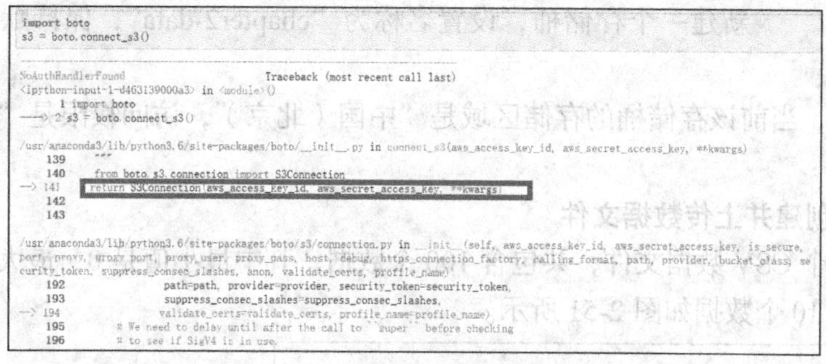

图 2-47　由于密钥设置不正确导致的连接错误

在图 2-47 中，可以看到，S3Connection()方法需要 3 个参数。而出现这个错误提示的原因，极有可能是因为两个 Key 文件配置不正确。

在这里，为了检查 Key 文件是否配置正确，可以使用下面的语句打开调试日志信息。

```
boto.set_stream_logger('boto')
```

重新运行代码，输出日志信息，如图 2-48 所示。

可见，在这里，boto 使用的是配置文件中的 Key 信息。

Step 4：查看 Amazon S3 存储数据的区域

在这里，使用 boto 的内置方法，查看 Amazon S3 存储桶的可用存储区域。在 Notebook 中完成如下代码。

```
from boto.s3.connection import Location

for i in dir(Location):
if i[0].isupper():
print(i)
```

运行上述代码，输出 Amazon S3 存储桶所在的区域，如图 2-49 所示。

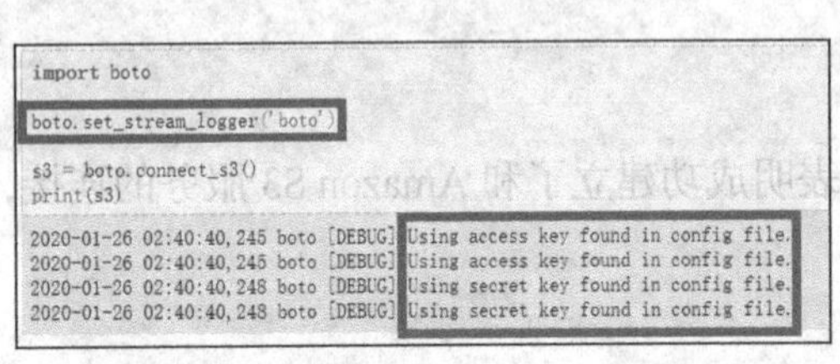

图 2-48　查看 Amazon S3 访问日志

图 2-49　查看 Amazon S3 区域

注意： Amazon S3 全球可用，因此不要求选择区域，但要明白 Amazon S3 是存储在不同区域的。

2.5.3　创建可以匿名访问的存储桶

微课 2-6

在本小节中，我们将新建一个存储桶，修改该存储桶的策略，使存储桶中的对象具有公开访问权限。向该存储桶上传一个文件，并通过 Python 读取该文件。

Step 1：创建存储桶

新建一个存储桶，设置名称为“chapter2-data”，保持默认设置，如图 2-50 所示。

可以看到，当前该存储桶的存储区域是“中国（北京）”，访问权限是“存储桶和对象不是公有的”。

Step 2：创建并上传数据文件

先创建一个 CSV 数据文件，共包含 100 个数据，其中最小值是 0，最大值是 0.99，步长是 0.01。前 10 个数据如图 2-51 所示。

图 2-50　新建一个存储桶

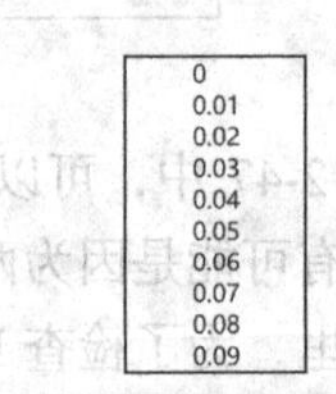

图 2-51　数据文件的前 10 个数据

将该文件以“UTF-8”编码格式存储，设置文件名为“data300.csv”。

将该数据文件上传到存储桶，如图 2-52 所示。

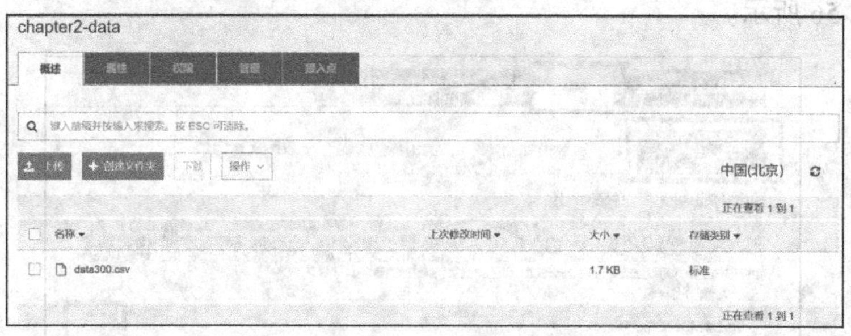

图 2-52　上传文件至存储桶

Step 3：尝试用 URL 打开数据文件

在存储桶的“概述”选项卡中，选中数据文件，如图 2-53 所示。

图 2-53　选中数据文件

在弹出的文件“概述”的最下方，可以看到该文件的 URL，复制该 URL，如图 2-54 所示。

打开浏览器，并粘贴之前复制的 URL。发现无法打开或下载该文件，错误信息如图 2-55 所示。

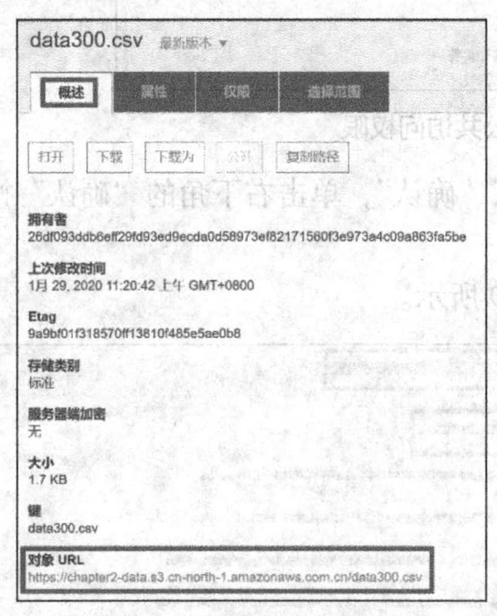

图 2-54　复制数据文件的 URL

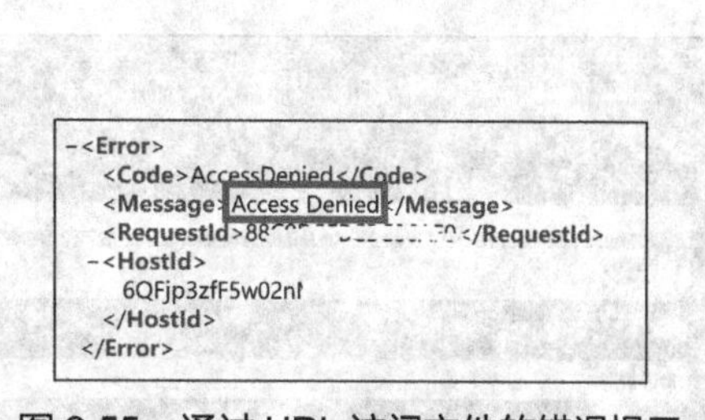

图 2-55　通过 URL 访问文件的错误提示

可见，其他用户对该数据文件对象的访问请求被拒绝了。

Step 4：修改“阻止公共访问权限”

在存储桶的“权限”选项卡中选择“阻止公共访问权限”选项，单击右侧的“编辑”按钮，如图 2-56 所示。

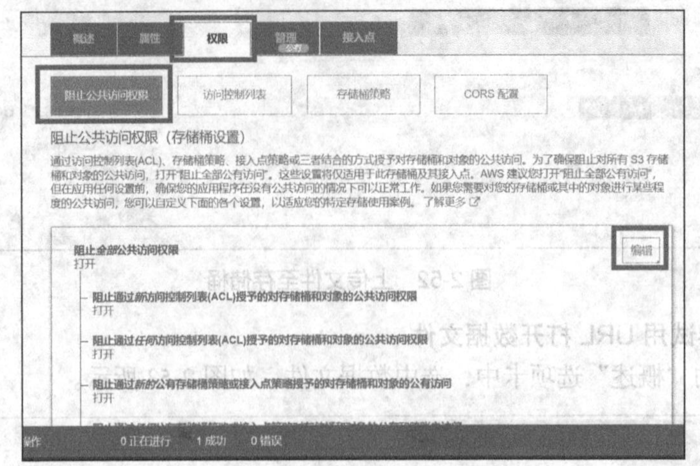

图 2-56　存储桶的权限管理

在弹出的对话框中，取消勾选“阻止全部公共访问权限”前面的复选框，单击“保存”按钮，如图 2-57 所示。

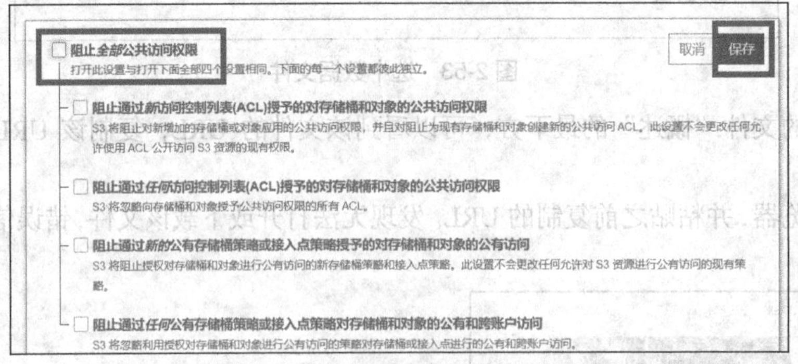

图 2-57　修改存储桶的公共访问权限

此时会弹出用户确认对话框。在文本框中输入“确认”，单击右下角的“确认”按钮，如图 2-58 所示。

此时，就成功更改了公共访问权限，如图 2-59 所示。

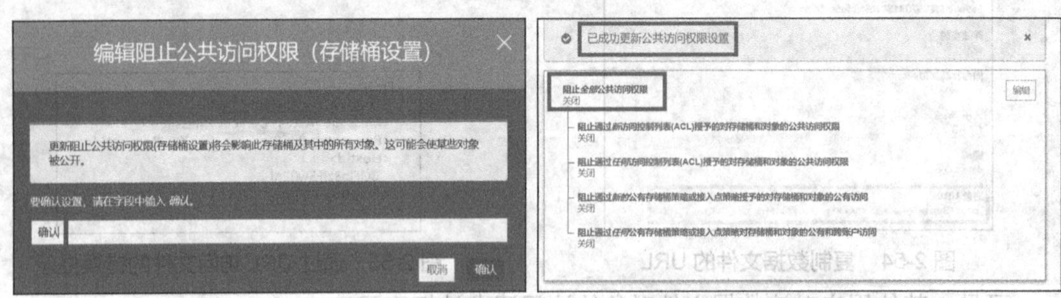

图 2-58　编辑阻止公共访问权限

图 2-59　成功更改公共访问权限

Step 5：定制存储桶策略

为了使用户能够通过 URL 访问数据文件对象，在这里设计存储桶的策略，使存储桶具有公开权限。

在该存储桶的“管理”选项卡中选择“存储桶策略”选项，当前该存储桶的策略为空，如图 2-60 所示。

下面为该存储桶设计策略，使其对象具有可以被匿名用户访问的权限。

单击图 2-60 左下角的“策略生成器”按钮，在弹出的窗口中填入策略元素，具体如表 2-1 所示。

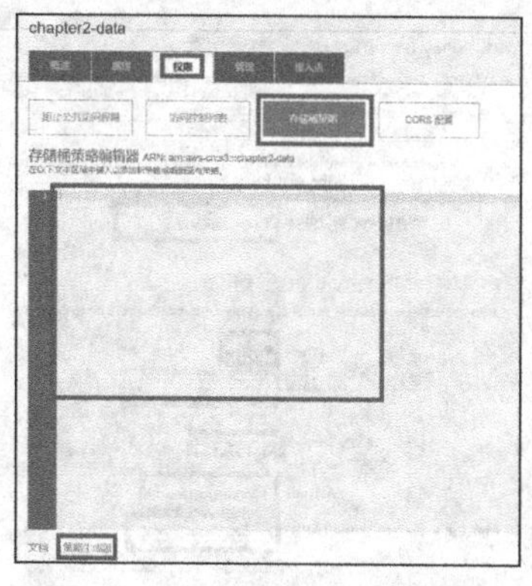

图 2-60 存储桶策略编辑器

表 2-1 设计的策略

策略元素	值
Select Type of Policy	S3 Bucket Policy
Effect	Allow
Principle	*
AWS Service	Amazon S3
Actions	GetObject
Amazon Resource Name	arn:aws-cn:s3:::chapter2-data/*

表 2-1 中的策略元素包含了当前设置的策略内容，这些元素设置的内容解释如下。

（1）Select Type of Policy：策略的类型。可以设置的策略类型包括 IAM 策略、S3 存储桶策略、SNS 主题策略、VPN 端点策略和 SQS 队列策略。

（2）Effect：用户请求特定操作时的效果，可以选择允许和拒绝中的一种。如果没有显式授予允许访问资源的权限，则隐式拒绝访问。用户也可显式拒绝对资源的访问，此时，即使有其他策略授予了可访问权限，也可确保用户无法访问该资源。

（3）Principle：委托人。允许访问策略语句中的操作和资源的账户或用户。在存储桶策略中，委托人是作为权限获得者的用户、账户、服务或其他实体。

（4）AWS Service：与策略相关的 AWS 服务。如果用户选择的策略种类是 S3 存储桶策略，则 AWS 服务默认且仅支持 Amazon S3 服务。

（5）Actions：对于每个资源，Amazon S3 都支持一组操作。允许（或拒绝）的资源操作通过操作关键字指定。例如，使用 ListBucket 权限，用户可对 Amazon S3 执行列出存储桶对象操作。

（6）Amazon Resource Name：Amazon S3 资源。在这里，指能够指定允许或拒绝权限的存储桶和对象。在策略中，使用 Amazosn 资源名称标识资源。

填入之后的信息如图 2-61 所示。

单击图 2-61 中的“Add Statement”按钮，为该存储桶的策略添加一条声明信息，如图 2-62 所示。

单击图 2-62 中的“Generate Policy”按钮，生成当前设计的策略 JSON 文档，如图 2-63 所示。

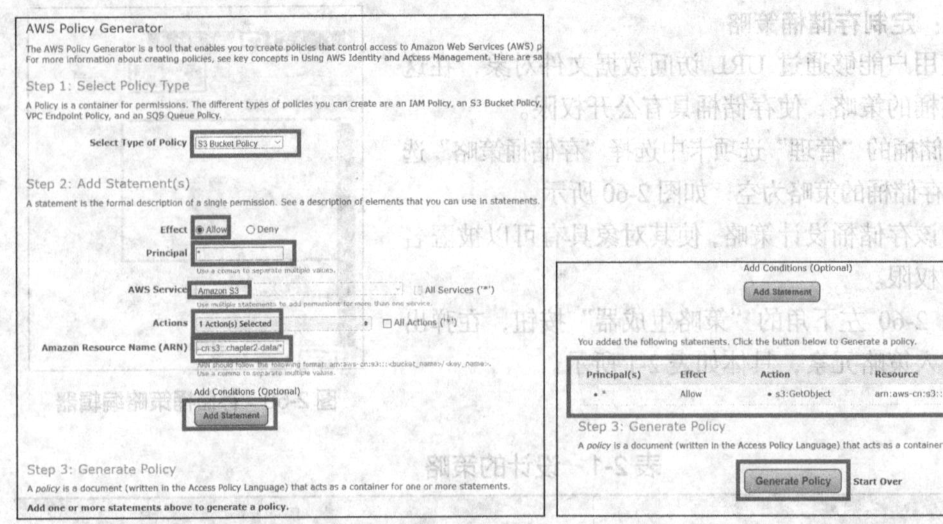

图 2-61　AWS 策略生成器页面　　　　图 2-62　生成新策略

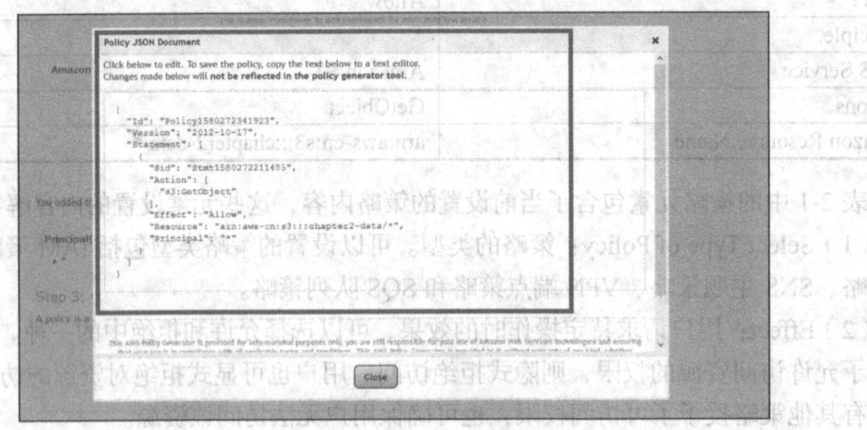

图 2-63　策略生成器生成的存储桶策略

复制“存储桶策略编辑器 ARN：arn:aws-cn:s3:::chapter2-data”的 JSON 文档内容，粘贴到“存储桶策略”选项的存储桶策略编辑器中，如图 2-64 所示。

图 2-64　将策略添加到策略编辑器中

单击图 2-64 中的“保存”按钮。弹出提示，提醒用户此策略设置了该存储桶的公共访问权限，如图 2-65 所示。

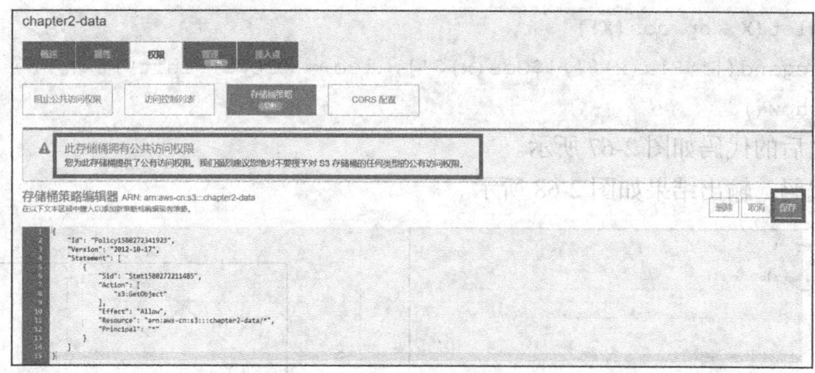

图 2-65　确认公共访问权限

该公共访问权限符合设计的预期。

返回 Amazon S3 存储桶管理页面，可以看到存储桶“chapter2-data”的访问权限变为“公有”，如图 2-66 所示。

图 2-66　当前的存储桶具有公开权限

2.5.4　可视化 Amazon S3 存储桶中的数据

微课 2-7

Step 1：获取存储桶数据文件对象的 URL

复制图 2-54 中的“对象 URL”。

Step 2：用 numpy 包绘制正弦曲线

在这里，读取“chapter2-data”存储桶中的对象“data100.csv”，将读取出的数据作为自变量，绘制正弦曲线的图形。

按照本书项目一讲述的方法，用图形化的方式启动 Amazon EC2 实例上的 Notebook。

在 Notebook 中新建工程，完成如下代码。

```
import urllib.request
import numpy as np
import matplotlib.pyplot as plt
dataUrl = 'https://chapter2-data.s3.cn-north-1
.amazonaws.com.cn/data300.csv'
data = urllib.request.urlopen(dataUrl)
X = np.loadtxt(data, delimiter=",")
plt.title("Sin & Cos Wave")
plt.xlabel("X")
plt.ylabel("Sin(X)& Cos(X)")
plt.plot(X, np.sin(X))
```

```
plt.plot(X, np.cos(X))
plt.legend(['$Sin(x)$','$Cos(x)$'], loc = "lower left")
plt.show()
```

完成之后的代码如图 2-67 所示。

运行代码，输出结果如图 2-68 所示。

```
import urllib.request
import numpy as np
import matplotlib.pyplot as plt

dataUrl = 'https://chapter2-data.s3.cn-north-1.amazonaws.com.cn/data300.csv'

data = urllib.request.urlopen(dataUrl)

X = np.loadtxt(data, delimiter=",")

plt.title("Sine & Cos Wave")
plt.xlabel("X")
plt.ylabel("Sin(X) & Cos(X)")
plt.plot(X, np.sin(X))
plt.plot(X, np.cos(X))
plt.legend(['$Sin(x)$','$Cos(x)$'], loc = "lower left")
plt.show()
```

图 2-67　Notebook 中的代码

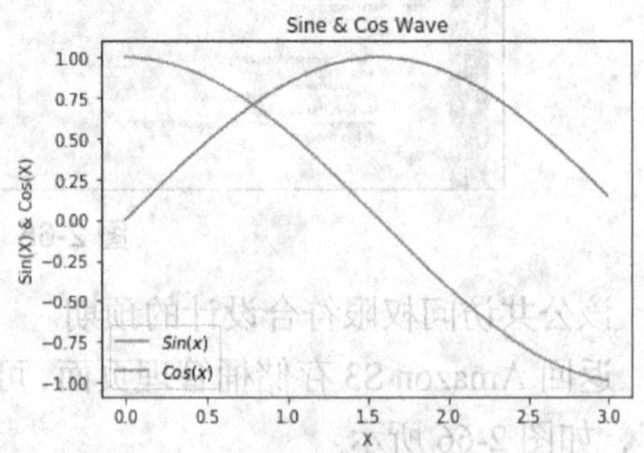

图 2-68　绘制得到的正、余弦曲线

从图 2-68 可见，该图的名称、横轴的名称、纵轴的名称，以及图中曲线的标注，和代码中设计的一致。

2.5.5　在同一幅图上绘制多条曲线

如上述内容所示，可以在同一幅图上绘制多条曲线。在本小节中，通过绘制 $y=3x^3+2x^2+x+1$ 及其导数的曲线，讲解使用子图绘制多条曲线的方法。

Step 1：在一幅图上绘制多条曲线

在 Notebook 中完成下列代码。

```
import numpy as np
import matplotlib.pyplot as plt

aPoly = np.poly1d([3,2,1,1])
bPoly = aPoly.deriv(m=1)
X = np.arange(-20,20)
Y1 = aPoly(X)
Y2 = bPoly(X)
plt.plot(X,Y1,"r-",X,Y2,"b--")
plt.xlabel("X-axis")
plt.ylabel("Y-axis")
plt.legend()
plt.show()
```

运行如上代码，结果如图 2-69 所示。

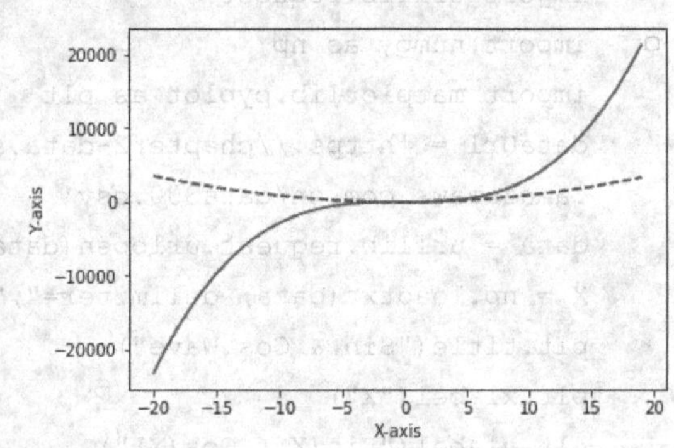

图 2-69　在同一幅图上绘制两条曲线

如果需要显示图例的内容，可以在 legend()方法中添加参数，如图例所在的位置、图例的内容等。如下代码给出了一种可能的实现。

```
plt.legend(['aPoly','bPoly'], loc = "lower right")
```

Step 2：通过子图绘制多条曲线

在下面的示例中，使用 numpy 的方法 poly1d()创建多项式对象 $y=3x^3+2x^2+x+1$，并将该对象赋值给变量 aPoly，求解该曲线的一阶导数 bPoly 和二阶导数 cPoly。通过 numpy 的 arange()方法创建数组 X，作为直接坐标系的横轴，其取值范围是[-20,20]，相邻值的步长是 0.1。通过调用方法 aPoly()、bPoly()和 cPoly()，求解 X 对应的函数值 Y1、Y2 和 Y3。

在同一幅图上创建 3 个子图，每个子图绘制一条曲线。绘制子图的代码如下所示。

```
import numpy as np
import matplotlib.pyplot as plt

aPoly = np.poly1d([1,2,3,4])
bPoly = aPoly.deriv(m=1)
cPoly = aPoly.deriv(m=2)
X = np.arange(-20,20)
Y1 = aPoly(X)
Y2 = bPoly(X)
Y3 = cPoly(X)

plt.subplots_adjust(wspace =0, hspace =1.5)

plt.subplot（311）
plt.plot(X,Y1,"r-")
plt.xlabel("X")
plt.ylabel("Y1")
plt.title("Polynomial")

plt.subplot（312）
plt.plot(X,Y2,"go")
plt.xlabel("X")
plt.ylabel("Y2")
plt.title("First-order Derivative")

plt.subplot（313）
plt.plot(X,Y3,"b*")
plt.xlabel("X")
plt.ylabel("Y3")
plt.title("Second-order Derivative")

plt.show()
```

在上述代码中，使用方法 subplots_adjust() 指定子图的行间距和列间距。在这里，设置其 hspace 参数的值是 0.8，以避免子图的重叠。

运行上述代码，输出结果如图 2-70 所示。

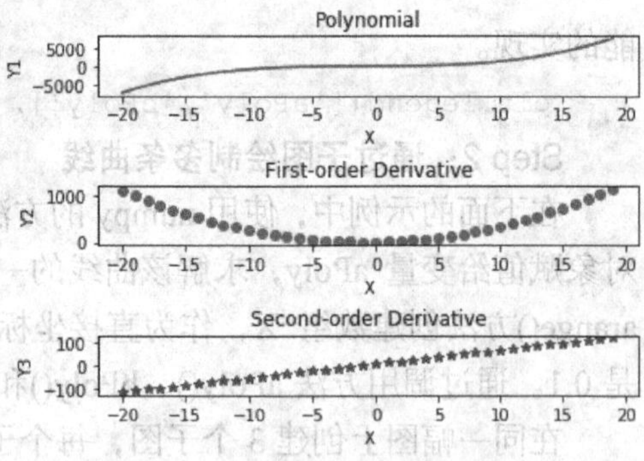

图 2-70　绘制包含子图的图表

2.6 课后练习

一、填空题

1. Amazon S3 存储桶使用标准的__________和__________接口。
2. Amazon S3 存储桶的名称长度必须为至少______个字符，且不能超过______个字符。
3. ____________是 Amazon S3 用于数据存储的基础容器。
4. Amazon S3 存储桶中，每个对象最多可包含________TB 的数据。
5. Amazon S3 存储桶中，对象由________和________进行唯一标识。

二、判断题

1. 用户无法为 Amazon S3 存储桶选择其所在的 AWS 区域。(　　)
2. 创建存储桶名称后，可以对其进行修改。(　　)
3. 为了方便寻址，存储桶名称可以采用 IP 地址格式（例如，192.168.1.2）。(　　)
4. ARN 是一种 S3 资源。在策略中，使用 ARN 标识资源。(　　)
5. Amazon S3 使用标准的 REST 和 SOAP 接口。(　　)

三、选择题

1. Amazon S3 中存储的基本实体是（　　）。

A. 存储桶　　B. 对象　　C. 键　　D. 区域

2. 用户为 Amazon S3 存储桶选择其所在的 AWS 区域时，通常会在一些事项中折中考虑，这些事项不包括（　　）。

A. 使用顺手　　B. 降低成本　　C. 满足法规　　D. 优化延迟

3. Glacier 适用于（　　）的场景。

A. 数据访问频率高　　B. 长期存储、访问频率不高

C. 短期存储、访问频率不高　　D. 长期存档

4. 安装 boto3，执行的命令是（　　）。

A. pip install boto3　　B. pip uninstall boto3

C. install boto3　　D. uninstall boto3

5. 键是指存储桶中的对象标识符，存储桶内的每个对象可以有（　　）个键。

A. 1　　B. 2　　C. 3　　D. 4

四、综合题

在你自己的 AWS 上创建一个存储桶，向该存储桶中上传数据文件。使用 Python 编程，输出数据文件中的前 5 行内容。

项目三 使用 Flask 框架设计网站并进行数据分析

学习指导

知识目标	了解 Flask 框架中蓝图和模板的概念
	了解 Flask 框架中视图的概念
	了解 Flask 框架中的常用对象
技能目标	能够配置 Amazon EC2 实例的安全策略
	能够配置 Flask 框架开发环境
	能够配置并使用虚环境进行开发
	能够操作 SQLite 数据库
	能够使用 Flask 框架快速开发前后端分离的网站

3.1 情境描述

微课 3-1

某培训机构使用运行在本地的成绩管理软件录入成绩，并使用本地数据库存储。为了降低经营成本，减少人员支出，该机构决定将成绩管理系统“上云”。为此，该机构委托欢喜科技公司开发能够部署在 AWS 上的成绩管理系统。

欢喜科技公司将这项任务分配给小刘。经分析，小刘认为能够在本地方便地访问应用、录入和分析数据是核心功能需求。因此，设计部署在 AWS 云平台上的 Web 应用程序是较好的选择，这样不仅可以充分利用 AWS 云平台提供的服务、降低开发成本，更重要的是能够降低用户的使用成本。

为此，小刘需要设计开发一个 Web 应用程序，实现用户管理、考试成绩录入和成绩分析等功能。

3.2 任务分析

使用 Python 语言开发 Web 应用，需要考虑 Web 开发框架和数据库的选择。

1. Web 开发框架的选择

在 Python 语言中，Django 是一个应用很广的 Web 框架，采用了 MTV 的开发模式，即模型（Model）、视图（Views）和模板（Template）。使用这种架构，程序员可以方便、快捷地创建高品质、易维护、数据库驱动的应用程序。在 Django 框架中，还包含许多功能强大的第三方插件，使 Django 具有较强的可扩展性。Django 可以运行在 Apache、Nginx 上，也可以运行在支持 WSGI、FastCGI 的服务器上。Django 支持多种数据库，例如 PostgreSQL、MySQL、SQLite3、Oracle。Google App Engine 也支持 Django 的某些部分，国内支持的平台有新浪应用引擎（Sina App Engine，SAE）、百度应用引擎（Baidu App Engine，BAE）。

与之相比，Flask 是一个轻量级的可定制 Web 框架。其 WSGI 工具箱采用 Werkzeug，模板引擎使用 Jinja2。Flask 使用 BSD 授权。它可以很好地结合 MVC 模式进行开发，小型团队在短时间内就可以完成功能丰富的中小型网站或 Web 服务的设计。另外，Flask 还有很强的定制性，用户可以根据自己的需求来添加相应的功能，在保持核心功能简单的同时实现功能的增加与扩展，其强大的插件库可以让用户实现个性化的网站定制，开发出功能强大的网站。

显然，对于本项目中这种规模较小的成绩管理系统，选用轻量级并且组件可定制的 Flask 更合适。

2. 数据库的选择

成绩管理系统需要存储的数据量较小，需要的表格和字段不多，因此并不是 SQL Server 或者 MySQL 等数据库最适合的应用场景。

与之形成鲜明对比的是，SQLite 是一个 C 语言库，实现了小型、快速、高可靠和全栈的关系数据库引擎。当前，SQLite 是世界上应用最广的数据库引擎，移动手机、大部分计算机都内置了该数据库。其文件格式具有稳定、跨平台和向后兼容的特点，适合需要跨平台转移数据的应用场景。截至 2021 年初，大概有 1 万亿正在应用的 SQLite 数据库。

SQLite 这种小型、快速、兼容性好的数据库，是建设成绩管理系统的理想选择。

3.3 Flask 基础

微课 3-2

Flask 是一个轻量级的 WSGI 开源 Web 应用程序“微”框架。设计 Flask 的初衷是让用户可以快速、简单地开始设计，并且能够将设计扩展为复杂的应用。Flask 最初是 Werkzeug（一个可以作为 Web 框架的底层库工具包）和 Jinja（一个模板系统，为 Flask 提供模板支持，由于其灵活、快速和安全等优点而被广泛使用）的一个封装，现在已经发展为最流行的 Python 网络开发框架之一。

虽然 Flask 只是一个“微”框架，但这并不表示整个应用只能放在一个 Python 文件内，当然，放在单一文件内没有问题。“微”也不代表 Flask 功能不够强大。在这里，“微”字表示 Flask 的设计目标是保持核心功能简单而又可扩展。Flask 没有内置很多库，也不会帮助开发者做选择，例如选用何种数据库、使用何种模板引擎等，因为这些决定是经常会发生改变的。因此，Flask 希望开发者能够方便地使用想要的组件。

Web 服务器网关接口（Web Server Gateway Interface，WSGI）描述了 Web 服务器和 Web 应用程序之间如何通信、不同 Web 程序如何协同工作以处理同一请求。

3.3.1 Flask 的设计思路

用户在不同框架之间进行选择的时候，往往是盲目的。本小节将介绍 Flask 的设计思路，以供用户了解 Flask 为何做出当前的设计，并能够直观地了解 Flask 和其他框架的区别。

1. 必须显式创建 Flask 类实例

基于 WSGI 的 Python Web 应用程序必须有一个实现了功能的核心可调用对象。在 Flask 中，核心可调用对象是一个 Flask 类的实例。每个 Flask 应用程序必须创建一个该类的实例，并且把模块的名称传递给该实例。

在 Flask 中，创建 Flask 类的代码必须由开发人员完成。

下面为显式创建 Flask 实例的代码。

```
from flask import Flask
app = Flask(__name__)


@app.route('/')
def index():
    return 'Hello World!'
```

采用显式创建对象的设计，主要有以下 4 方面的考虑。

（1）应用程序运行的时候，可能仅需要一个实例，而显式对象可以保证实例的唯一性。有很多方法可以用单个应用对象来冒充多应用，例如维护一个应用堆栈，但是这样将会导致一些问题。有些应用场合是需要多应用的，例如进行单元测试的场合。在进行测试时，创建一个最小应用用于测试特定的功能。当这个最小应用的应用对象被删除时，将会释放其占用的所有资源。另外，当使用显式对象时，用户可以继承基类（Flask），以便于修改特定的功能。如果不使用显式对象，那么这个任务难度会很大。

（2）Flask 需要使用包的名称，当用户创建一个 Flask 实例时，通常会传递__name__作为包的名称。Flask 根据包的名称来正确地载入与模块相关的资源。使用 Python 提供的反射功能，用户可以轻松找到模板和静态文件的存储位置。有些框架不需要任何配置就可以载入与模块相关的模板，这些框架使用当前工作目录来载入模板，但是通过这种方式来确定应用的路径是不可靠的。当前工作目录是进程级的，如果有多个应用使用同一个进程（Web 服务器可能在用户不知情的情况下这样做），那么当前工作目录就不可用了。更糟糕的是，许多 Web 服务器不是把工作目录作为应用的目录，而是把工程的根目录作为当前工作目录，如果用户的应用所在的目录不是根目录，就会导致错误的发生。

（3）Flask 类的实例对象就是用户的 WSGI 应用，开发者不必再关心其他名称。如果开发者要使用一个 WSGI 中间件，那么只要封装它就可以了。

（4）使用这种设计思路，将使用工厂函数创建应用程序变为可能，方便进行单元测试和完成类似的工作。

2. 路由系统

Flask 使用 Werkzeug 路由系统，该系统可以根据复杂度进行自动路由排序。这意味着即使用户以任意顺序来声明路由，路由系统仍然能够正常工作。这个功能确保即使将应用切分为多个模块，并且为模块设计路由装饰器，也不会因为路由装饰器乱序而产生问题。

3. 统一模板引擎

Flask 当前仅使用 Jinja2 模板引擎，并且没有插入其他模板引擎接口。当然，开发者可以在 Flask 中使用其他模板引擎，但是 Flask 仍然会为开发者配置好 Jinja2。也许 Flask 将来会使用其他引擎，但是它只会绑定一个模板引擎。

模板引擎与编程语言类似，每个引擎都有自己的工作方式。然而引擎的功能都差不多，用户把一套变量传送给引擎，然后得到字符串返回值。

相比较而言，Jinja2 有系统的过滤系统、特定的模板继承方法，支持从内模板或者 Python 代码内复用块（宏），所有操作都使用 Unicode，支持模板迭代渲染和可配置语法等。

此外，只使用一个模板语言可以方便扩展。开发者可以使用其他模板语言，但扩展仍然可以使用 Jinja2。

4. 依赖其他库的“微”框架

虽然 Flask 自称是“微”框架，但它依赖 Werkzeug 和 Jinja2 两个库。Web 开发的另一大工具 Ruby 使用一个与 WSGI 相似的协议，这个协议被称为 Rack。从某种程度上讲，Rack 可以称作 Ruby 版的 WSGI。但是几乎所有的 Ruby 应用都不直接使用 Rack 协议，而是使用一个相同名字的库。在 Python 中，与 Rack 库等价的有 WebOb（前身是 Paste）和 Werkzeug 两个库。目前 Paste 库依然可以用，但它正逐步被 WebOb 库取代。WebOb 和 Werkzeug 库的开发初衷都是希望实现 WSGI 协议，让其他应用受益。

Werkzeug 库实现了 WSGI 协议，使依赖于 Werkzeug 库的 Flask 框架受益良多。同时，由于 Python 包管理框架的发展，包依赖问题已经被解决，因此更没有理由不使用库依赖的方式。

5. 线程本地化

Flask 的设计原则之一是简单的任务不应当使用很多代码。因此，Flask 内部使用本地线程对象，这样就不必在一个请求中在函数之间传递对象，可以保证线程安全。这种实现方法是非常便利的，但是将本地线程对象用于依赖注入或者代码重用时，需要一个合法的请求上下文。Flask 项目对使用本地线程的代码进行了标注和说明。

Flask 使用线程本地对象来支持请求、会话和一个可以存储用户专属信息的额外对象。通常情况下，使用线程本地对象不是一个明智的选择，因为它会对不是基于线程理念的服务器带来麻烦，并且加大大型应用的维护难度。然而，Flask 不仅是为大型应用或异步服务器设计的，它的初衷是想简化和加速传统 Web 应用程序的开发。

6. Flask 不提供数据库

Flask 不包含数据库层，也不会有表单库或是这个方面的其他内容。Flask 本身只是 Werkezug 和 Jinja2 库之间的桥梁，前者实现了 WSGI 协议，后者用来处理模板。除此之外，Flask 也绑定了一些通用的标准库包，如 Logging。除此之外的功能可以通过扩展实现。

之所以使用这种设计理念，是因为开发者有不同的偏好和需求，Flask 无法把所有的需求都囊括其中。例如，大多数 Web 应用需要一个模板引擎，然而不是每个应用都需要一个 SQL 数据库。

Flask 的设计理念是为开发 Web 应用建立一个良好的基石，基于此基础，开发人员通过开发或者使用其他扩展完成设计。

3.3.2 Flask 开发基础

1. 使用开发服务器

微课 3-3

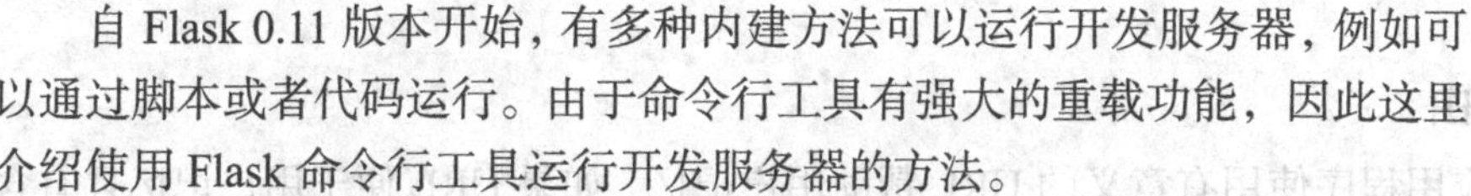

自 Flask 0.11 版本开始，有多种内建方法可以运行开发服务器，例如可以通过脚本或者代码运行。由于命令行工具有强大的重载功能，因此这里介绍使用 Flask 命令行工具运行开发服务器的方法。

如下代码提供了运行开发服务器的基本方法。

```
export FLASK_APP=$APP_name
export FLASK_ENV=$DEV_mode
Flask run
```

运行如上代码可以配置并启动 Flask 服务的开发环境（包括交互调试器和重载器），启动服务之后，在地址为 http://localhost:5000/的服务器上提供服务。其中，Flask 服务的默认端口是 5000。

使用不同 run 参数可以控制服务器的单独功能。例如可以执行如下命令禁用重载器。

```
Flask run --no-reload
```

在后边的章节中，我们还将使用 run 的更多参数。

2. 调试模式

Flask 命令可以方便地启动一个本地开发服务器，但是每次修改代码之后都需要手动重启服务器。这样很不方便，可以通过设置 FLASK_ENV 环境变量来把其设置为 development，代码如下所示。

```
export FLASK_ENV=development
Flask run
```

通过设置该环境变量，实现如下功能。

（1）激活调试器。

（2）激活自动重载。

（3）打开 Flask 应用的调试模式。

图 3-1 给出了运行上述代码后的结果。

```
 * Serving Flask app "hello world" (lazy loading)
 * Environment: development
 * Debug mode: on
 * Running on http://0.0.0.0:5000/ (Press CTRL+C to quit)
 * Restarting with stat
 * Debugger is active!
 * Debugger PIN: 191-776-990
115.44.223.7 - - [06/Feb/2020 08:42:06] "GET / HTTP/1.1" 200 -
115.44.223.7 - - [06/Feb/2020 08:42:06] "GET /favicon.ico HTTP/1.1" 404 -
115.44.223.7 - - [06/Feb/2020 08:42:09] "GET /go HTTP/1.1" 200 -
 * Detected change in '/home/ec2-user/FlaskPrj/hello_world.py', reloading
 * Restarting with stat
 * Debugger is active!
 * Debugger PIN: 191-776-990
```

图 3-1 打开调试模式

可见，当前 Flask 服务器运行在调试模式下，源代码被修改之后，服务器自动重载。

除了设置 FLASK_ENV 环境变量之外，还可以单独控制调试模式的开关，这是通过执行如下命令实现的。

```
export FLASK_DEBUG=$DEBUG_mode
Flask run
```

在这里，$DEBUG_mode 是调试模式的值，如果该值是 1，则表明以调试模式启动 Flask 服务。

3.3.3 路由

1. 基本路由

现代 Web 应用程序使用有意义的 URL 帮助用户记忆。如果 URL 便于用户记忆且有含义，则网页会更加受到用户的青睐，并且用户可以直接使用 URL 访问页面。

在 Flask 中，使用 route()装饰器将指定的 URL 和函数绑定。下面的代码清单给出了一个示例。

```
from flask import Flask

MyApp = Flask(__name__)

@MyApp.route('/')
def welcome():
    return 'Welcome to Flask!'

@MyApp.route('/hello1')
def hello1():
    return 'Hello, World'

@MyApp.route('/hello2')
def hello2():
    return 'Hello, China'
```

运行如上代码，输出结果如图 3-2 所示。

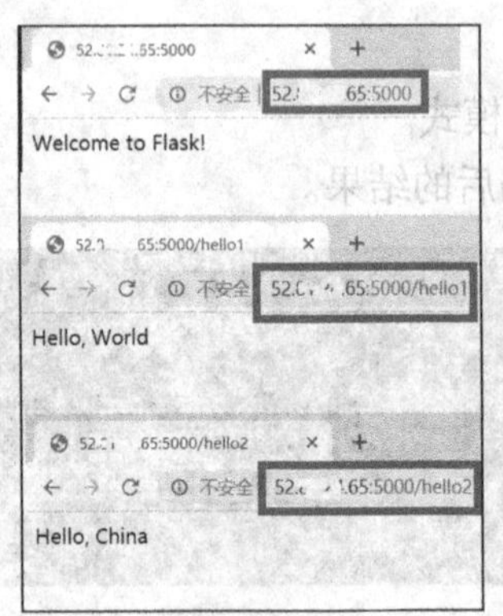

图 3-2 以不同路由访问不同页面

可见，不同的路由运行不同的函数。

2. 变量及带变量的路由

除了最基本的路由规则之外，开发者还可以动态变化 URL 的某些部分，还可以为一个函数指定多个规则。

通过把 URL 的一部分标记为<variable_name>，用户就可以在 URL 中添加变量。标记的部分会作为关键字参数传递给函数。

通过使用<converter:variable_name>，用户可以为变量选择性地加上一个转换器，从而为变量指定规则。

转换器类型如表 3-1 所示。

表 3-1　转换器类型

数据类型	说明
string	（默认）接受任何不包含斜杠的文本
int	接受正整数
float	接受正浮点数
path	类似于 string，但可以包含斜杠
uuid	接受 UUID 字符串

下面的代码清单给出了一个示例。

```
from flask import Flask

MyApp = Flask(__name__)

@MyApp.route('/user/<username>')
def show_user (username):
    return 'User %s' % username

@MyApp.route('/post/<int:user_id>')
def show_post(user_id):
    return 'Post %d' % user_id

@MyApp.route('/path/<path:userpath>')
def show_path(userpath):
    return 'Subpath %s' % userpath
```

运行如上代码，输出结果如图 3-3 所示。

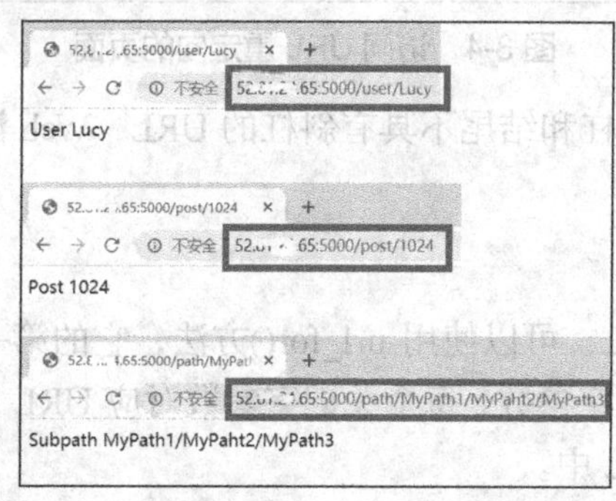

图 3-3　访问复杂路由的网页

可见，使用变量和转换函数可以设计更复杂的路由。

3. URL 的唯一性及自动重定向

如果 route()装饰器设计的 URL 尾部有一个斜杠，也就是包含结尾斜杠的 URL，则 URL 看起来和文件系统中的文件夹类似。此时，如果在访问这个 URL 时不加斜杠，则 Flask 会自动进行重定向，在 URL 的尾部添加一个斜杠。

如果 route()装饰器设计的 URL 尾部没有斜杠，也就是不包含结尾斜杠的 URL，则 URL 看起来和文件系统中文件的路径名类似。如果在访问这个 URL 时添加了尾部斜杠，则会得到一个 404 错误。使用这种方式，可以使这些资源的 URL 保持唯一，避免搜索引擎两次索引同一页面。

```
from flask import Flask
import string

MyApp = Flask(__name__)

@MyApp.route('/name/<string:username>/')
def show_name(username):
    return 'User %s with Trailing Slash' % username.upper()

@MyApp.route('/about')
def show_about():
    return 'URL without Trailing Slash'
```

运行如上代码，输出结果如图 3-4 所示。

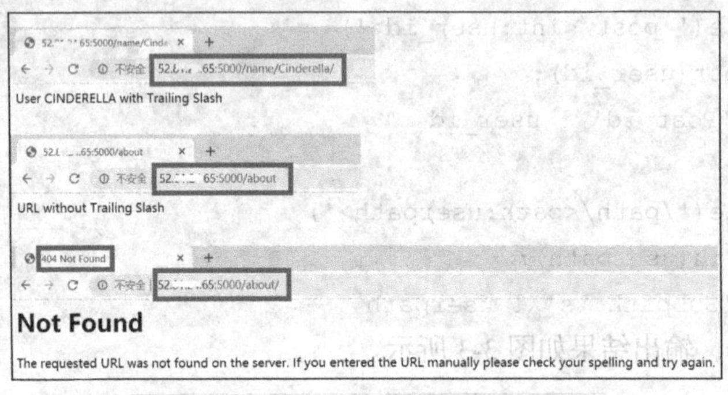

图 3-4　访问 URL 重定向的页面

可见，对于结尾具有斜杠和结尾不具有斜杠的 URL，Web 浏览器访问时，符合设计的预期。

4. 生成 URL

为特定的函数生成 URL，可以使用 url_for()方法，它的第一个参数是函数的名称，其他参数可以接受任意个关键字参数，每个关键字参数对应 URL 中的一个变量部分。未知变量作为查询参数追加到 URL 中。

既可以把 URL 以代码的方式写在模板中，也可以动态生成 URL。动态生成 URL 具有如下优势。

（1）动态生成的 URL 通常比硬编码的 URL 更容易描述。

（2）开发人员在代码中做很少的修改，就可以改动大量的 URL。

（3）生成的 URL 能够为用户处理特殊字符的转义和 Unicode 数据。

（4）生成的路径是绝对路径，可以避免使用相对路径可能带来的问题。

（5）如果 Web 应用程序存储在 URL 根路径之外的地方（如在/MyApp 中而不是在/中），url_for()方法可以自动处理这种情况可能带来的问题。

5. HTTP 方法

Web 应用程序使用不同的 HTTP 方法处理 URL。Flask 开发人员应当熟悉常用的 HTTP 方法。默认情况下，路由只响应 GET 请求。然而，开发者仍然可以使用 route()装饰器中 request 的 methods 参数来处理不同的 HTTP 方法。

在下面的代码清单中，Web 服务器对 POST 请求和非 POST 请求的响应做了不同的设计。

```
from flask import Flask, request

MyApp = Flask(__name__)

@MyApp.route('/login/')
def login():
    if request.method == 'POST':
        return post_login()
    else:
        return get_login()

def post_login():
    return 'THis is a POST request'

def get_login():
    return 'This is a GET request'
```

运行如上代码，输出结果如图 3-5 所示。

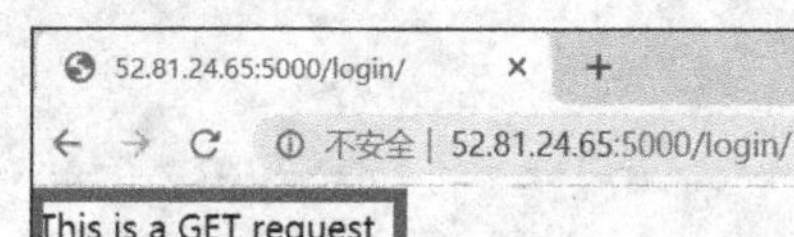

图 3-5 以 GET 方法访问页面

可见，默认情况下使用的是 GET 方法。

在本章之后的例子中，将使用 POST 方法。

3.3.4 静态文件

动态 Web 应用也需要静态文件，一般是 CSS 和 JavaScript 文件。在理想情况下，通过配置，用户的 Web 服务器可以提供静态文件服务。但是在开发过程中，也可以使用 Flask 完成这项工作。Flask 开发人员只要在工程的包中或模块所在的同一目录中创建一个名为“static”的文件夹，接下来通过访问应用的/static 文件夹就可以使用静态文件。

如果需要生成静态文件的 URL，使用特殊的“static”端点名称即可，代码如下所示。

```
url_for('static', filename=$Style_File)
```

在这里，$Style_File 是静态文件的名称，例如类似于“style.css”的 CSS 文件，而且这个静态文件在文件系统中的路径应该是 static/style.css。

3.3.5 渲染模板

在 Python 内部生成 HTML 比较复杂，因为用户必须自己负责 HTML 转义以确保应用的安全。为了让用户更容易开发，Flask 提供了自动为用户配置 Jinja2 模板引擎的功能。

使用 render_template()方法可以渲染模板，用户只需要提供模板名称和作为参数传递给模板的变量即可。下面的代码清单给出了一个简单的模板渲染例子。

```
from flask import render_template

@app.route('/index/')
@app.route('/index/<name>')
def TemMethod(name=None):
    return render_template('index.html', name=name)
```

Flask 默认在 templates 文件夹内寻找模板。因此，如果开发的 Web 应用是一个模块，那么 templates 文件夹应该和模块在同一个文件夹中；如果 Web 应用是一个包，那么就应该在包里面。下面的树形列表是这两种文件夹的典型情况。

```
Web 应用是一个模块:
/application.py
/templates
/index.html



Web 应用是一个包:
/application
    /__init__.py
    /templates
        /index.html
```

开发人员可以使用 Jinja2 模板引擎完成更出色的设计。关于 Jinja2 模板引擎，详见 Jinja2 官方文档。

在模板内部可以和访问 get_flashed_messages()函数一样访问 request、session 和 g 对象。

使用模板继承功能可以使每个页面的特定元素（如页头、导航和页尾）保持一致。

Flask 默认开启自动转义。因此，如果 name 包含 HTML 将会被自动转义。如果开发人员信任某个变量，知道它是安全的 HTML，那么可以使用 Markup 类把它标记为安全的，或者在模板中使用 safe 过滤器。

3.4 配置并使用 Flask 开发基础

在本节中，我们配置 Flask 环境，并使用 Flask 环境开发一个“hello world”程序，在网页上显示“hello world”。

3.4.1 配置 Flask 开发环境

Step 1：安装 Flask

在虚拟机的命令行中，使用 pip 工具安装 Flask。执行的命令如下所示。

```
pip install Flask
```

Flask 工具依赖于其他工具，包括 Werkzeug、click、itsdangerous、Jinja2、MarkupSafe 等。在安装 Flask 时，这些配套工具会自动安装。这些工具的功能如下。

（1）Werkzeug：用于实现 WSGI，提供应用程序和服务之间的标准 Python 接口。

（2）click：一个命令行框架，用于提供 Flask 命令，并允许添加自定义管理命令。

（3）itsdangerous：保证数据完整性的安全标志，用于保护 Flask 的 session cookie。

（4）jinja2：用于渲染页面的模板语言。

（5）MarkupSafe：与 jinja2 共用，在渲染页面时用于避免不可信的输入，可以防止注入攻击。

通常，在 Amazon EC2 实例中，已经预装好了 Flask。安装过程如图 3-6 所示。

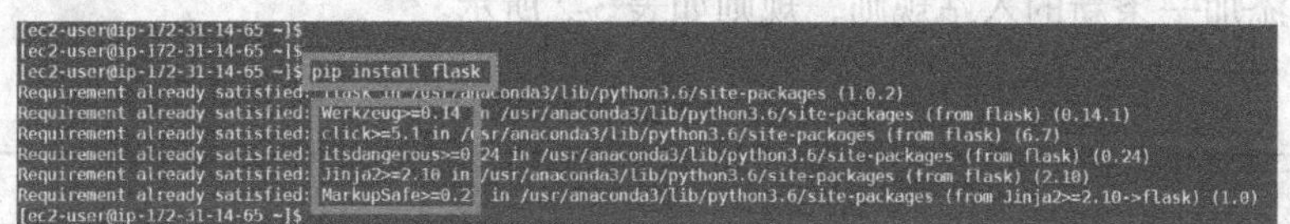

图 3-6　安装 Flask

Step 2：设计 Amazon EC2 实例入站规则

由于 Flask 服务使用 Amazon EC2 实例的 5000 端口，因此需要编辑 Amazon EC2 实例的安全组，使该 Amazon EC2 实例的 5000 端口可用。

在 Amazon EC2 实例页面中，选中使用的 Amazon EC2 实例，在实例管理的描述页面单击“安全组”中的策略，如图 3-7 所示。

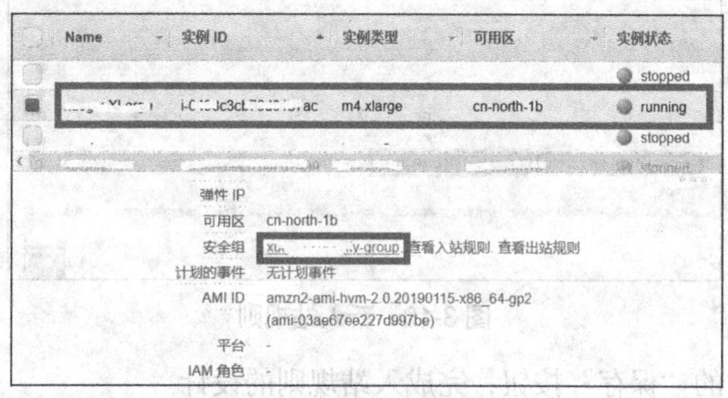

图 3-7　单击安全组策略

在弹出的安全组页面中单击“入站”选项卡，然后单击“编辑”按钮，编辑入站规则，如图 3-8 所示。

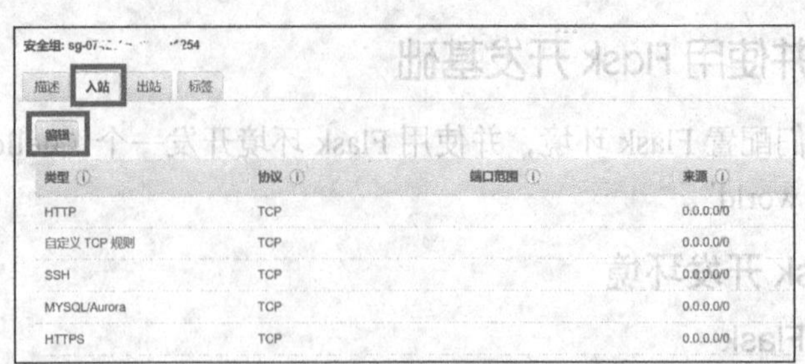

图 3-8　编辑入站规则

在弹出的“编辑入站规则”页面中，单击“添加规则”按钮，如图 3-9 所示。

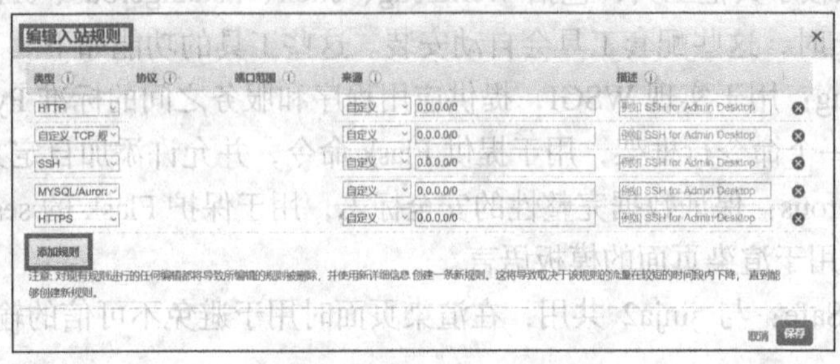

图 3-9　添加入站规则

接下来添加一条新的入站规则，规则如表 3-2 所示。

表 3-2　添加的入站规则

入站规则	值
类型	自定义 TCP 规则
协议	TCP
端口范围	5000
来源	任何位置

按照表 3-2 所示的值填入规则，如图 3-10 所示。

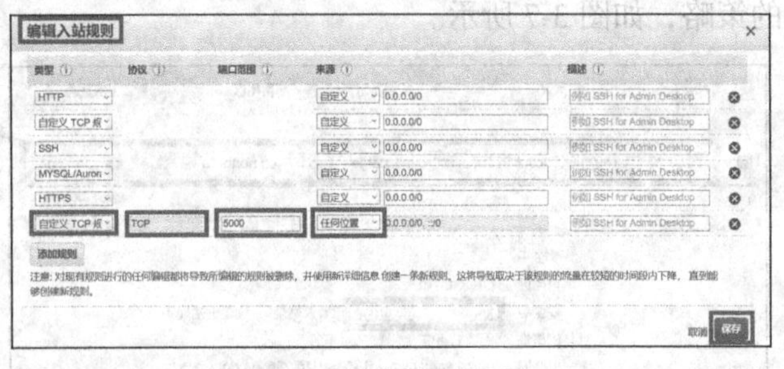

图 3-10　新入站规则

单击图 3-10 中的“保存”按钮，完成入站规则的设计。

Step 3：设计 Amazon EC2 实例出站规则

使用类似的方法，可以编辑 Amazon EC2 实例 5000 端口的出站规则。

在 Amazon EC2 实例页面中，选中使用的 Amazon EC2 实例，在实例管理的“描述”

页面单击“安全组”中的策略，如图 3-11 所示。

在弹出的安全组页面中单击“出站”选项卡，然后单击“编辑”按钮编辑出站规则，如图 3-12 所示。

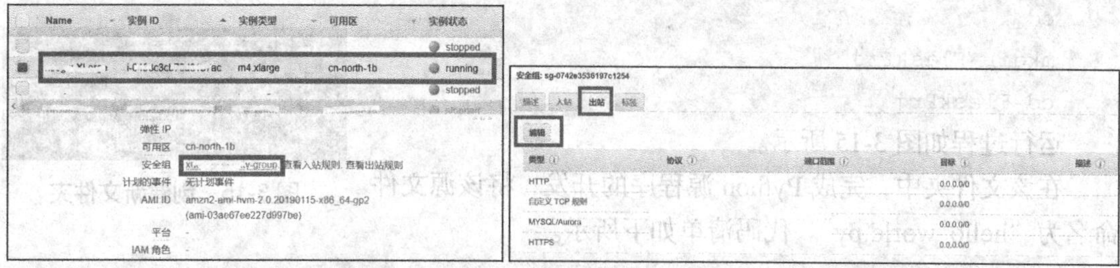

图 3-11　单击安全组策略　　　　图 3-12　编辑出站规则

在弹出的“编辑出站规则”页面中，单击“添加规则”按钮，如图 3-13 所示。

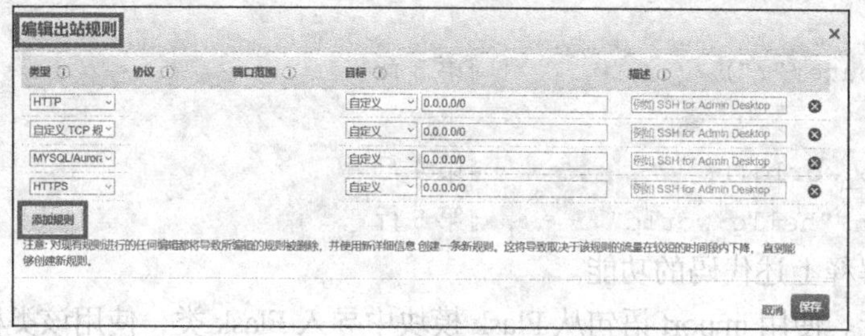

图 3-13　添加出站规则

接下来添加一条新的出站规则，规则如表 3-3 所示。

表 3-3　添加的出站规则

出站规则	值
类型	自定义 TCP 规则
协议	TCP
端口范围	5000
来源	任何位置

按照表 3-3 所示的值填入规则，如图 3-14 所示。

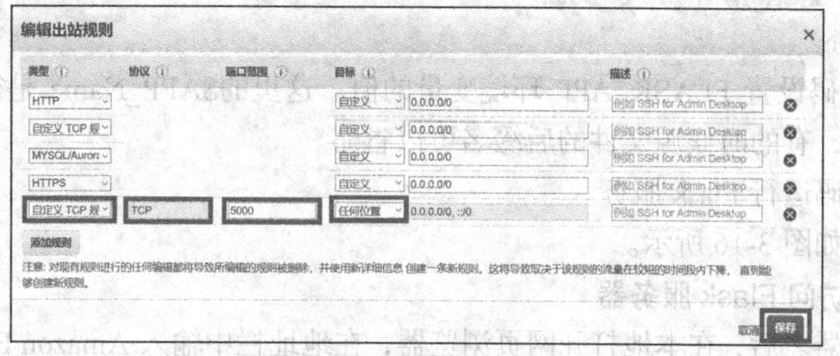

图 3-14　新出站规则

单击图 3-14 中的“保存”按钮，完成出站规则的设计。

3.4.2 使用 Flask 设计“hello world”页面

Step 1：设计 Python 服务器代码

在用户的工作目录下创建文件夹“FlaskPrj”，进入该文件夹。执行的命令如下所示。

```
cd
mkdir FlaskPrj
cd FlaskPrj
```

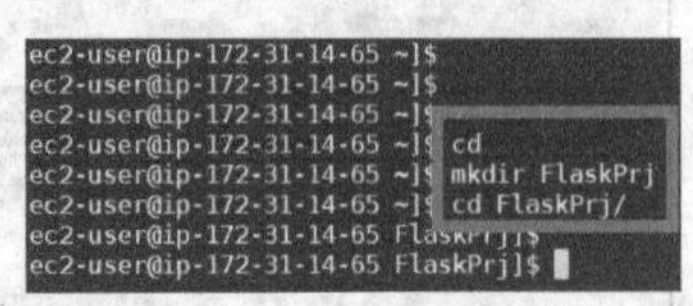

图 3-15　创建新文件夹

运行过程如图 3-15 所示。

在该文件夹中，完成 Python 源程序的开发，将该源文件命名为“hello_world.py”。代码清单如下所示。

```
from flask import Flask          #第 1 行

MyWeb = Flask("__name__")        #第 2 行

@MyWeb.route("/")                #第 3 行


def hello_world():               #第 4 行
    return "hello world"         #第 5 行
```

下面逐行解释上述代码的功能。

（1）第 1 行。使用 import 语句从 Flask 模块中导入 Flask 类，使用该类构建 Flask 应用。

（2）第 2 行。使用 Flask()方法创建一个 Flask 类的实例，该函数的第一个参数是应用模块或者包的名称。在本例中只有一个模块，因此该参数使用“__name__”。注意，这里的 name 前后各有两条下划线“_”。这个参数是必需的。

（3）第 3 行。使用 route()方法确定 Flask 触发函数的 URL，在这里指定了根目录为路径“/”。

（4）第 4、5 行。创建 hello_world()方法，用于为第 3 步的 URL 创建运行的函数。在这里，该函数返回在用户浏览器中显示的字符串“hello world”。

Step 2：启动 Flask 服务

完成服务器代码的开发之后，需要在 Amazon EC2 实例中启动 Flask 服务并运行代码。这通常可以通过运行以下两行代码来实现。

```
export FLASK_APP=$APP_Name
Flask run
```

第 1 行代码设置 FLASK_APP 环境变量的值。这里的$APP_Name 是待运行的 Python 源文件的名称，有的时候源文件的后缀名可以省略。

第 2 行代码运行 Flask 服务。

运行结果如图 3-16 所示。

Step 3：访问 Flask 服务器

启动服务器之后，在本地打开网页浏览器，在地址栏中输入 Amazon EC2 实例的 IP 地址与端口号，地址格式如下所示。

```
http://$ip:5000
```

其中，$ip 是运行 Flask 服务的 Amazon EC2 实例 IP 地址，5000 是运行 Flask 服务的端口号。

按照上述格式在地址栏输入地址，试图访问 Flask 服务。

图 3-17 给出了当前的运行结果。

```
[ec2-user@ip-172-31-14-65 FlaskPrj]$
[ec2-user@ip-172-31-14-65 FlaskPrj]$
[ec2-user@ip-172-31-14-65 FlaskPrj]$ ls
hello_world.py
[ec2-user@ip-172-31-14-65 FlaskPrj]$
[ec2-user@ip-172-31-14-65 FlaskPrj]$
[ec2-user@ip-172-31-14-65 FlaskPrj]$ export FLASK_APP=hello_world
[ec2-user@ip-172-31-14-65 FlaskPrj]$
[ec2-user@ip-172-31-14-65 FlaskPrj]$ flask run
 * Serving Flask app "hello_world"
 * Environment: production
   WARNING: Do not use the development server in a production environment.
   Use a production WSGI server instead.
 * Debug mode: off
 * Running on http://127.0.0.1:5000/ (Press CTRL+C to quit)
```

图 3-16　设置环境变量并启动 Flask 服务

图 3-17　拒绝连接页面

从图 3-17 可以看到，服务器拒绝了该访问请求。出现这一问题的原因在于启动 Flask 服务器的命令没有需要添加的参数，以至于网络上的其他计算机无法访问 Flask 服务器。

另外一种常见的无法访问的原因是没有允许 Amazon EC2 实例的 5000 端口可以出入站，在这种情况下，虽然 Flask 服务器可以启动，但是其他客户端是无法访问 Flask 服务器的。图 3-18 给出了这种情况下对 Flask 服务器的访问结果。

可见，由于服务器对于浏览器的访问请求响应时间过长，导致客户无法访问该网站。

Step 4：重新启动 Flask 服务并访问

为了解决上述问题，需要添加参数重新启动 Flask 服务。执行的命令如下所示。

```
Flask run --host=0.0.0.0
```

在 Amazon EC2 实例中重新启动 Flask 服务的命令如图 3-19 所示。

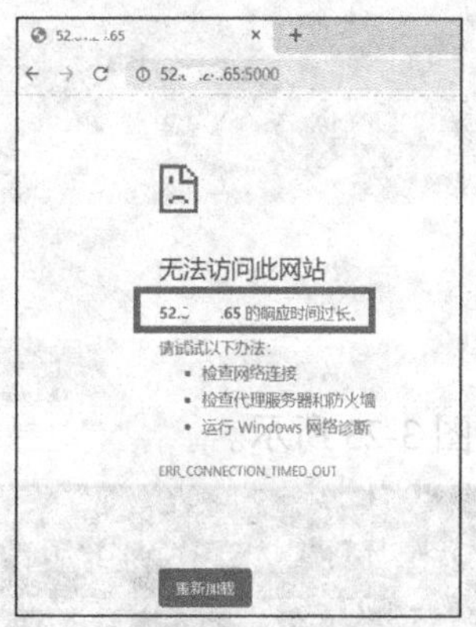

图 3-18　访问页面响应时间过长

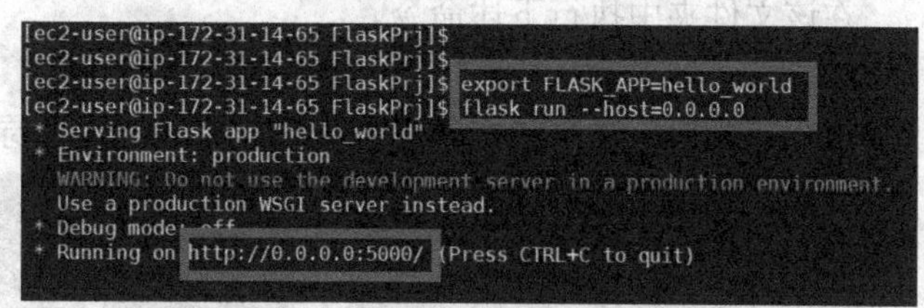

图 3-19　以调试模式重新启动 Flask 服务

从图 3-19 可见，Flask 服务器运行在 http://0.0.0.0:5000/，这个 IP 地址表示 Amazon EC2 实例的 Flask 服务将监听所有公开的 IP。

在浏览器中再次访问该服务器，如图 3-20 所示。

从图 3-20 可见，浏览器可以成功访问 Amazon EC2 实例上的 Flask 服务器，并输出正确的结果。

Step 5：关闭被占用的 5000 端口

Flask 默认使用 5000 端口，如果 Flask 服务器停止之后，该端口没有关闭，后续的 Flask 任务将无法启动。因此，在某些情况下需要手动关闭 5000 端口。可以执行下述的两条命令完成该任务。

```
sudo lsof -i:5000
sudo kill $PID
```

在这里，$PID 是占用 5000 端口的进程号。

图 3-21 给出了执行上述命令的过程。

图 3-20　成功访问页面

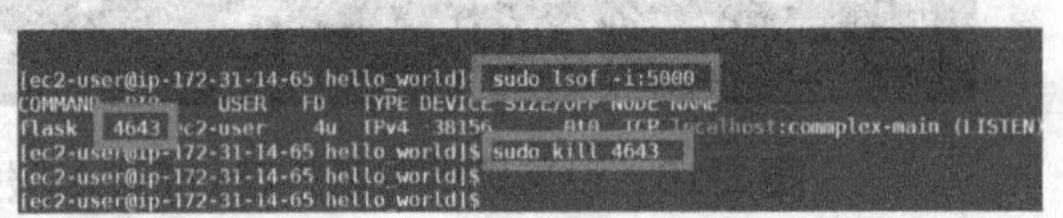

图 3-21　关闭 5000 端口

3.4.3　在虚环境中使用 Flask

在本小节中，我们将开发一个新的 Python 源程序，并在虚环境中安装 Flask 服务。

Step 1：创建虚环境

进入要创建虚环境的工作文件夹，可以通过执行如下命令在该文件夹中创建虚环境。

```
python3 -m venv $venv_name
```

在上述命令中，$venv_name 是创建的虚环境的名称。该命令执行成功后，会在当前文件夹中创建名称为“$venv_name”的文件夹。

在这里，在用户的工作目录下创建文件夹 FlaskPrj，进入该文件夹。执行的命令如下所示。

```
cd
mkdir FlaskPrj
cd FlaskPrj/
```

执行过程如图 3-22 所示。

在该文件夹中执行下述命令。

```
python3 -m venv Flask_prj_venv
```

执行完成后，在当前文件夹下执行 ls 命令查看目录，如图 3-23 所示。

图 3-22　创建新文件夹

图 3-23　查看目录

Step 2：激活虚环境

激活虚环境是通过运行$venv_name/bin 中的 activate 脚本实现的。

在本小节中，运行目录 Flask_prj_venv/bin 中的 activate 脚本。可以通过下述两种方式运行。

第一种方式如下。

```
source Flask_prj_venv/bin/activate
```

第二种方式如下。

```
.Flask_prj_venv/bin/activate
```

运行结果如图 3-24 所示。

```
[ec2-user@ip-172-31-14-65 FlaskPrj]$
[ec2-user@ip-172-31-14-65 FlaskPrj]$
[ec2-user@ip-172-31-14-65 FlaskPrj]$ source Flask_prj_venv/bin/activate
(Flask_prj_venv) [ec2-user@ip-172-31-14-65 FlaskPrj]$
(Flask_prj_venv) [ec2-user@ip-172-31-14-65 FlaskPrj]$
```

图 3-24　激活虚环境

可见，成功启动之后，提示符前面增加了虚环境的名称。

Step 3：安装 Flask

在虚环境的命令行中，使用 pip 工具安装 Flask。执行的命令如下所示。

```
pip install Flask
```

安装过程如图 3-25 所示。

可见，在虚环境中安装 Flask，除了安装 Flask 包之外，还会下载并安装前述的 5 个依赖包。

可以通过在虚环境中查看安装的包来确认安装是否成功，这是通过执行如下命令来实现的。

```
pip freeze
```

运行结果如图 3-26 所示。

```
(Flash_prj_venv) [ec2-user@ip-172-31-14-65 FlaskPrj]$
(Flash_prj_venv) [ec2-user@ip-172-31-14-65 FlaskPrj]$ pip install flask
Collecting flask
  Cache entry deserialization failed, entry ignored
  Cache entry deserialization failed, entry ignored
  Downloading https://files.pythonhosted.org/packages/9b/93/628509b8d5dc749656a9
641f4caf13540e2cdec85276964ff8f43bbb1d3b/Flask-1.1.1-py2.py3-none-any.whl (94kB)
    100% |████████████████████████████████| 102kB 10kB/s
Collecting Jinja2>=2.10.1 (from flask)
  Cache entry deserialization failed, entry ignored
  Cache entry deserialization failed, entry ignored
  Downloading https://files.pythonhosted.org/packages/27/24/4f35961e5c669e96f655
9760042a55b9bcfcdb82b9bdb3c8753dbe042e35/Jinja2-2.11.1-py2.py3-none-any.whl (126
kB)
    100% |████████████████████████████████| 133kB 9.8kB/s
Collecting Werkzeug>=0.15 (from flask)
  Cache entry deserialization failed, entry ignored
  Cache entry deserialization failed, entry ignored
  Downloading https://files.pythonhosted.org/packages/c2/e4/a859d2fe516f466642fa
5c6054fd9646271f9da26b0cac0d2f37fc858c8f/Werkzeug-0.16.1-py2.py3-none-any.whl (3
27kB)
    100% |████████████████████████████████| 327kB 13kB/s
Collecting itsdangerous>=0.24 (from flask)
  Cache entry deserialization failed, entry ignored
  Cache entry deserialization failed, entry ignored
  Downloading https://files.pythonhosted.org/packages/76/ae/44b03b253d6fade317f3
2c24d100b3b35c2239807046a4c953c7b89fa49e/itsdangerous-1.1.0-py2.py3-none-any.whl
Collecting click>=5.1 (from flask)
  Cache entry deserialization failed, entry ignored
  Cache entry deserialization failed, entry ignored
  Downloading https://files.pythonhosted.org/packages/fa/37/45185cb5abbc30d72571
04c434fe0b07e5a195a6847506c074527aa599ec/Click-7.0-py2.py3-none-any.whl (81kB)
    100% |████████████████████████████████| 81kB 10kB/s
Collecting MarkupSafe>=0.23 (from Jinja2>=2.10.1->flask)
  Cache entry deserialization failed, entry ignored
  Cache entry deserialization failed, entry ignored
  Downloading https://files.pythonhosted.org/packages/b2/5f/23e0023be6bb885d00ff
befad2942bc51a620328ee910f64abe5a8d18dd1/MarkupSafe-1.1.1-cp36-cp36m-manylinux1_
x86_64.whl
Installing collected packages: MarkupSafe, Jinja2, Werkzeug, itsdangerous, click
, flask
Successfully installed Jinja2-2.11.1 MarkupSafe-1.1.1 Werkzeug-0.16.1 click-7.0
flask-1.1.1 itsdangerous-1.1.0
You are using pip version 9.0.3, however version 20.0.2 is available.
You should consider upgrading via the 'pip install --upgrade pip' command.
(Flash_prj_venv) [ec2-user@ip-172-31-14-65 FlaskPrj]$
```

图 3-25　在 Amazon EC2 实例中安装 Flask

```
(Flash_prj_venv) [ec2-user@ip-172-31-14-65 FlaskPrj]$
(Flash_prj_venv) [ec2-user@ip-172-31-14-65 FlaskPrj]$
(Flash_prj_venv) [ec2-user@ip-172-31-14-65 FlaskPrj]$ pip freeze
Click==7.0
Flask==1.1.1
itsdangerous==1.1.0
Jinja2==2.11.1
MarkupSafe==1.1.1
Werkzeug==0.16.1
You are using pip version 9.0.3, however version 20.0.2 is available.
You should consider upgrading via the 'pip install --upgrade pip' command.
(Flash_prj_venv) [ec2-user@ip-172-31-14-65 FlaskPrj]$
(Flash_prj_venv) [ec2-user@ip-172-31-14-65 FlaskPrj]$
```

图 3-26　在虚环境中查看 Flask 相关包

可见，pip freeze 命令列出了虚环境中安装的包。

3.5 班级成绩录入分析系统

在本节中，我们在 Amazon EC2 实例上使用 Flask 框架设计一个网站，实现班级成绩录入及成绩分析的功能。使用该网站，用户可以注册一个账户，使用该账户登录后，用户可以录入班级的考试成绩。根据录入的成绩，完成平均成绩、最高分、最低分等常用统计分析任务。

3.5.1 建立工作文件夹和虚环境

一个 Flask 应用可以是单个文件。然而，当项目越来越大的时候，把所有代码放在单个文件中会带来很多问题。因此，可以借鉴 Python 项目使用包管理代码的思想，把代码分为不同的模块，然后在需要的地方导入模块。

在这里，通过文件夹管理，建立如下所示的树状结构文件夹。

```
./Flask-FlaskScore
├── FlaskDesign/
│
├── prjEnv/
│
├── tests /
```

Step 1：创建工程文件夹

在 Amazon EC2 实例上创建一个文件夹，用来完成项目的开发。同时，项目中代码和设计文件的文件路径基于该文件夹的相对名称。下面的命令创建了名称为“FlaskScore”的文件夹。

```
mkdir FlaskScore
```

Step 2：创建虚环境

项目的开发在虚环境中进行。进入“FlaskScore”文件夹，并在该文件夹中创建虚环境。执行的命令如下所示。

```
cd FlaskScore
python3 -m venv prjEnv
```

成功执行如上命令之后，在“FlaskScore”文件夹中会生成一个名称为“prjEnv”的子文件夹。

Step 3：创建设计文件文件夹

创建一个文件夹，用来存储 Web 应用程序的设计文件，其中包含 Python 源代码、模板和静态文件等。执行下面的命令进入“FlaskScore”文件夹，并在该文件夹中创建名称为“FlaskDesign”的文件夹。

```
cd FlaskScore
mkdir FlaskDesign
```

Step 4：创建测试模块文件夹

创建一个文件夹，用来存储和测试该 Flask 项目的测试模块文件。执行下面的命令进入“FlaskScore”文件夹，并在该文件夹中创建名称为“tests”的文件夹。

```
cd FlaskScore
mkdir tests
```

3.5.2 添加应用工厂函数

Flask 应用基于 Flask 类的实例创建，该应用包含的所有设计，如配置和 URL，都会和这个实例一起注册。

从前面的“hello world”示例可以看出，创建一个 Flask 应用最直接的方法是在代码的最开始创建一个全局的 Flask 实例。虽然这种方式在一些案例中是简单、有效的，但是当项目规模变得越来越大的时候，可能会产生奇怪的问题。

在这个设计中，我们将不使用全局实例化的方法，而是在一个函数内部创建 Flask 实例来代替全局实例，这个函数被称为“应用工厂”函数。和这个 Web 应用相关的配置、注册和其他设置都会在应用工厂函数内部完成，然后返回这个应用。

在 Python 工程的一些文件夹中，可能会存在“__init__.py”文件，该文件的作用是告诉解释器把这个文件夹视作一个包来处理。在这里，我们新建“__init__.py”文件，并向其中添加应用工厂函数，以完成该函数的设计。

进入“FlaskDesign”文件夹，新建并编辑文件“__init__.py”，该文件包含的代码清单如下所示。

```
from flask import Flask                          #  第 1 行


def create_app():                                #  第 2 行
    FlaskScore = Flask(__name__)                 #  第 3 行

    @FlaskScore.route('/')                       #  第 4 行
    def hello():                                 #  第 5 行
        return 'Hello world!'                    #  第 6 行

    return FlaskScore                            #  第 7 行
```

第 2～7 行设计了应用工厂函数 create_app()。其中，第 3 行创建了 Flask 类的一个实例 FlaskScore。第 4、5、6 行添加了一个路由，在页面输出“Hello world!”，这里仅作测试用。

在浏览器中访问该页面，运行结果如图 3-27 所示。

图 3-27 成功访问页面

3.5.3 操作 SQLite 数据库

Python 内置的 sqlite3 模块提供了对 SQLite 数据库的支持。由于本项目基本不存在并发请求，因此使用该数据库存储用户账户信息和录入的成绩是合理的选择。

Step 1：开发连接数据库功能

使用 SQLite 数据库时，首先要建立和数据库的连接。所有查询和操作都要通过该连接来执行，任务完成之后关闭该连接。在 Web 应用中，该连接往往与请求绑定。通常，在处理请求的某个时刻创建该连接，在发送响应之前关闭该连接。

在“FlaskDesign”文件夹中创建“sqlitedb.py”文件，实现 SQLite 数据库的连接和关闭。该文件包含的代码清单如下所示。

```
import sqlite3
import click
from flask import current_app, g
from flask.cli import with_appcontext


def connect_db():
    if 'db' not in g:
        g.db = sqlite3.connect(
            current_app.config['SQLITEDB'],
            detect_types=sqlite3.PARSE_DECLTYPES
        )
        g.db.row_factory = sqlite3.Row

    return g.db


def disconnect_db(e=None):
    db = g.pop('db', None)

    if db is not None:
        db.close()
```

在上述代码中，g 是一个特殊的对象。每一个 request 请求都有一个独特、唯一的 g 对象，用于存储在请求过程中可能被多个函数访问的数据。把连接存储在 g 对象中的好处是该连接可以多次使用，避免同一个请求中每次调用 connect_db()方法时都创建一个新的连接。

current_app 也是一个特殊对象，该对象指向处理请求的 Flask 应用。由于该工程使用了应用工厂函数，因此在该工程其余的代码中不会再出现 Flask 类的实例。当应用创建后，在处理一个请求时，connect_db()方法将会被调用，这样就需要使用 current_app。sqlite3.connect()方法用来建立一个数据库连接，该连接指向配置中的 sqlitedb 指定的文件（这个文件现在还没有创建，之后会在初始化数据库的时候自动生成该文件）。

sqlite3.Row 返回连接中的行，这样可以通过使用名称来访问列数据。

disconnect_db()方法通过检查 g.db 来确定连接是否已经建立。如果连接已建立，那么就关闭连接。

为了把 sqlitedb 和设计的 Web 应用绑定，需要向“FlaskScore”文件夹中的“__init__.py”文件添加两行代码。代码清单如下所示。

```
from flask import Flask
import os                              # 新加代码 1
```

```
def create_app():
FlaskScore = Flask(__name__)

    FlaskScore.config.from_mapping(
SQLITEDB=os.path.join(FlaskScore.instance_path,
'FlaskScore.sqlite'),
)                                           #   新加代码 2

 # 其他已有的代码保持不变，没有显示
```

其中，“新加代码 1”导入了 os 包。“新加代码 2”使用 FlaskScore.config.from_mapping()方法设置 Flask 实例 FlaskScore 的默认配置，其中 sqlitedb 指定了存储数据库的路径是 Flask 实例所在的路径。

Step 2：设计创建数据表功能

SQLite 数据库的数据存储在表和列中，因此用户需要先创建表和列，才能存储和读取数据。在本项目中，我们把用户账号数据存储在 user 表中，把用户录入的分数存储在 score 表中。

在“FlaskScore”文件夹中，创建“create_table.sql”文件，其代码用来创建上述的两个表。数据库命令清单如下所示。

```
CREATE TABLE user (
  id INTEGER PRIMARY KEY AUTOINCREMENT,
  username TEXT UNIQUE NOT NULL,
  password TEXT NOT NULL
);

CREATE TABLE score(
  id INTEGER PRIMARY KEY NOT NULL,
  score INTEGER NOT NULL
  );
```

接下来修改“sqlitedb.py”文件，添加代码，可以通过命令行的方式执行上述数据库命令。代码清单如下所示。

```
def make_db():
    db = connect_db()
    with current_app.open_resource('create_table.sql')as f:
        db.executescript(f.read().decode('utf8'))

@click.command('make-db')
@with_appcontext
def make_db_command():
    make_db()
    click.echo('初始化数据库.')
```

上述代码使用 open_resource()方法打开一个和 Flask 包有关的文件，使用该方法打开文件的好处在于，以后部署该应用的时候，就不需要再考虑该文件存储路径的问题。connect_db()方法返回一个数据库连接，用于执行从文件中读出的数据库命令。

click.command()方法定义一个 make-db 命令行，该命令行执行函数 make_db_command()，该函数调用 make_db()方法创建数据库连接，并为用户显示一条运行成功的消息。

Step 3：在应用工厂中注册功能

disconnect_db()和 make_db_command()方法需要先在 Flask 实例中注册，否则无法使用。由于我们的设计中使用了工厂函数，所以在写这两个函数的时候，Flask 实例是无法使用的。因此，我们需要写一个函数，把 Flask 的实例作为参数，以此完成注册。

编辑“FlaskScore”文件夹中的“sqlitedb.py”文件，添加下述代码清单所示的 init_app()方法。

```
def init_app(app):
    app.teardown_appcontext(disconnect_db)
    app.cli.add_command(make_db_command)
```

其中，app.teardown_appcontext()方法通知 Flask 在返回响应后进行清理时调用此方法。app.cli.add_command()方法添加一个新命令，该命令与 Flask 一起工作。

最后，需要把这些方法添加到工厂函数中，即将新代码添加到工厂函数的末尾。代码结构如下所示。

```
def create_app():
FlaskScore = Flask(__name__)

    # 其他已有的代码保持不变，没有显示

    from . import sqlitedb                    #  新加代码 1
    sqlitedb.init_app(FlaskScore)             #  新加代码 2

    return FlaskScore
```

其中，“新加代码 1”从当前文件夹中导入 sqlitedb 包，“新加代码 2”调用了该包中的 init_app()方法。

Step 4：初始化数据库

到此为止，make-db 命令已经在 FlaskScore 应用中注册完成，该命令可以与 Flask 命令一起工作，与之前的 Flask run 命令类似。运行 make-db 的命令如下所示。

```
Flask make-db
```

如果是在新的终端执行该命令，那么需要先激活虚环境，然后设置 FLASK_APP 和 FLASK_ENV 环境变量。

在 Amazon EC2 实例成功执行 make-db 命令之后，输出字符串“初始化数据库.”，如图 3-28 所示。

```
(prjEnv) [ec2-user@ip-172-31-14-65 FlaskScore]$ flask make-db
初始化数据库.
(prjEnv) [ec2-user@ip-172-31-14-65 FlaskScore]$ 
```

图 3-28 初始化数据库

除此之外，还会自动生成“instance”文件夹，该文件夹存储了 FlaskScore 实例使用的

SQLite 数据库文件。

现在，FlaskScore 文件夹的结构如下所示。

```
./FlaskScore
 ├── FlaskDesign/
 |
 ├── prjEnv/
 |
 ├── tests/
 |
 ├── instance/
```

在"instance"文件夹中，存储了名为"FlaskScore.sqlite"的 SQLite 数据库文件。

如果用户在调试过程中不小心删除了"instance"文件夹，在使用 Flask make-db 的时候，可能会出现无法打开数据库文件的错误提示，如图 3-29 所示。

```
    return f(get_current_context(), *args, **kwargs)
  File "/usr/anaconda3/lib/python3.6/site-packages/flask/cli.py", line 412, in decorator
    return __ctx.invoke(f, *args, **kwargs)
  File "/usr/anaconda3/lib/python3.6/site-packages/click/core.py", line 535, in invoke
    return callback(*args, **kwargs)
  File "/home/ec2-user/FlaskPrj/FlaskScore/flaskDesign/sqlitedb.py", line 31, in make_db_command
    make_db()
  File "/home/ec2-user/FlaskPrj/FlaskScore/flaskDesign/sqlitedb.py", line 24, in make_db
    db = connect_db()
  File "/home/ec2-user/FlaskPrj/FlaskScore/flaskDesign/sqlitedb.py", line 11, in connect_db
    detect_types=sqlite3.PARSE_DECLTYPES
sqlite3.OperationalError: unable to open database file
(prjEnv) [ec2-user@ip-172-31-14-65 FlaskScore]$
(prjEnv) [ec2-user@ip-172-31-14-65 FlaskScore]$
(prjEnv) [ec2-user@ip-172-31-14-65 FlaskScore]$
(prjEnv) [ec2-user@ip-172-31-14-65 FlaskScore]$
```

图 3-29 删除数据库文件导致的错误

此时，用户可以手动创建"instance"文件夹，然后再次执行 Flask make-db 命令，这样就可以成功生成数据库文件"FlaskScore.sqlite"。

3.5.4 设计用户账户管理功能

在本小节中将完成用户注册和登录功能的设计，使用视图函数处理用户的请求，并用蓝图管理视图函数。

视图函数是 Web 应用对请求进行响应的函数。Flask 通过模式匹配让网页发送的 URL 请求匹配到正确的视图函数并进行处理。视图函数处理并返回数据，Flask 把数据转换为页面响应。

当然，Flask 也可以根据 URL 的名称和参数来匹配正确的视图。

Step 1：创建蓝图并注册到应用工厂

使用蓝图可以管理相关的视图函数以及其他代码。与把视图函数及其他代码直接注册到应用的方式不同，使用蓝图的指导思想是把视图和其他代码注册到蓝图，然后在工厂函数中把蓝图注册到应用。

在"FlaskScore"文件夹中创建"user.py"文件，作为用户管理注册和登录功能的蓝图。代码清单如下所示。本小节的蓝图包含注册和登录视图函数。

```
import functools
```

```
from flask import (
Blueprint, flash, g, redirect, render_template,
request, session, url_for
)
from werkzeug.security import check_password_hash,
generate_password_hash

from flaskDesign.sqlitedb import connect_db


bp = Blueprint('user', __name__, url_prefix='/user')
```

这里创建了一个名为“user”的蓝图。和 Flask 应用对象一样，蓝图需要确定存储位置，因此把__name__作为 Blueprint()方法的第 2 个参数，第 3 个参数 url_prefix 的值会添加到所有与该蓝图相关联的 URL 前面。

创建了蓝图之后，接下来在应用工厂函数中注册蓝图。在“FlaskScore”文件夹中修改“__init__.py”文件。使用 register_blueprint()方法在应用工厂函数中注册蓝图，注意将新添加的代码添加在应用工厂函数的末尾。代码清单如下所示。

```
def create_app():
    FlaskScore = ...
    # 其他已有的代码保持不变，没有显示


    from . import user
    FlaskScore.register_blueprint(user.bp)

    return FlaskScore
```

Step 2：设计注册视图

这一步我们设计 register()方法作为注册视图函数。当用户使用浏览器访问 /user/register 时，register()方法会返回用户填写注册信息的 HTML 页面。用户提交表单后，视图函数会验证用户填写的内容，根据验证结果，要么再次显示填写注册信息的表单并提示出错信息，要么创建新用户并显示登录页面。

设计 register()方法的代码清单如下所示。

```
@bp.route('/register', methods=('GET', 'POST'))
def register():
    if request.method == 'POST':
        username = request.form['username']
        password = request.form['password']
        db = connect_db()
        error = None

        if not username:
            error = '用户名不能为空。'
```

```
        elif not password:
            error = '密码不能为空。'
        elif db.execute(
            'SELECT id FROM user WHERE username = ?', (username,)
        ).fetchone()is not None:
            error = '用户 {} 已经注册.'.format(username)

        if error is None:
            db.execute(
                'INSERT INTO user (username, password)VALUES (?, ?)',
                (username, generate_password_hash(password))
            )
            db.commit()
            return redirect(url_for('user.login'))

        flash(error)

    return render_template(register.html')
```

在上述代码中，如果用户使用浏览器 URL 访问/user/register，则会执行视图函数。具体来讲，这个函数实现了如下功能。

（1）通过使用@bp.route 修饰符，完成了/register 路由和视图函数的关联，并且该函数接收 GET 和 POST 两种 HTTP 请求方式。当 Flask 收到一个指向 /user/register 的请求时就会调用视图函数并把其返回值作为响应。

（2）如果用户提交了表单，那么 request.method 的请求方式将会是“POST”，此时要验证用户的输入内容是否合理。

（3）使用 request.form 获取以 POST 方式提交的数据。它是一个特殊类型的字典，映射了提交的表单中的键和值。在用户注册表单中，用户将会输入 username 和 password。

（4）在用户提交的表单中，username 和 password 都是必填项，因此需要验证这两项是否为空。

（5）查询数据库，检查数据库中是否有和 username 相同的数据。通过查询的返回值，可以验证用户表单中填写的 username 是否已被注册。db.execute()方法使用了带有“？”占位符的 SQL 查询语句，该占位符可以表示用户输入的任何数据，可以用后面元组参数中的值代替。数据库包自动对输入值进行转义，以提高对 SQL 注入攻击的防御能力。

（6）fetchone()方法根据查询结果返回一个记录行。如果该方法的查询没有结果，则返回 None。fetchall()方法根据查询结果返回包含所有结果的列表。

（7）如果用户注册表单中提交的 username 和 password 都验证成功，那么就可以在数据库中插入新用户数据。这里，出于保护用户信息的考虑，密码没有明文存储，而是使用 generate_password_hash()方法生成安全的哈希值，并存储在数据库中。由于这种操作修改了数据库中的数据，因此在完成后需要调用 db.commit()方法保存修改。

（8）用户注册信息保存后将跳转到登录页面。url_for()方法根据登录视图的名称生成相应的 URL，Redirect()方法为生成的 URL 生成一个重定向响应。

（9）如果验证失败，那么向用户显示一个错误信息。flash()方法存储的信息可以在渲染模块时进行调用。

（10）当用户首次访问 user/register 时，或者用户提交的注册表单验证出错时，Web 应用会显示注册表单。在这里，我们创建一个注册表单模板，使用 render_template()方法完成对该模板的渲染。使用的模板是当前工程“templates”文件夹中的文件“register.html”。

现在，用浏览器访问 URL 地址/user/register:5000/user/register 时会提示没有模板的错误，如图 3-30 所示。

之所以产生这个错误，是因为我们在视图函数中使用了 render_template（register.html）函数，但没有创建 register.html 模板。接下来我们就来创建该模板及页面。

图 3-30　未设计视图函数的页面

Step 3：创建基础布局模板

之前的内容中已经设计了注册页面的视图函数。但是如果现在访问该页面，浏览器会返回 TemplateNotFound 错误。这是因为注册页面的视图函数调用了 render_template()方法，但是作为该方法参数的模板还没有设计。

虽然同一个 Web 应用中的页面主体不同，但其基本布局是相同的。因此，更为高效的设计方法是，首先设计一个基本模板，然后将基本模板进行扩展，生成每一个页面的模板，而不是为每一个页面都重写整个 HTML 结构。

模板是一系列包含了静态数据或动态数据占位符的文件，使用特定的数据生成最终的文档。Flask 使用 Jinja 模板库来渲染模板。

在本项目中，我们使用模板来渲染显示在用户浏览器中的 HTML。在 Flask 中，Jinja 能够自动转义 HTML 模板中渲染的任何数据。这意味着渲染用户的输入是安全的，用户输入的任何可能出现歧义的字符，如“<”和“>”，都会被安全的值代替。这些值在浏览器中看起来效果是一样的，而且不会带来潜在的问题。

Jinja 的特点和 Python 类似。在模板中，使用特殊的分隔符来区分 Jinja 的关键字和静态数据。任何位于“{{”和“}}”之间的内容都被视作一个表达式，并且会输出到最终文档中。任何位于“{%”和“%}”之间的内容都表示流程控制语句，如 if 和 for。与 Python 不同，代码块使用开始和结束标签进行标定，而不是使用缩进符进行分隔。之所以这样设计，是因为代码块内的静态文本可能会改变缩进。

默认情况下，Flask 在工程包的“templates”文件夹中寻找模板，因此在“FlaskDesign”文件夹中创建并进入“templates”文件夹。执行的命令如下所示。

```
cd FlaskDesign
mkdir templates
cd templates
```

在本项目中，模板文件存储在“FlaskScore”文件夹内的“template”文件夹中。

设计基础布局模板，将文件命名为“base.html”。代码清单如下所示。

```
<!doctype html>
<title>成绩分析系统 - {% block title %}{% endblock %} </title>
```

```
<nav>
  <h1>成绩分析系统</h1>
  <ul>
      <li><a href="{{ url_for('user.register')}}">注册新用户</a>
  </ul>
</nav>
<section class="content">
  <header>
    {% block header %}{% endblock %}
  </header>
  {% for message in get_flashed_messages()%}
    <div class="flash">{{ message }}</div>
  {% endfor %}
  {% block content %}{% endblock %}
</section>
```

在这个基础模板中定义了 3 个块，这些块会被其他模板重载。

{% block title %}块用来改变显示在浏览器标签和窗口中的标题。

{% block header %}块用来改变页面的标题。

{% block content %}块包含每个页面的具体内容，如登录表单或者成绩分析结果。

Step 4：根据基础模板创建注册模板

下面基于上述的基础模板，设计注册页面模板，将文件命名为“register.html”。代码清单如下所示。

```
{% extends 'base.html' %}

{% block header %}
  <h1>{% block title %}用户注册{% endblock %}</h1>
{% endblock %}

{% block content %}
  <form method="post">
    <label for="username">用户名</label>
    <input name="username" id="username" required>
    <label for="password">密码</label>
    <input type="password" name="password" id="password" required>
    <input type="submit" value="提交注册">
  </form>
{% endblock %}
```

{% extends 'base.html' %}告诉 Jinja 这个模板需要替换基础模板中相应的块。所有需要进行渲染的内容必须写在{% block %}和{% endblock %}标签内，用来代替基础模板中的块。

在这里，一个实用的编程技巧是把{% block title %}放在{% block header %}内部，这样在设置 title 块的同时，还可以把其值作为 header 块的内容，这就意味着可以用更少的代码实现更多的功能。

input 标记使用了 required 属性，告诉浏览器这些字段是必填的。一些旧版浏览器可能不支持此功能。然而，即使客户端已经做了一些验证，例如在浏览器中使用验证功能，开发人员仍然有必要在视图函数中验证用户提交的输入数据。注意，在服务端验证数据是非常重要的。

现在通过浏览器访问/user/register 页面，可以看到我们设计的注册页面。运行结果如图 3-31 所示。

单击“提交注册”按钮，给出错误提示，如图 3-32 所示。

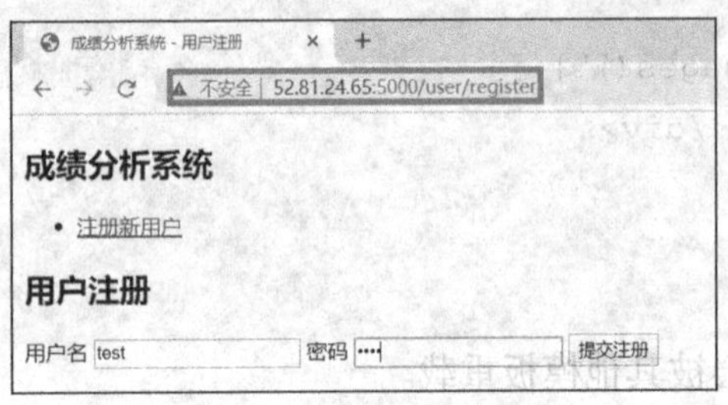

图 3-31 注册页面

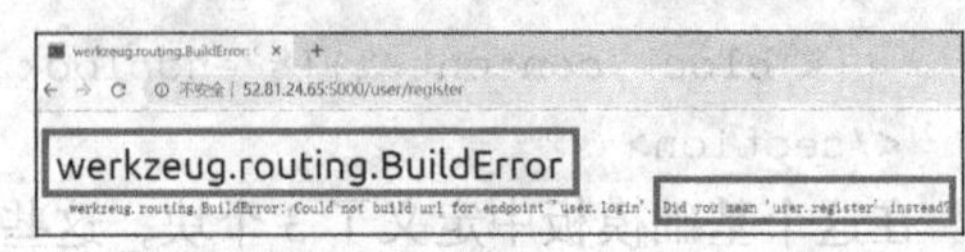

图 3-32 未设计视图函数导致错误

之所以出现这个错误，是因为在注册视图函数 register()方法中，如果用户的注册表单成功提交、通过验证并在数据库中保存之后，页面将跳转到登录页面 user.login。而到目前为止，我们还没有设计登录页面。

Step 5：设计登录视图

这一步我们设计 login()方法作为登录视图函数，该视图使用的关键技术和注册视图基本相同。

设计 login()方法的代码清单如下所示。

```
@bp.route('/login', methods=('GET', 'POST'))
def login():
    if request.method == 'POST':
        username = request.form['username']
        password = request.form['password']
        db = connect_db()
        error = None
        user = db.execute(
            'SELECT * FROM user WHERE username = ?', (username,)
        ).fetchone()

        if user is None:
            error = '用户名不正确'
        elif not check_password_hash(user['password'], password):
            error = '密码不正确。'
```

```
        if error is None:
            return redirect(url_for('index'))

        flash(error)

    return render_template('login.html')
```

在上述代码中，如果用户使用浏览器访问/user/login，则会执行 login()视图函数。该函数首先根据表单中提交的 username 的值在数据库中查询并存放在变量中，以备后用。如果查询结果是空，则说明该用户名不存在。如果用户名存在，则使用 check_password_hash()方法检查哈希表单中提交的密码，并和数据库中存储的哈希密码进行比较，如果不一致，则说明用户表单提交的密码不正确。

如果用户登录成功，则会跳转到 index 视图。在本项目中，将 index 视图设计为与成绩录入和分析相关的页面。

Step 6：根据基础模板创建登录模板

下面基于基础布局模板设计登录模板，在文件夹“templates”中新建文件“login.html”。代码清单如下所示。

```
{% extends 'base.html' %}

{% block header %}
  <h1>{% block title %}登录{% endblock %}</h1>
{% endblock %}

{% block content %}
  <form method="post">
    <label for="username">用户名</label>
    <input name="username" id="username" required>
    <label for="password">密码</label>
    <input type="password" name="password" id="password" required>
    <input type="submit" value="登录">
  </form>
{% endblock %}
```

此时从浏览器中访问/user/login，服务器成功返回之前设计的登录页面，如图 3-33 所示。

在图 3-33 中，当前页面实现的功能只有“注册新用户”一项。我们需要添加“用户登录”功能。编辑“templates”文件夹中的“base.html”文件。修改后的代码清单如下所示。

```
<!doctype html>
<title>成绩分析系统 - {% block title %}{% endblock %} </title>
<nav>
  <h1>成绩分析系统</h1>
  <ul>
      <li><a href="{{ url_for('user.register')}}">注册新用户</a>
```

```
        <li><a href="{{ url_for('user.login')}}">用户登录</a>
    </ul>
  </nav>

  # 其他已有的代码保持不变，没有显示
```

现在刷新浏览器，页面如图 3-34 所示。

当用户填入用户名和密码，单击“登录”按钮向服务器提交表单时，出现运行错误。具体信息如图 3-35 所示。

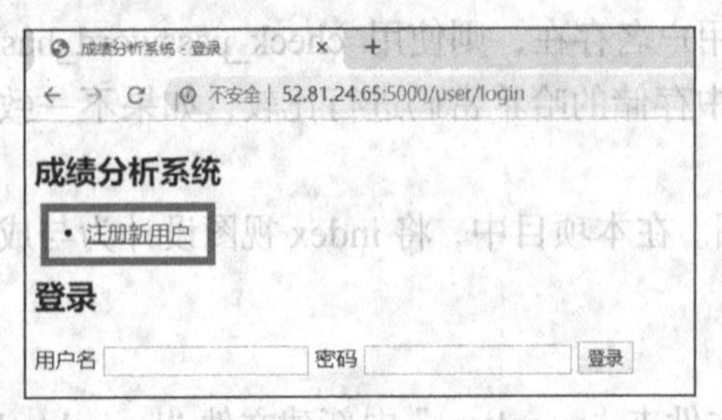

图 3-33　之前设计的登录页面

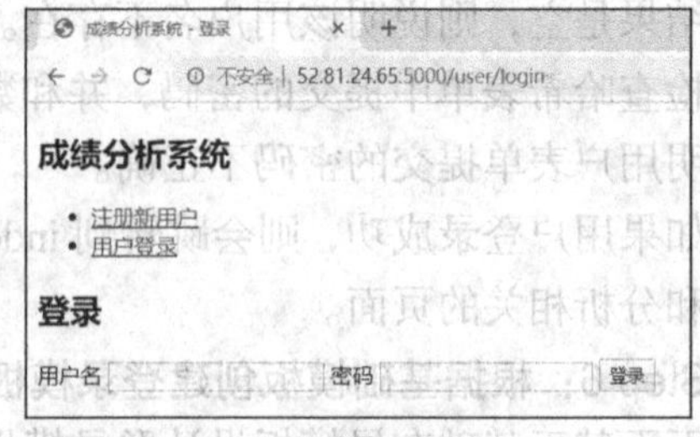

图 3-34　修改后的登录页面

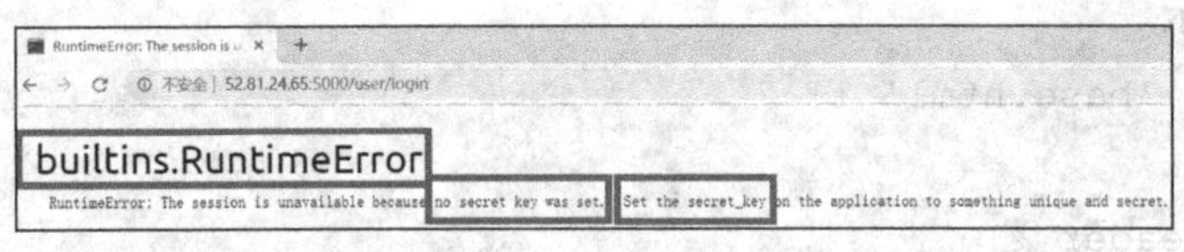

图 3-35　错误信息

可见，出现该问题的原因是没有为该 Flask 应用设置 secret_key。

编辑“FlaskDesign”文件夹下的“__init__.py”文件，添加设置 SECRET_KEY 的代码。代码清单如下所示。

```
def create_app():
FlaskScore = Flask(__name__)

FlaskScore.config.from_mapping(
    SECRET_KEY='FlaskScore',         #   新加代码
SQLITEDB=os.path.join(FlaskScore.instance_path,
'FlaskScore.sqlite'),
)

# 其他已有的代码保持不变，没有显示
```

在 Flask 应用中，Flask 和其他扩展使用 SECRET_KEY 来确保数据安全。在开发过程中，可以将 SECRET_KEY 设置为'FlaskScore'，但是在发布并部署应用的时候应当将该密钥设置为一个随机值。

现在做一个简单的测试，以注册过的用户名和错误的密码登录，页面提示信息如图 3-36 所示。

可见，视图函数正确处理了用户的输入。读者也可以使用更多的用户和密码组合来进行验证。

现在使用正确的用户名和密码登录，提交表单之后的页面提示信息如图 3-37 所示。

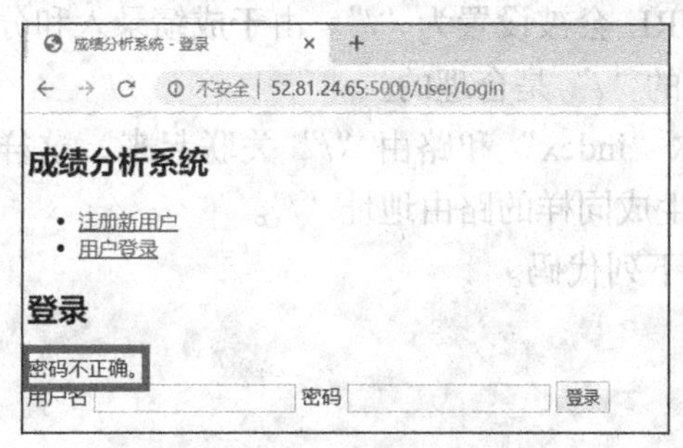

图 3-36 登录密码不正确

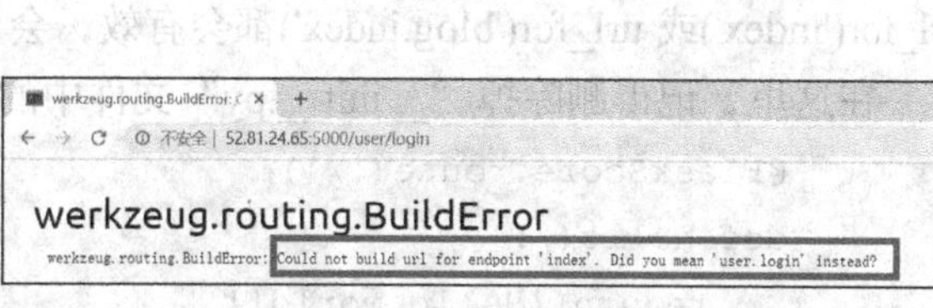

图 3-37 index 路由错误

出现这个页面的原因是我们还没有设计 index 页面。

3.5.5 设计成绩录入分析功能

在本小节中将完成用户成绩录入和分析的功能。与之前设计的用户账户管理功能类似，在这里，我们首先设计页面的蓝图和视图函数，然后设计页面模板。

Step 1：创建蓝图并注册到应用工厂

在“FlaskScore”文件夹中创建“score.py”文件，作为用户录入成绩和完成分析功能的蓝图。代码清单如下所示。

```
from flask import (
    Blueprint, flash, g, redirect, render_template, request, url_for
)
from werkzeug.exceptions import abort


from flaskDesign.sqlitedb import connect_db


bp = Blueprint('score', __name__)
```

这里创建了一个名为“score”的蓝图。和其他 Flask 应用对象一样，蓝图需要知道定义它的位置，因此把__name__作为 Blueprint()方法的第二个参数。

创建了蓝图之后，接下来在应用工厂函数中注册蓝图。在“FlaskScore”文件夹中修改“__init__.py”文件，使用 register_blueprint()方法在应用工厂中注册蓝图。新添加的代码放在应用工厂函数的末尾的“return FlaskScore”语句之前。代码清单如下所示。

```
def create_app():
    FlaskScore = ...
    # 其他已有的代码保持不变，没有显示

    from . import score
FlaskScore.register_blueprint(score.bp)
FlaskScore.add_url_rule('/', endpoint='index')

    return FlaskScore
```

与 user 蓝图不同，创建 score 蓝图的 Blueprint()方法没有设置 url_prefix 参数，因而会使用该参数的默认值，也就是说，index 视图的 URL 会被设置为“/”。由于成绩录入和分析是本项目的核心功能，因此将 score 设置为路由的“/”是合理的。

在这里，使用 add_url_rule()方法将端点名称“index”和路由“/”关联起来，这样 url_for('index')或 url_for('blog.index')都会有效，会生成同样的路由地址“/”。

在这里，记得删除掉“__init__.py”文件中的下列代码。

```
@FlaskScore.route('/')
def hello():
    return 'Hello world!'
```

之所以要删除上述代码，是因为这些代码仅在最初开发时进行测试用的，并且我们已经为路由“/”设计了新的视图函数。

Step 2：设计索引视图

这一步我们设计 index()方法作为视图函数。当用户使用浏览器访问“/”时，index 视图会返回包含所有成绩的 HTML 页面，成绩按照从大到小的顺序排列。

编辑“FlaskDesign”文件夹中的“score.py”文件，设计 index()方法的代码清单如下所示。

```
@bp.route('/')
def index():
    db = connect_db()
    scores = db.execute(
        'SELECT * FROM score'
        ' ORDER BY id DESC'
    ).fetchall()
    return render_template(index.html', scores=scores)
```

在上述代码中，如果用户使用浏览器 URL 访问“/”，则会执行视图函数。index()方法从数据库中读取所有的数据，并将最后录入的成绩显示在最前面。

Step 3：创建 index 模板

在“FlaskDesign”文件夹中创建 index 布局模板“index.html”。代码清单如下所示。

```
{% extends 'base.html' %}

{% block header %}
  <h1>{% block title %}成绩{% endblock %}</h1>
{% endblock %}

{% block content %}
  {% for score in scores %}
    <article class="score">
      <p class="body">{{ score['score'] }}</p>
    </article>
    {% if not loop.last %}
```

```
        <hr>
      {% endif %}
    {% endfor %}
  {% endblock %}
```

在上述代码中，loop.last 是 Jinja for 循环内部的一个特殊变量。在这里，使用这个变量在每个成绩后面显示一条线，用以分隔不同的成绩，但是最后一个成绩的后面不会再绘制该线。

现在，使用浏览器访问该 Web 程序的“/”地址，页面如图 3-38 所示。

可以看到，使用浏览器访问该应用的“/”时，页面显示 index 模板的内容。

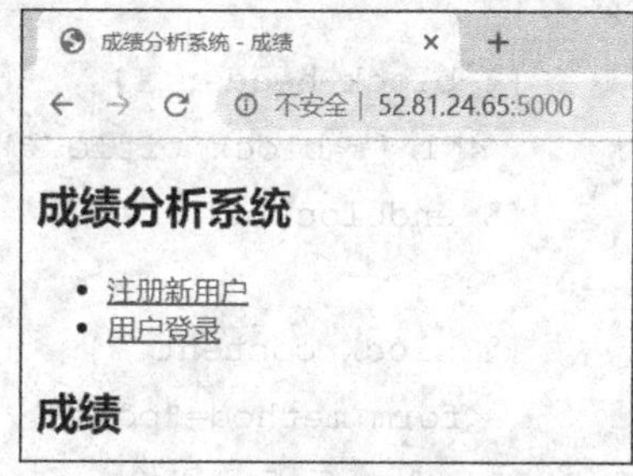

图 3-38　重新设计过的路由

Step 4：设计录入成绩视图

这一步我们设计 create()方法作为录入成绩功能的视图函数。当用户使用浏览器访问/create 时，create 视图会返回创建成绩的 HTML 页面。

create 视图与 user 蓝图中 register 视图的工作过程是类似的。该视图函数运行之后，要么显示录入成绩表单，要么验证数据并将通过验证的数据写入数据库，要么显示出错信息。

编辑“FlaskDesign”文件夹中的“score.py”文件，在文件的末尾添加视图函数。代码清单如下所示。

```
@bp.route('/create', methods=('GET', 'POST'))
def create():
    if request.method == 'POST':
        score = request.form['score']
        error = None

        if not score:
            error = '成绩不能为空。'

        if error is not None:
            flash(error)
        else:
            db = connect_db()
            db.execute(
                'INSERT INTO score (score)VALUES (?)',
                [score]
            )
            db.commit()
            return redirect(url_for('score.index'))

    return render_template('create.html')
```

在上述代码中，如果用户使用浏览器 URL 访问“/”，则会执行 index()视图函数。如果用户输入合法，那么会将该数据写入数据库，写入成功后跳转到 score.index 页面。

Step 5：创建录入成绩页面模板

在“FlaskDesign”文件夹中创建 index 布局模板“create.html”文件。代码清单如下所示。

```
{% extends 'base.html' %}

{% block header %}
  <h1>{% block title %}新建成绩{% endblock %}</h1>
{% endblock %}

{% block content %}
  <form method="post">
    <label for="score">成绩</label>
<input name="score" id="score" type="number"
v-model="num" min="0" max="100"
value="{{ request.form['score'] }}" required>
    <input type="submit" value="保存">
  </form>
{% endblock %}
```

通过设置<input>标签的属性，限制用户输入的数字，最小值是 0，最大值是 100。

此时，在浏览器中访问/create，服务器返回图 3-39 所示的页面。

此时存在两个显而易见的功能问题。

第一，只要用户访问/create 就可以录入成绩，如图 3-39 所示。而我们的设计需求是只有登录的用户才可以录入成绩。

第二，设计需求时希望用户在登录 index 页面之后可以使用录入成绩的功能，然而，现在即使用户成功登录之后，在 index 页面中也不会显示录入成绩的入口，如图 3-40 所示。

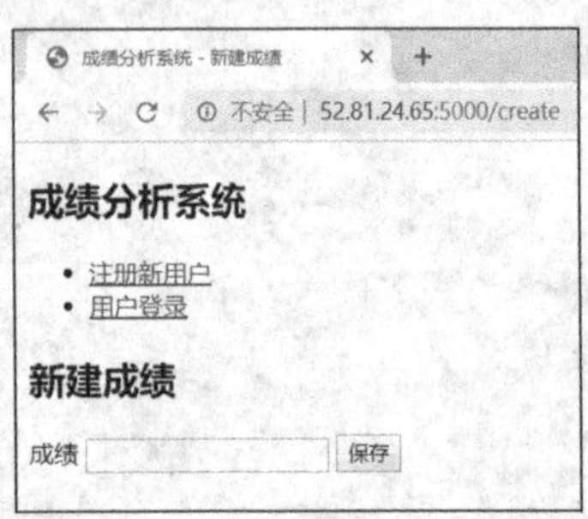

图 3-39　添加了新建成绩功能的页面

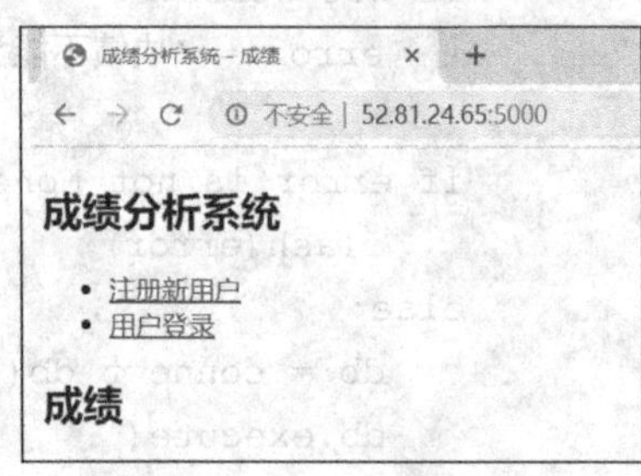

图 3-40　无录入成绩的入口

因此，我们还需要进行进一步的设计，添加更多功能，使 Web 应用能够存储用户的登录状态。

3.5.6　保存用户登录状态功能及用户注销功能

Step 1：实现保存用户登录状态的功能

编辑“FlaskDesign”文件夹中的“user.py”文件，修改 login()方法。代码清单如下所示。

```
@bp.route('/login', methods=('GET', 'POST'))
def login():

    # 其他已有的代码保持不变，没有显示

        if error is None:
            session.clear()                          #   新加代码 1
            session['user_id'] = user['id']          #   新加代码 2
            return redirect(url_for('index'))

        flash(error)

    return render_template('login.html')
```

在这里，使用 session 保存用户的登录状态。session（会话）是一个字典，它用于存储不同请求都会用到的数据。当用户名和密码验证成功后，用户“id”字段的值被存储于一个新的会话中。该会话数据被存储到一个 cookie 中，在后续请求中，浏览器会向服务器回发这个 cookie。Flask 框架会对这些数据进行签名，以防止数据被篡改。

在视图函数中，用户“id”的值被存储在 session 中，可以被后续的请求使用。如果用户已登录，那么在每个请求的开头都会出现该用户的信息，并且可以被其他视图使用。

编辑“FlaskDesign”文件夹中的“user.py”文件，在文件的末尾添加方法 load_logged_user()。代码清单如下所示。

```
@bp.route('/login', methods=('GET', 'POST'))

# 其他已有的代码保持不变，没有显示

@bp.before_app_request
def load_logged_user():
    user_id = session.get('user_id')

    if user_id is None:
        g.user = None
    else:
        g.user = connect_db().execute(
            'SELECT * FROM user WHERE id = ?', (user_id,)
        ).fetchone()
```

在这里，使用 bp.before_app_request 装饰器注册了一个需要在任意视图函数运行之前运行的方法。load_logged_user()方法首先获取 session 中保存的 id，然后根据此 id 的值从数据库中获取用户数据并存储在 g.user 中。g.user 会一直存在，直到请求结束。如果 session 中没有此 id，或者数据库中不存在这个 id，那么就将 g.user 的值设置为 None。

修改“templates”文件夹中的“index.html”文件。代码清单如下所示。

```
{% extends 'base.html' %}

{% block header %}
  <h1>{% block title %}成绩{% endblock %}</h1>
  {% if g.user %}                                    #   新加代码 1
<a class="action" href="{{ url_for('score.create')}}">录入成绩</a>
                                                   #   新加代码 2
{% endif %}
{% endblock %}

# 其他已有的代码保持不变，没有显示
```

使用上述的新加代码，模板将根据 g 对象中是否存在已经登录的用户，决定是否显示录入成绩视图。如果用户登录成功，那么会在 index 页面显示录入成绩表单，并且通过"录入成绩"超链接指向的 URL 地址/score/crate。

此时，用户登录后就可以保存用户的登录状态，并具有录入成绩功能，如图 3-41 所示。

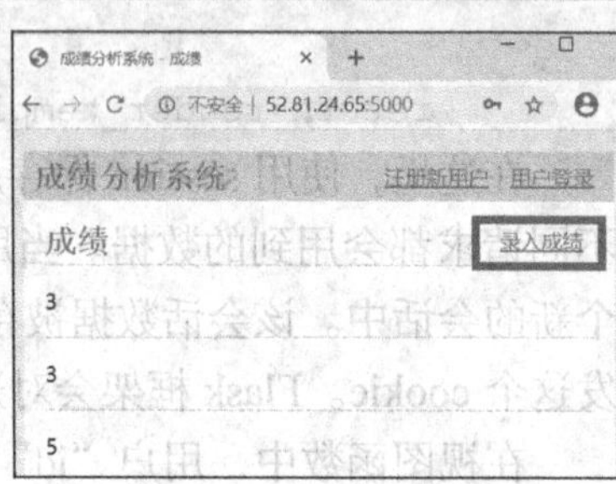

图 3-41　更新的页面

Step 2：设计注销页面视图函数

这一步设计注销视图函数 logout()，运行此函数，把已登录用户的 id 从 session 中删除。这样在浏览器的请求中，load_logged_user()方法就无法再向服务器发送登录用户信息。

修改"FlaskScore"文件夹中的"user.py"文件，在文件末尾添加函数 logout()。代码清单如下所示。

```
# 其他已有的代码保持不变，没有显示

@bp.route('/logout')
def logout():
    session.clear()
    return redirect(url_for('index'))
```

在这里，使用 session.clear()方法清除已经保存的 session。

Step 3：在 index 视图中验证用户的登录状态

在本项目中，要求用户登录以后才能实现录入成绩和分数分析功能，因此需要在 index 页面判断用户是否登录。

编辑"FlaskDesign"文件夹中的"user.py"文件，在文件的末尾添加函数 login_required()。代码清单如下所示。

```
# 其他已有的代码保持不变，没有显示

def login_required(view):
    @functools.wraps(view)
```

```
    def wrapped_view(**kwargs):
        if g.user is None:
            return redirect(url_for('user.login'))

        return view(**kwargs)

    return wrapped_view
```

在上述代码中，装饰器返回一个新的视图函数，该视图包含传递给装饰器的原视图。这个函数检查 g 对象中是否有用户信息，如果没有包含用户信息，说明当前没有用户登录，则会重定向到登录页面，否则继续调用并执行原视图。

编辑“FlaskDesign”文件夹中的“score.py”文件，为 create()方法添加修饰符。代码清单如下所示。

```
# 其他已有的代码保持不变，没有显示
from flaskDesign import login_required    #   新加代码 1


@bp.route('/create', methods=('GET', 'POST'))
@login_required                               #   新加代码 2
def create():
    if request.method == 'POST':

# 其他已有的代码保持不变，没有显示
```

上述“新加代码 1”导入 FlaskDesign 包中的 login_required()方法。“新加代码 2”将之前定义的 login_required()方法作为视图函数的装饰器，确保用户必须登录以后才能访问这些视图，否则会被重定向到登录页面。

现在，如果使用浏览器访问/create 页面，将跳转到图 3-42 所示的用户登录页面。

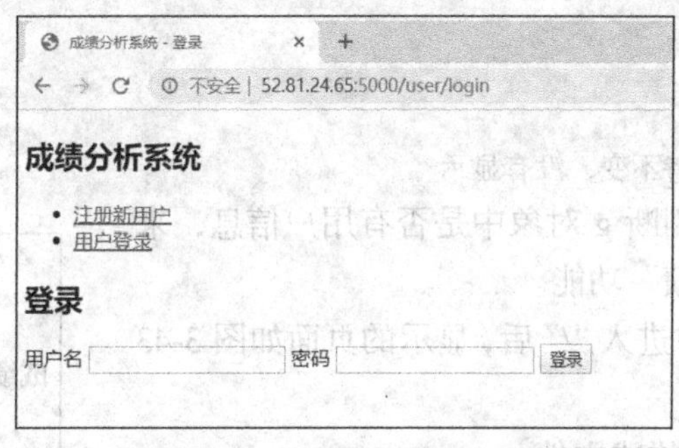

图 3-42　自动跳转到登录页面

Step 4：更新基础模板

完成了视图函数的更新之后，还需要更新基础模板，以便将用户登录信息的检查功能添加到模板中。在这里，验证用户是否登录，如果用户已经登录，则显示“退出登录”超链接并指向/user/logout，否则显示“注册新用户”和“用户登录”超链接。

编辑“templates”文件夹中的“base.html”文件。代码清单如下所示。

```
<!doctype html>

# 其他已有的代码保持不变，没有显示
  <h1>成绩分析系统</h1>
  <ul>
    {% if g.user %}
      <li><a href="{{ url_for('user.logout')}}">退出登录</a>
    {% else %}
      <li><a href="{{ url_for('user.register')}}">注册新用户</a>
      <li><a href="{{ url_for('user.login')}}">用户登录</a>
    {% endif %}
  </ul>

# 其他已有的代码保持不变，没有显示
```

Step 5：更新 index 模板

完成了基础模板的更新之后，需要更新 index 模板。在这里，验证用户是否登录，如果用户已经登录，则在 index 表单中显示“录入成绩”。

编辑“templates”文件夹中的“index.html”文件。代码清单如下所示。

```
# 其他已有的代码保持不变，没有显示


{% block header %}
  <h1>{% block title %}成绩{% endblock %}</h1>
  {% if g.user %}
    <a class="action" href="{{ url_for('score.create')}}">
录入成绩</a>
  {% endif %}
{% endblock %}


# 其他已有的代码保持不变，没有显示
```

在如上的代码中，判断 g 对象中是否有用户信息，来决定是否显示“录入成绩”功能。

现在，已登录的用户进入“/”后，显示的页面如图 3-43 所示。

图 3-43　保存用户登录状态的页面

Step 6：添加 CSS 样式文件

截至目前，我们已经设计了用户验证功能和成绩录入功能的视图和页面模板，但是在浏览器上看到的内容并不美观。因此，我们使用 CSS 样式文件适当改变 HTML 的外观。由于仅改变外观，并不改变 HTML 的内容，所以应当使用静态文件，而不是模板。

在使用 Flask 开发的 Web 应用程序中，默认情况下，Flask 自动在工程包文件夹中的/static 文件夹中寻找静态文件。以本项目为例，Flask 自动在文件夹 FlaskDesign/static 中搜索静态文件。

除了 CSS 文件，其他类型的静态文件可以是 JavaScript 函数文件或者 logo 图片。它们都可以放置于 FlaskDesign/static 文件夹中，并使用 url_for()方法进行引用。

编辑“template”文件夹中的“base.html”文件。代码清单如下所示。

```
# 其他已有的代码保持不变，没有显示

<!doctype html>
<title>成绩分析系统 - {% block title %}{% endblock %} </title>
<link rel="stylesheet" href="{{ url_for('static',
filename='FlaskScoreStyle.css')}}">
          #      新增代码
<nav>

# 其他已有的代码保持不变，没有显示
```

上述新增代码设置了该工程使用的样式文件。使用 url_for()方法，将“FlaskScoreStyle.css”文件作为该函数的第 2 个参数。

在“FlaskDesign”文件夹中，执行如下命令创建文件夹“static”。

```
mkdir static
```

编辑“static”文件夹中的基础模板文件“FlaskScoreStyle.css”。代码清单如下所示。

```
html {
  font-family: Microsoft YaHei;
  background: #eee;
  padding: 3rem;
}

body {
  max-width: 500px;
  margin: 0 auto;
  background: white;
}

h1 {
  font-family: Microsoft YaHei;
  font-size: 30px;
  color: #000;
  margin: 1rem;
}
```

```
a {
  color: #555000;
  font-size: 18px
}

hr {
  border: none;
  border-top: 1px solid gray;
}

nav {
  background: lightgray;
  display: flex;
  align-items: center;
  padding: 0 1.0rem;
}

nav h1 {
  flex: auto;
  font-size: 36px;
  color:#377ba8
  margin: 0;
}

nav h1 a {
  text-decoration: none;
  padding: 0.25rem 0.5rem;
}

nav ul  {
  display: flex;
  list-style: none;
  margin: 0;
  padding: 0;
}

nav ul li a, nav ul li span, header .action {
  display: block;
  padding: 0.5rem;
}
```

```
.content {
  padding: 0 1rem 1rem;
}

.content > header {
  border-bottom: 1px solid gray;
  display: flex;
  align-items: flex-end;
}

.content > header h1 {
  flex: auto;
  margin: 1rem 0 0.25rem 0;
}

.content form {
  margin: 1em 0;
  display: flex;
  flex-direction: column;
}

.content label {
  font-weight: bold;
  margin-bottom: 0.5em;
}

.content input {
  margin-bottom: 2em;
}

.content article {
  text-align: center;
  font-weight: normal;
}

input[type=submit] {
  align-self: start;
  min-width: 10em;
}
```

```
.flash {
  margin: 1em 0;
  padding: 1em;
  background: #ffb;
  border: 1px solid #377ba8;
}

.content form {
margin: 1em 0;
display: flex;
flex-direction: column;
}

.content label {
font-weight: bold;
margin-bottom: 0.5em;
}

.content input {
margin-bottom: 2em;
}

.content article {
text-align: center;
font-weight: normal;
}

input[type=submit] {
align-self: start;
min-width: 10em;
}

.flash {
margin: 1em 0;
padding: 1em;
background: #ffb;
border: 1px solid #377ba8;
}
```

现在在浏览器中访问该网址，部分页面显示如图 3-44 所示。

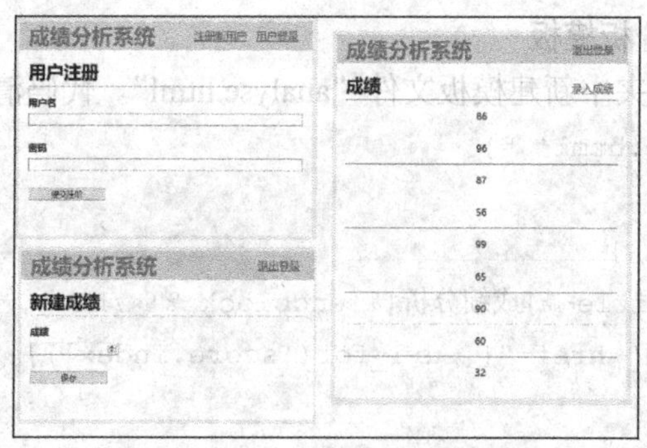

图 3-44 添加了样式的网页

可以看到，通过设计样式文件，页面的美观程度有所提高。

3.5.7 设计成绩分析功能

在本小节中，我们将根据用户输入的信息完成常用的分析工作，包含统计最高分、最低分和平均成绩等。

Step 1：创建蓝图并注册到应用工厂

修改“FlaskScore”文件夹中的“score.py”文件，在该文件的末尾添加视图函数 analyse()，完成用户成绩分析功能。代码清单如下所示。

```
import numpy as np

@bp.route('/analyse')
@login_required
def analyse():
    db = connect_db()
    scores = db.execute(
        'SELECT score FROM score'
    ).fetchall()
    allScore = np.array(scores)
    g.scoreCnt = len(allScore)
    g.maxScore = np.max(allScore)
    g.minScore = np.min(allScore)
    g.averageScore = np.around(np.mean(allScore),2)
g.excellentCnt = len(list(filter(lambda i:i>=90,
allScore)))
g.failCnt = len(list(filter(lambda i:i<=59,
allScore)))
    return render_template('analyse.html')
```

上述代码导入了 numpy 包，这大大减少了后续求解平均成绩和最高分等统计量的代码量。

在求解 excellentCnt 和 failCnt 的时候，使用了 lambda()函数。在这里，使用 lambda()函数可以方便地进行数组元素的筛选。

Step 2：设计成绩分析模板

在“template”文件夹中新建模板文件“analyse.html”。代码清单如下所示。

```
{% extends 'base.html' %}

{% block header %}
  <h1>{% block title %}成绩分析{% endblock %}</h1>
<a class="action" href="{{ url_for('score.index')}}">
浏览成绩</a>
{% endblock %}

{% block content %}
  <form method="post">
    <label >录入成绩数量</label>
    <em > {{ g.scoreCnt}}  </em>
    <label >最高分</label>
    <em > {{ g.maxScore}}  </em>
    <label >最低分</label>
    <em > {{ g.minScore}}  </em>
    <label >平均分</label>
    <em > {{ g.averageScore}}  </em>
    <label >优秀人数</label>
    <em > {{ g.excellentCnt}}  </em>
    <label >不及格人数</label>
    <em > {{ g.failCnt}}  </em>
  </form>
{% endblock %}
```

在这里，模板获取了 g 对象中存储的值。

Step 3：修改 index 模板，添加成绩分析功能

现在，用户登录后，在 index 页面中无法看到成绩分析功能的入口，为此需要修改 index 模板的代码。代码清单如下所示。

```
{% extends 'base.html' %}

{% block header %}
  <h1>{% block title %}成绩{% endblock %}</h1>
  {% if g.user %}
<a class="action" href="{{ url_for('score.create')}}">
录入成绩</a>
<a class="action" href="{{ url_for('score.analyse')}}">
成绩分析</a>
  {% endif %}
```

```
{% endblock %}

# 其他已有的代码保持不变，没有显示
```

现在访问/analyse 页面，浏览器显示的页面如图 3-45 所示。

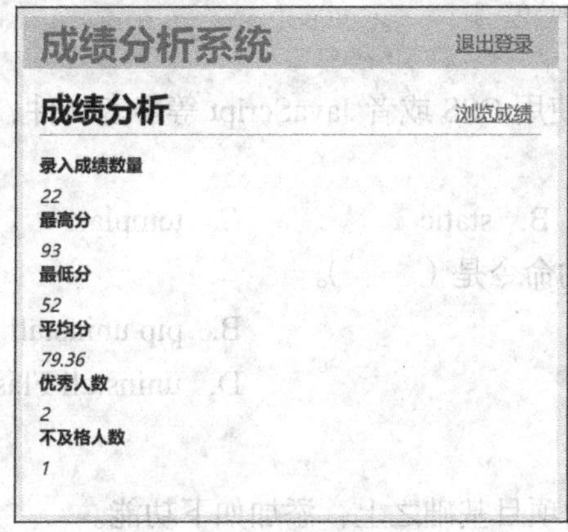

图 3-45 分析录入的成绩

3.6 课后练习

一、填空题

1. Flask 服务的默认端口号是________________。
2. 默认情况下，Flask 路由只响应________请求。

二、判断题

1. Flask 是一个“微”框架，整个应用只能放在一个 Python 文件内。(   )
2. Flask 内置的数据库是 MySQL 和 MongoDB。(   )
3. Flask 路由只能响应 GET 请求。(   )
4. Flask 路由可以响应 POST 请求。(   )

三、选择题

1. Microsoft Excel 是（   ）公司开发的软件。

   A. Oracle   B. Microsoft   C. Sun   D. 小米

2. 执行 Flask run 命令可以方便地启动一个本地开发服务器，但是修改代码之后都需要手动重启服务器，这个问题可以通过启用调试模式来解决。以调试模式启动 Flask 服务的方法是（   ）。

   A. 执行如下两行命令。

```
export FLASK_ENV=factory
Flask run
```

   B. 执行如下两行命令。

```
export ENV= factory
Flask run
```

C. 执行如下两行命令。

```
export FLASK_ENV=development
Flask run
```

D. 执行如下两行命令。

```
export ENV=development
Flask run
```

3. 在 Flask 中，可以使用 CSS 或者 JavaScript 等静态文件，这些静态文件默认的存储文件夹是（　　）。

A. silent　　B. static　　C. template　　D. css

4. 安装 Flask，执行的命令是（　　）。

A. pip install Flask　　B. pip uninstall Flask

C. install Flask　　D. uninstall Flask

四、综合题

在本项目 3.5 节完成的项目基础之上，添加如下功能。

（1）可以修改录入的成绩。

（2）可以录入两门课程。

项目四 在 Notebook 中进行数据分析及可视化

学习指导

知识目标	了解 pyecharts
	掌握 pandas 中 DataFrame 对象和 Series 对象的概念
技能目标	能够使用 pandas 进行数据分析
	能够在 Flask 开发的网站中配置并使用 ECharts
	熟练使用 pyecharts 中常用的图表样式进行数据可视化
	能够根据不同数据选择合适的图表样式

4.1 情境描述

欢喜科技公司在 AWS 云平台上开展业务，需要完成网站的搭建和数据分析工作。而且其还想结合科学计算的市场需求，拓展使用诸如 Notebook 等工具完成开发业务。

公司委托小刘完成该项工作。经调研，小刘认为相较于 Spyder 和 PyCharm 等其他集成开发环境，Notebook 可以更方便地进行开发、学习、记录和可视化展示，适用于进行科学计算和数据分析开发工作。

微课 4-1

对于数据可视化的工作，小刘认为选择使用现有框架可以提高开发速度，符合软件开发基本流程。

为此，小刘决定使用 Notebook 和 pyecharts 完成数据分析和可视化的工作。

4.2 任务分析

折线图可以展示数据随时间或有序类别的变化情况，直观反映数据的变化趋势，适用于时间序列类数据和关联类数据的展示。其缺陷在于，不能展示无序的数据类别。

饼图可以直观显示各子项占总体的比例和分布情况，更强调整体与个体间的比较，适用于了解数据分布情况的场合。其缺陷在于，如果分类过多，则扇形变小，导致展示效果不佳。

词云图用来展示词频，适用于完成用户画像、用户标签等工作。

4.3 pandas 基础

4.3.1 pandas 介绍

pandas 是 Python 语言的一个扩展程序库，用于数据分析。它是基于 numpy 构建的，能

微课 4-2

很好地兼容 numpy。pandas 中提供了高级数据结构和操作工具，使数据分析工作变得更快、更简单、更高效。pandas 主要用于数据分析和数据可视化，pandas 的主要数据结构是 Series 和 DataFrame。它的数据结构 DataFrame 和 R 语言里的 data.frame 很像，特别是对于时间序列数据有自己的一套分析机制，非常适用于进行数据分析工作。

4.3.2 pandas 的 Series 对象

Series 对象类似于 numpy 的一维数组对象，由一组数据以及一组与之相关联的索引组成。

1. 使用序列创建 Series 对象

使用 Series()方法，可以从序列对象创建 Series 对象。

该方法具有两个参数，这两个参数都是序列对象。第 1 个序列参数用于建立 Series 对象的值，第 2 个序列参数用于建立 Series 对象的索引。

如果 A 和 B 是序列对象，则使用 Series()方法创建 Series 对象 C，命令如下所示。

```
C = Series(A, B)
```

在这里，序列对象 A 和 B 的长度必须相同。

也可以省略第 2 个参数，Series()方法仅使用第 1 个参数。此时，创建的 Series 对象的索引使用默认索引，即从 0 开始依次递增 1 的整数。

如果 A 是序列对象，则使用 Series()方法创建 Series 对象 C 的命令如下所示。

```
C = Series(A)
```

虽然可以使用序列对象为 Series 对象的索引重新赋值，但是其默认的整数索引不会消失。也就是说，Series 对象总存在一个默认的整数索引。

在下面的示例中，创建了一个列表对象 aList 和一个元组对象 aTuple。使用 aList 作为 Series 的值和默认索引，创建了 Series 对象 aSeries。使用 aList 作为 Series 的值，使用 aTuple 作为 Series 的索引，创建了 Series 对象 bSeries。输出这两个 Series 对象的值和类型。代码清单如下所示。

```
import pandas as pd
aList = [97,98,99,100]
aTuple = ("a", "b", "c","d")
aSeries = pd.Series(aList)
bSeries = pd.Series(aList, aTuple)
print("使用默认索引的 aSeries: ")
print("其值是: \n", aSeries)
print("其类型是: ", type(aSeries))
print("\n 指定索引序列的 bSeries: ")
print("其值是: \n", bSeries)
print("其类型是: ", type(bSeries))
```

运行该程序，输出结果如图 4-1 所示。

```
使用默认索引的aSeries：
其值是：
 0     97
1     98
2     99
3    100
dtype: int64
其类型是：<class 'pandas.core.series.Series'>

指定索引序列的bSeries：
其值是：
 a     97
b     98
c     99
d    100
dtype: int64
其类型是： <class 'pandas.core.series.Series'>
```

图 4-1　使用序列创建 Series 对象

从图 4-1 可见，Series 对象包含两列数据，第一列是索引，第二列是值。对 aSeries 而言，其索引是默认索引，即从 0 开始依次加一的整数。对 bSeries 而言，其索引是元组 aTuple 的元素值。图中的 dtype 是 Series 对象元素的值类型，这里是 64 位整数。

2. 使用字典创建 Series 对象

使用 Series()方法，可以从字典创建 Series 对象。

该方法可以具有一个参数，该参数是一个字典。字典的键作为创建的 Series 对象的索引，字典的值作为创建的 Series 对象的值，也就是 Series 对象的索引就是原字典键的有序排列。如果 A 是字典对象，则使用 Series()方法创建 Series 对象 B 的命令如下所示。

```
B = Series(A)
```

在下面的示例中，创建了一个字典对象 aDict。使用 aDict 作为 Series()方法的参数，创建了 Series 对象 aSer。输出这个 Series 对象的值。代码清单如下所示。

```
import pandas as pd
aDict = {"SZ":"0755",\
        "PK":"010",\
        "SH":"020",\
        "HRB":"0451"}
aSer = pd.Series( aDict )
print( "从字典创建了 Series 对象。\n" )
print( "该对象的值是：\n",aSer )
```

运行该程序，输出结果如图 4-2 所示。

从图 4-2 可见，字典 aDict 的键就是 Series 对象的索引，字典 aDict 的值就是 Series 对象元素的值。图中的 dtype 是 Series 对象元素的值类型，这里是字符串类型。

使用字典创建 Series 对象时，Series()方法也可以具有两个参数。其中第 1 个参数是字典对象，第 2 个参数是序列对象。第 2 个参数作为创建的 Series 对象的索引。

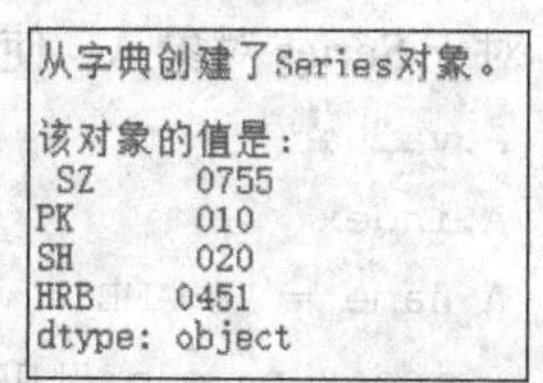

图 4-2　使用字典创建 Series 对象

如果 A 是字典对象，B 是序列对象，则使用 Series()方法创建 Series 对象 C 的命令如下所示。

```
C = Series(A, B)
```

如果 B 中的元素值同时也是字典 A 的键，则该索引对应的 Series 元素值为字典 A 中该键的值；如果 B 中的元素值不是字典 A 的键，则该索引对应的 Series 对象的元素值为缺失值 NaN（Not a Number，非数字）。

在下面的示例中，创建了一个字典对象 aDict 和一个列表对象 aList。使用 aDict 作为 Series()方法的第 1 个参数，使用 aList 作为 Series()方法的第 2 个参数，创建了 Series 对象 aSer。输出这两个 Series 对象的值和类型。代码清单如下所示。

```
import pandas as pd
aDict = {"SZ":2200, \
         "PK":5100, \
         "SH":6000, \
         "HRB":800}
aList = ["SZ", "GZ", \
         "PK", "HF", \
         "SH", "HRB"]
aSer = pd.Series( aDict, aList )
print( "从字典创建了 Series 对象。\n" )
print( "该对象的值是：\n",aSer )
```

运行该程序，输出结果如图 4-3 所示。

从图 4-3 可见，aSer 存在一些空值或缺失值 NaN。这些缺失值对应的索引值存在于列表 aList 中，然而并不是字典 aDict 的键。如果 Series 对象的索引值既是 aDict 的键，又是 aList 的元素值，则 Series 对象的索引对应的元素值就是 aDict 相应键的值。

```
从字典创建了Series对象。

该对象的值是：
 SZ     2200.0
GZ        NaN
PK     5100.0
HF        NaN
SH     6000.0
HRB     800.0
dtype: float64
```

图 4-3　使用字典和序列创建 Series 对象

3. 使用 Series 对象的常用属性

使用 Series 对象的 values 属性，可以获取由该 Series 对象的值组成的数组。

使用 Series 对象的 index 属性，可以获取该 Series 对象的索引。

使用 Series 对象的 name 属性，可以操作 Series 对象及其索引的名称。

对于 Series 对象 A，使用上述属性的命令如下所示。

```
A.values
A.index
A.name = "aNAME"
A.index.name = "bNAME"
```

在下面的示例中，创建了一个 Series 对象 aSer，获取其 values 属性和 index 属性的值，将值分别赋给变量 aSerValues 和 aSerIndex。通过为 name 属性赋值，修改了该对象的名称和索引列的名称。输出 aSer、aSerValues 和 aSerIndex 的值和类型，以及修改名称后 aSer

对象的相关信息。代码清单如下所示。

```
import pandas as pd
aSer = pd.Series( [97, 98, 99, 100],\
                  index=["a","b","c","d"] )
aSerValues = aSer.values
aSerIndex = aSer.index
print("该 Series 对象是：\n",aSer)
print("\n 该 Series 对象的 index 属性是：\n",aSerIndex)
print("其类型是：\n",type(aSerIndex))
print("\n 该 Series 对象的 values 属性是：\n",aSerValues)
print("其类型是：\n",type(aSerValues))
aSer.name = "population"
aSer.index.name = "字母"
print("\n 修改名称后该 Series 对象是：\n",aSer)
```

运行该程序，输出结果如图 4-4 所示。

```
该Series对象是：
 a     97
b     98
c     99
d    100
dtype: int64

该Series对象的index属性是：
 Index(['a', 'b', 'c', 'd'], dtype='object')
其类型是：
 <class 'pandas.core.indexes.base.Index'>

该Series对象的values属性是：
 [ 97  98  99 100]
其类型是：
 <class 'numpy.ndarray'>

修改名称后该Series对象是：
 字母
a     97
b     98
c     99
d    100
Name: population, dtype: int64
```

图 4-4　Series 对象的 index 和 values 属性

从图 4-4 可见，index 属性的返回值是 Index 类型，values 属性的返回值是 numpy 数组类型。为 aSer 的 name 属性赋值后，输出的“Name”发生了变化。为 aSer 的索引的 name 赋值后，其索引的名称发生了变化。

4. 操作 Series 对象

可以使用索引的方式，操作 Series 对象的一个或一组值。

对于 Series 对象 A，使用 A[index]来访问索引为 index 的值。

在下面的示例中，创建了一个整数列表 idList 和一个字符串列表 nameList，将这两个列表分别作为索引和元素，创建了 Series 对象 idSer。首先根据索引，获取每个元素的值并输出结果。然后根据索引，修改每个元素的值并输出结果。代码清单如下所示。

```
import pandas as pd
idList = [100, 101, 102, 103]
nameList = ['Lucy','Lily','Han','Poly']
idSer = pd.Series(idList, nameList)
lucy_id = idSer['Lucy']
lily_id = idSer['Lily']
han_id = idSer['Han']
poly_id = idSer['Poly']
print("---- 初始 id ----")
print('Lucy的 id是：', lucy_id)
print('Lily的 id是：', lily_id )
print('Han的 id是：', han_id)
print('Poly的 id是：',poly_id )
idSer['Lucy'] = 200
idSer['Lily'] = 201
idSer['Han'] = 202
idSer['Poly'] = 203
print("\n---- 修改后的 id ----")
lucy_id = idSer['Lucy']
lily_id = idSer['Lily']
han_id = idSer['Han']
poly_id = idSer['Poly']
print('Lucy的 id是：', lucy_id)
print('Lily的 id是：', lily_id )
print('Han的 id是：', han_id)
print('Poly的 id是：',poly_id )
```

运行该程序，结果如图 4-5 所示。

```
---- 初始id ----
Lucy的id是： 100
Lily的id是： 101
Han的id是： 102
Poly的id是： 103

---- 修改后的id ----
Lucy的id是： 200
Lily的id是： 201
Han的id是： 202
Poly的id是： 203
```

图 4-5　根据索引操作 Series 对象的元素

和序列对象、数组对象类似，对 Series 对象也可以使用切片操作。Series 对象具有默认的整数序列，切片操作正是对这个默认的整数序列进行的。

在下面的示例中，创建了一个整数列表 idList 和一个字符串列表 nameList，将这两个列表分别作为索引和元素，创建了 Series 对象 idSer，使用 name 属性为 idSer 的索引命名。最后使用切片操作，将 idSer 的所有元素赋值为 1，并输出计算结果。代码清单如下所示。

```
import pandas as pd
idList = [100, 101, 102, 103]
nameList = ['Lucy','Lily','Han','Poly',]
idSer = pd.Series(idList, nameList)
idSer.index.name = "姓名"

print("---- 初始 id ----")
print(idSer)

print("\n---- 修改后的 id ----")
idSer[0:4] = 1
print(idSer)
```

运行该程序，结果如图 4-6 所示。

```
---- 初始id ----
姓名
Lucy     100
Lily     101
Han      102
Poly     103
dtype: int64

---- 修改后的id ----
姓名
Lucy     1
Lily     1
Han      1
Poly     1
dtype: int64
```

图 4-6 对 Series 对象使用切片操作

从图 4-6 可见，可以使用默认索引对 Series 对象进行切片操作。

4.3.3 pandas 的 DataFrame 对象

DataFrame 是 pandas 中另一种重要的数据结构，和 Series 对象类似，DataFrame 对象也是具有索引的。

微课 4-3

一个 DataFrame 对象包含一组有序的列，每列可以是不同的值类型(整数、浮点数、字符串等)。因此，DataFrame 对象具有一种表格型的数据结构。从某种程度上说，Series 对象与 numpy 中的一维数组类似，DataFrame 对象与 numpy 中的多维数组类似。

1. 创建 DataFrame 对象

可以使用 DataFrame()方法创建 DataFrame 对象，该方法可以只具有一个参数，该参数是一个字典，该字典的键是列的名称，该字典的值是等长度的列表或 numpy 数组。如果存在字典对象 A，则可以通过如下命令创建 DataFrame 对象 B。

```
B = DataFrame(A)
```

在下面的示例中，首先创建了一个字典对象 aDict，并使用该对象创建了一个 DataFrame 对象 aDf。输出 aDf 的值、类型、维数、尺寸和元素个数。代码清单如下所示。

```
import pandas as pd
aDict = {"Grade":[1, 2, 3, 4, 5, 6],
         "Year":[2010, 2011, 2012,
               2013, 2014, 2015],
         "Name":["张大","张二",
                "张三","张四","张五","张六"]}
aDf = pd.DataFrame(aDict)

print("从字典创建了 DataFrame 对象。")
print("其值是：\n",aDf)
print("其类型是：\n",type(aDf))
print("其维数是：\n",aDf.ndim)
print("其尺寸是：\n",aDf.shape)
print("其元素个数是：\n",aDf.size)
```

可见，DataFrame 对象具有和 numpy 的数组、pandas 的 Series 对象类似的一些属性。

运行上面的程序，输出结果如图 4-7 所示。

```
从字典创建了DataFrame对象。
其值是：
   Grade  Year Name
0      1  2010   张大
1      2  2011   张二
2      3  2012   张三
3      4  2013   张四
4      5  2014   张五
5      6  2015   张六
其类型是：
 <class 'pandas.core.frame.DataFrame'>
其维数是：
 2
其尺寸是：
 (6, 3)
其元素个数是：
 18
```

图 4-7　使用字典创建 DataFrame 对象

从图 4-7 可见，与 Series 对象类似，DataFrame 对象自动添加最左边的索引，称为行索引。虽然存在表现为 1 列数据的行索引，然而该列数据并不作为 aDf 对象的值存在，其尺寸仍然是(6, 3)。与此同时，aDf 对象的每一列都具有一个“列名称”，又称为列索引。另外，每一列的数据类型可以不同。

和 Series 对象类似，如果没有指定行索引，则 DataFrame 对象使用自动创建的默认行索引，默认行索引是取值范围为 $0 \sim N-1$ 的整数型索引，这里 N 是 DataFrame 对象每一列的长度。

如果需要指定 DataFrame 对象的行索引或列索引，那么可以在使用 DataFrame()方法创建 DataFrame 对象的时候，使用 index 参数指定行索引，使用 column 参数指定列索引。

如果存在字典对象 A、序列对象 B 和序列对象 C，则可以通过如下 3 种命令创建 DataFrame 对象 D。

```
D = DataFrame(A, index = B, column = C)
D = DataFrame(A, index = B)
D = DataFrame(A, column = C)
```

需要注意的是，行索引序列的长度和 DataFrame 对象每列数据的长度必须相同。

列索引序列可以和字典 A 的键相同，也可以不同。在上述代码中，赋给 column 参数的序列 C 的值即为 DataFrame 对象 D 的列索引。如果序列 C 元素的值是字典 A 已定义的键，则 D 中该列的值就是字典 A 中对应的值。如果序列 C 元素的值是字典 A 中未定义的键，则 D 中该列数据的值为缺失值 NaN。

在下面的示例中，创建了一个字典对象 aDict、两个列表对象 aList 和 bList，并使用这 3 个对象创建了一个 DataFrame 对象 aDf。将 aList 赋值给 DataFrame()对象的 index 参数，作为 aDf 的行索引。将 bList 赋值给 DataFrame()对象的 columns 参数，作为 aDf 的列索引。输出 aDf 的值、类型、维数、尺寸和元素个数。代码清单如下所示。

```
import pandas as pd

aDict = {"Grade":[1, 2, 3, 4, 5, 6],
         "Year":[2010, 2011, 2012,
                 2013, 2014, 2015],
         "Name":["张大","张二",
                 "张三","张四","张五","张六"]}
aList = ["学生1","学生2","学生3",
         "学生4","学生5","学生6"]
bList = ["Name","Address","Year","Grade","Phone"]
aDf = pd.DataFrame(aDict,
                   index = aList,
                   columns = bList)

print("使用字典和列表创建了 DataFrame 对象。")
print("其值是：\n",aDf)
print("其类型是：\n",type(aDf))
print("其维数是：\n",aDf.ndim)
print("其尺寸是：\n",aDf.shape)
print("其元素个数是：\n",aDf.size)
```

运行该程序，输出结果如图 4-8 所示。

```
使用字典和列表创建了DataFrame对象。
其值是：
      Name Address  Year  Grade Phone
学生1   张大     NaN  2010      1   NaN
学生2   张二     NaN  2011      2   NaN
学生3   张三     NaN  2012      3   NaN
学生4   张四     NaN  2013      4   NaN
学生5   张五     NaN  2014      5   NaN
学生6   张六     NaN  2015      6   NaN
其类型是：
 <class 'pandas.core.frame.DataFrame'>
其维数是：
 2
其尺寸是：
 (6, 5)
其元素个数是：
 30
```

图 4-8 创建指定行、列索引的 DataFrame 对象

可见，aDf 行索引和列表 aList 的值一致，其列索引和列表 bList 的值一致。对于存在于 bList 而不存在于 aDict 的列，则其值为 NaN。

2. 操作 DataFrame 对象的元素

可以通过指定 DataFrame 对象的列索引，获取 DataFrame 对象的某列，其结果是一个

Series 对象。这种方式和使用字典的键获取字典的值是类似的。

在下面的示例中，创建了一个具有 3 列数据的 DataFrame 对象 aDf，使用其字典属性，获取列索引为“Octal”的数据，并赋值给变量 aSer。设置 aSer 索引的名称为“字母”。输出 aSer 的结果、类型和尺寸。代码清单如下所示。

```
import pandas as pd
aDict = {'alphabet':['a', 'b', 'c', 'd', 'e'],
         'decimal':[97, 98, 99, 100, 101],
         'Octal':[141, 142, 143, 144, 145]}
aDf = pd.DataFrame(aDict,
              columns=['decimal','Octal', 'alphabet'],
              index = ['a', 'b', 'c', 'd', 'e'])
aSer = aDf['Octal']
aSer.index.name = "字母"
print("DataFrame 对象是：\n", aDf)
print("\n 列索引为“Octal”的列是：\n", aSer)
print("其类型是：\n", type(aSer))
print("其尺寸是：\n", aSer.shape)
```

运行该程序，输出结果如图 4-9 所示。

```
DataFrame对象是：
    decimal  Octal alphabet
字母
a        97    141        a
b        98    142        b
c        99    143        c
d       100    144        d
e       101    145        e
列索引为“Octal”的列是：
 字母
a    141
b    142
c    143
d    144
e    145
Name: Octal, dtype: int64
其类型是：
 <class 'pandas.core.series.Series'>
其尺寸是：
 (5,)
```

图 4-9　获取 DataFrame 对象的一列为 Series 对象

从图 4-9 可见，输出的变量 aSer 是一个 Series 对象，其 name 属性已经赋值，该值和 DataFrame 对象第 2 列的名字相同。aSer 的索引和 DataFrame 对象的行索引相同。

可以通过指定列索引和行索引的方式，获取 DataFrame 对象的值。对于 DataFrame 对象 A，则 A[i][j]指向列索引为 i、行索引为 j 的元素。

可以对 DataFrame 对象使用切片操作。对于 DataFrame 对象 A，A[i:j]对 A 的行索引进行切片操作。

在下面的示例中，创建了一个具有 3 列数据的 DataFrame 对象 aDf。通过使用列索引和行索引，输出列索引为“Octal”的第 3 个元素。通过使用列索引，选择某列数据，然后对行索引进行切片操作，输出第 1 列的第 1～第 3 个元素。通过对默认的行索引进行切片操作，输出第 2～第 4 行的元素。代码清单如下所示。

```
import pandas as pd
aDict = {'alphabet':['a', 'b', 'c', 'd', 'e'],
         'decimal':[97, 98, 99, 100, 101],
         'Octal':[141, 142, 143, 144, 145]}
aList = ['decimal','Octal', 'alphabet']
bList = ['a', 'b', 'c', 'd', 'e']
```

```
aDf = pd.DataFrame(aDict,
                   columns = aList,
                   index = bList)

print("DataFrame 对象是：\n", aDf)
print("\n 其第 2 列第 3 个元素是：\n",\
      aDf["Octal"][2])
print("\n 其第 1 列第 1～第 3 个元素是：\n", \
      aDf["decimal"][0:3])
print("\n 其第 2～第 4 行是：\n", aDf[1:4])
```

运行该程序，输出结果如图 4-10 所示。

```
DataFrame对象是：
   decimal  Octal  alphabet
a       97    141         a
b       98    142         b
c       99    143         c
d      100    144         d
e      101    145         e

其第2列第3个元素是：
 143

其第1列第1～第3个元素是：
 a    97
b    98
c    99
Name: decimal, dtype: int64

其第2～第4行是：
   decimal  Octal  alphabet
b       98    142         b
c       99    143         c
d      100    144         d
```

图 4-10　操作 DataFrame 对象的元素

3. 使用嵌套字典创建 DataFrame 对象

可以使用嵌套的字典创建 DataFrame 对象。

如果 A 是一个嵌套的字典对象，则使用 A 创建 DataFrame 对象 B 的命令如下所示。

```
B = DataFrame（A）
```

这里，字典对象 A 外层字典的键是 DataFrame 对象 B 的列索引，字典对象 A 内层字典的键是 DataFrame 对象 B 的行索引，字典对象 A 内层字典的值是 DataFrame 元素的值。

在下面的示例中，创建了一个嵌套字典 aDict，该字典的外层键构成列表['decimal', 'lower', 'octal']，内层键构成列表['A', 'B', 'C', 'D', 'E', 'F']。使用 aDict 创建 DataFrame 对象 aDf。输出 aDf。代码清单如下所示。

```
import pandas as pd
aDict = {'decimal':{'A':64,'B':65,
                    'C':66,'D':67,'E':68},
         'lower':{'A':'a','B':'b','D':'d'},
         'Octal':{'B':102,'C':103,'D':104,
                  'E':105,'F':106}}
aDf = pd.DataFrame(aDict)
print(aDf)
```

运行如上代码，结果如图 4-11 所示。

```
   decimal lower  Octal
A     64.0     a    NaN
B     65.0     b  102.0
C     66.0   NaN  103.0
D     67.0     d  104.0
E     68.0   NaN  105.0
F      NaN   NaN  106.0
```

图 4-11　使用嵌套字典创建 DataFrame 对象

从图 4-11 可见，存在一些缺失值 NaN，这是由于在字典 aDict 中并没有为这些键赋值。

4．DataFrame 对象的常用属性

可以通过 DataFrame.index 的 name 属性修改 DataFrame 对象行索引的名称。

与 Series 对象类似，DataFrame 对象的 values 属性返回 DataFrame 对象的数据，存储在 numpy 二维数组对象中。

在下面的示例中，创建了一个包含两列数据的 DataFrame 对象 aDf，存储了字母 A～E 的 ASCII 值，并将 aDf.index 的 name 属性赋值为字符串'alphabet'。通过 values 属性，获取 aDf 的值，并赋给变量 aArray。输出计算结果。代码清单如下所示。

```
import pandas as pd
aDict = {'decimal':[65, 66, 67, 68, 69],
         'Octal':[101, 102, 103, 104, 105]}
aList = ['decimal','Octal']
bList = ['a', 'b', 'c', 'd', 'e']
aDf = pd.DataFrame(aDict,
                   columns = aList,
                   index = bList)
aDf.index.name = 'alphabet'
print("修改了行索引名字的 DataFrame 对象是：\n",aDf)

aArray = aDf.values
print("\naDf 的值构成的数组是：\n", aArray)
print("\naDf 的值构成的数组类型是：\n", type(aArray))
```

运行如上代码，结果如图 4-12 所示。

```
修改了行索引名字的DataFrame对象是：
          decimal  Octal
alphabet
a              65    101
b              66    102
c              67    103
d              68    104
e              69    105

aDf的值构成的数组类型是：
 [[ 65 101]
 [ 66 102]
 [ 67 103]
 [ 68 104]
 [ 69 105]]
```

图 4-12　使用 DataFrame 对象的常用属性

4.3.4　使用 pandas 的方法读写文件

微课 4-4

1．使用 read_csv()方法读取文件

使用该方法读取 CSV 文件，将读出的数据存储为一个 DataFrame 对象。

当没有缺失数据时，使用 loadtxt()方法可以快速地读取格式简单的文本文件。没有缺失数据，意味着文件的每一行数据的个数相同。

该方法的使用方法如下所示。

```
pandas.read_csv(filepath_or_buffer,
                sep=', ',
                dialect=None,
                compression='infer',
                doublequote=True,
                escapechar=None,
                quotechar='"',
                quoting=0,
                skipinitialspace=False,
                lineterminator=None,
                header='infer',
                index_col=None,
                names=None,
                prefix=None,
                skiprows=None,
                skipfooter=None,
                skip_footer=0,
                na_values=None,
                na_fvalues=None,
                true_values=None,
                false_values=None,
                delimiter=None,
                converters=None,
                dtype=None,
                usecols=None,
                engine=None,
                delim_whitespace=False,
                as_recarray=False,
                na_filter=True,
                compact_ints=False,
                use_unsigned=False,
                low_memory=True,
                buffer_lines=None,
                warn_bad_lines=True,
```

```
        error_bad_lines=True,
        keep_default_na=True,
        thousands=None,
        comment=None,
        decimal='.',
        parse_dates=False,
        keep_date_col=False,
        dayfirst=False,
        date_parser=None,
        memory_map=False,
        float_precision=None,
        nrows=None,
        iterator=False,
        chunksize=None,
        verbose=False,
        encoding=None,
        squeeze=False,
        mangle_dupe_cols=True,
        tupleize_cols=False,
        infer_datetime_format=False,
        skip_blank_lines=True)
```

表 4-1 给出了该方法的部分参数及说明。

表 4-1　read_csv()方法的部分参数及说明

参数名称	参数说明
filepath_or_buffer	字符串对象或者文件句柄。字符串可能是一个 URL，合法的 URL 包括 HTTP、FTP、S3 和 file
sep	字符串对象，默认值是','。该参数表示数据之间的分隔符，如果其值是 None 对象，则系统尝试自动决定。支持正则表达式
engine	用来进行解析的引擎，其值可以是“C”或者“Python”。C 语言引擎更快
lineterminator	字符串对象，默认值是 None。用来区分不同行的分隔符
converters	可选参数，字典对象，默认值是 None。通过该参数指定的字典，将指定的列映射到一个函数，从而对该列数据进行类型转换。该字典的键可以是整数或者列标签
dtype	指明行数据或列数据的数据类型
encoding	字符串对象，默认值是 None。该参数表示操作数据文件的编码格式
delimiter	字符串对象，默认值是 None。sep 参数的另外一个名称，支持正则表达式
header	整数或者整数列表对象

2. 使用 to_csv()方法写文件

使用该方法可以把 DataFrame 对象写入 CSV 文件中。

该方法的使用方法如下所示。

```
DataFrame.to_csv(path_or_buf=None,
                 sep=', ',
                 na_rep='',
                 float_format=None,
                 columns=None,
                 header=True,
                 index=True,
                 index_label=None,
                 mode='w',
                 encoding=None,
                 compression=None,
                 quoting=None,
                 quotechar='"',
                 line_terminator='\n',
                 chunksize=None,
                 tupleize_cols=None,
                 date_format=None,
                 doublequote=True,
                 escapechar=None,
                 decimal='.')
```

表 4-2 给出了该方法的常用参数及其说明。

表 4-2 to_csv()方法的常用参数及说明

参数名称	参数说明
path_or_buf	指定数据来源。可以是字符串或者文件句柄，默认值是 None。如果该值是 None，则函数的返回值是一个字符串
sep	字符对象，默认值是','。用来表示数据分隔符
na_rep	字符串对象，默认值是''。用来表示缺失数据
float_format	字符串对象，默认值是 None。指定浮点数的存储格式
columns	可选参数，序列对象。指定要写入文件的列
header	布尔或字符串对象，默认值是 True。写明列名称
index	布尔对象，默认值是 True。写明行名称
mode	字符串对象。Python 写模式，默认是“w”
encoding	可选参数，字符串对象。指明写文件的输出文件的编码方式，Python 2 默认是“ASCII”，Python 3 默认是“UTF-8”

3. pandas 中更多的读写文件方法

除了上述常用的 read_csv()方法外，还有其他读文件方法，可以从不同数据源读取数据，或者读取具有不同特点的数据文件。

表 4-3 列举了 pandas 包中其他的一些读文件方法。

表 4-3　pandas 包中更多的读文件方法

方法名称	方法说明
read_table()	将一个用符号分隔数据的文件读取到 DataFrame 对象中
read_excel()	将 Excel 文件的表格读取到 DataFrame 对象中
read_html()	将 HTML 的表格读取到 DataFrame 列表中
read_json()	将 JSON 字符串转换为 pandas 对象
read_sql_table()	读取 SQL 数据库表格到 DataFrame 对象中

除了上述常用的 to_csv()方法外，还有其他写文件方法，可以从不同数据源写入数据，或者写入具有不同特点的数据文件。

表 4-4 列举了 pandas 包中其他的一些写文件方法。

表 4-4　numpy 包中更多的写文件方法

方法名称	方法说明
to_excel()	将 DataFrame 对象写入 Excel 文件
to_json()	将 DataFrame 对象转换为 JSON 字符串
to_html()	将 DataFrame 对象渲染为 HTML 表格
to_sql()	将 DataFrame 对象写入 SQL 数据库

4.4 pyecharts 基础

微课 4-5

4.4.1 pyecharts 简介

ECharts 是百度开源的数据可视化工具，已经被开源社区 Apache 基金会纳入 Apache 孵化器。多种编程语言确保了 ECharts 的扩展，其中支持 Python 语言的扩展包是 pyecharts。其主要特性包括以下几种。

（1）支持链式调用。

（2）内置 30 多种常见图表样式。

（3）支持主流 Notebook 环境。

（4）可快速集成至 Flask 和 Django 等主流 Web 框架。

（5）具有高度灵活的配置项，可轻松搭配出精美的图表。

（6）具有较为详细的文档和示例。

（7）内置 400 多个地图文件以及原生的百度地图，为地理数据可视化提供了强有力的支持。

pyecharts 的新版本系列从 v1.0.0 开始，在 pyecharts 官网可以获取使用方法及开发指南。

4.4.2 内置的图表类型

pyecharts 内置了多种常用的图表，开发人员通过实例化 charts 中的对象就可以方便地进行开发。

1. 基本图表

在 pyecharts 中，内置的基本图表包括日历图（Calendar）、漏斗图（Funnel）、仪表盘（Gauge）、关系图（Graph）、水球图（Liquid）、平行坐标系（Parallel）、饼图（Pie）、极坐标系（Polar）、雷达图（Radar）、桑基图（Sankey）、旭日图（Sunburst）、主题河流图（ThemeRiver）和词云图（WordCloud）。

2. 直角坐标系图表

在 pyecharts 中，内置的直角坐标系图表包括柱状图/条形图（Bar）、箱形图（Boxplot）、涟漪特效散点图（EffectScatter）、热力图（HeatMap）、K 线图（Kline/Candlestick）、折线/面积图（Line）、象形柱状图（PictorialBar）、散点图（Scatter）和层叠多图（Overlap）。

3. 树型图表

在 pyecharts 中，内置的树型图表包括树图（Tree）和矩形树图（TreeMap）。

4. 地理图表

在 pyecharts 中，内置的地理图表包括地理坐标系（Geo）、地图（Map）和百度地图（BMap）。

5. 3D 图表

在 pyecharts 中，内置的 3D 图表包括 3D 柱状图（Bar3D）、3D 折线图（Line3D）、3D 散点图（Scatter3D）和 3D 曲面图（Surface3D）。

6. 组合图表

在 pyecharts 中，内置的组合图表包括并行多图（Grid）、顺序多图（Page）、选项卡多图（Tab）和时间线轮播多图（Timeline）。

7. HTML 组件

在 pyecharts 中，内置的 HTML 组件包括通用配置项（Component）、表格（Table）和图像（Image）。

4.4.3 全局配置项

通过全局配置项，可以改变图表的样式和行为。

本小节介绍 pyecharts 中常用的全局配置项。

在 pyecharts 中，使用 set_global_options()方法设置全局配置项。图 4-13 给出了图表的元素和全局配置项的对应关系。

1. 画图动画配置项

使用 options.AnimationOpts()方法进行画图动画配置。

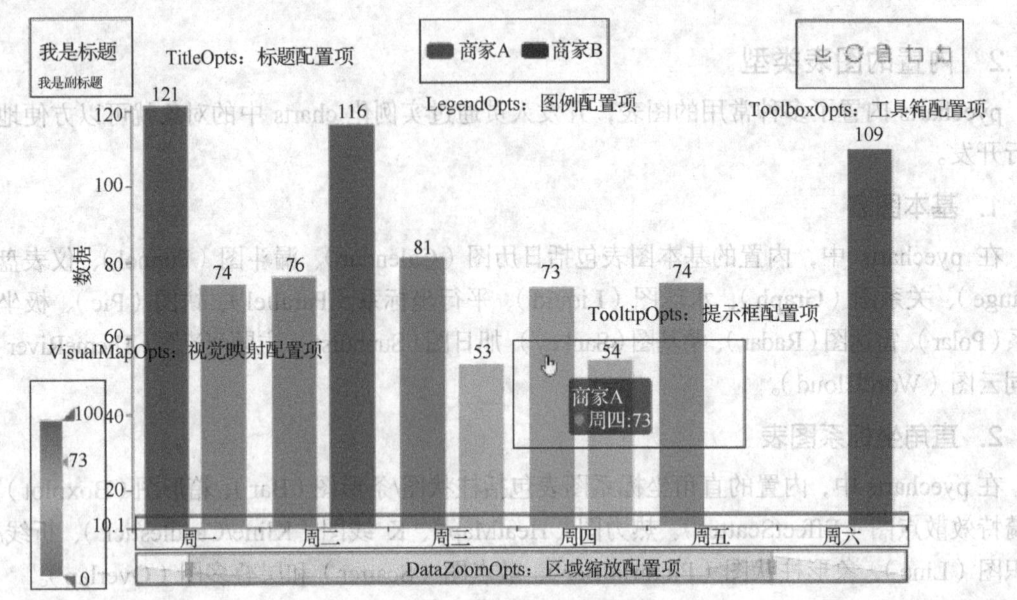

图 4-13　常用全局配置项

常用的配置内容包括是否开启动画、开启动画的阈值、初始动画的时长、初始动画的缓动效果、初始动画的延迟和数据更新动画的时长等。

2. 初始化配置项

使用 options.InitOpts()方法进行初始化配置。

常用的配置内容包括图表画布宽度、图表画布高度、图表 ID、渲染风格、网页标题、图表主题、图表背景颜色和画图动画初始化配置等。

3. 工具箱工具配置项

使用 options.ToolBoxFeatureOpts()方法进行工具箱工具配置。

常用的配置内容包括开启保存为图片功能、配置项还原、数据视图工具和数据区域缩放等。

4. 工具箱配置项

使用 options.ToolboxOpts()方法进行工具箱配置。

常用的配置内容包括是否显示工具栏组件、工具栏图标的布局朝向、工具栏组件离容器左侧的距离、工具栏组件离容器右侧的距离、工具栏组件离容器上侧的距离、工具栏组件离容器下侧的距离和工具配置项等。

5. 区域选择组件配置项

使用 options.BrushOpts()方法进行区域选择组件配置。

常用的配置内容包括在 toolbox 中使用的按钮、可以联动的系列、可以刷选的系列、可以刷选的 geo、可以刷选的 xAxisIndex、可以刷选的 yAxisIndex、默认的刷子类型、默认的刷子的模式和选中范围外的视觉元素等。

6．标题配置项

使用 options.TitleOpts()方法进行标题配置。

常用的配置内容包括主标题文本、主标题跳转的 URL 地址、主标题跳转链接方式、副标题文本、副标题跳转的 URL 地址、副标题跳转链接方式、组件离容器左侧的距离、组件离容器右侧的距离、组件离容器上侧的距离、组件离容器下侧的距离、标题内边距、主副标题之间的间距、主标题字体样式配置项和副标题字体样式配置项等。

7．区域缩放配置项

使用 options.DataZoomOpts()方法进行区域缩放配置。

常用的配置内容包括是否显示组件、组件类型、拖动组件时是否实时更新系列的视图、数据窗口范围的起始百分比、数据窗口范围的结束百分比、数据窗口范围的起始数值、数据窗口范围的结束数值、布局方式、是否锁定选择区域的大小、组件离容器左侧的距离、组件离容器上侧的距离、组件离容器右侧的距离和组件离容器下侧的距离等。

8．图例配置项

使用 options.LegendOpts()方法进行图例配置。

常用的配置内容包括图例的类型、图例选择的模式、是否显示图例组件、图例组件离容器左侧的距离、图例组件离容器右侧的距离、图例组件离容器上侧的距离、图例组件离容器下侧的距离、图例列表的布局朝向、图例标记和文本的对齐方式、图例内边距、图例每项之间的间隔、图例标记的图形宽度、图例标记的图形高度和图例项的标记类型等。

9．提示框配置项

使用 options.TooltipOpts()方法进行提示框配置。

常用的配置内容包括是否显示提示框组件、触发类型、提示框触发的条件、指示器类型、标签内容格式设置、提示框浮层的背景颜色、提示框浮层的边框颜色、提示框浮层的边框宽和文字样式配置等。

10．坐标轴配置项

使用 options.AxisOpts()方法进行坐标轴配置。

常用的配置内容包括坐标轴类型、坐标轴名称、是否显示 x 轴、是否强制设置坐标轴分割间隔、坐标轴名称显示位置、坐标轴名称与轴线之间的距离、x 轴的位置、y 轴相对于默认位置的偏移值、坐标轴的分割段数、坐标轴两边留白策略、坐标轴刻度最小值、坐标轴刻度最大值、自动计算的坐标轴最小间隔大小、自动计算的坐标轴最大间隔大小、坐标轴刻度配置项、坐标轴标签配置项和坐标轴名称的文字样式等。

4.4.4　系列配置项

微课 4-6

1．图元样式配置项

使用 options.ItemStyleOpts()方法进行图元样式配置。

常用的配置内容包括图形的颜色、图形的描边颜色和图形透明度等。

2. 文字样式配置项

使用 options.TextStyleOpts()方法进行文字样式配置。

常用的配置内容包括文字颜色、文字字体的风格、主标题文字字体的粗细、文字的字体、文字的字体大小、文字水平对齐方式、文字垂直对齐方式、行高、文字块背景色、文字块的内边距、文字块的宽度和文字块的高度等。

3. 标签配置项

使用 options.LabelOpts()方法进行标签配置。

常用的配置内容包括是否显示标签、标签的位置、文字颜色、文字字体的风格、文字字体的粗细、文字的字体、文字的字体大小、刻度标签与轴线之间的距离、文字水平对齐方式、文字垂直对齐方式和标签内容格式等。

4. 线样式配置项

使用 options.LineStyleOpts()方法进行线样式配置。

常用的配置内容包括线宽、图形透明度、线的弯曲度、线的类型和线的颜色等。

5. 分割线配置项

使用 options.SplitLineOpts()方法进行分割线配置。

常用的配置内容包括是否显示分割线和线风格配置项等。

6. 标记点数据配置项

使用 options.MarkPointItem()方法进行标记点数据配置。

常用的配置内容包括标注名称、标注的最大值和最小值、标注的坐标、相对容器的屏幕 x 坐标、相对容器的屏幕 y 坐标、标注值、标记的图形、标记的大小和标记点样式配置项等。

7. 标记点配置项

使用 options.MarkPointOpts()方法进行标记点配置。

常用的配置内容包括标记点数据、标记的图形、标记的大小和标签配置项等。

8. 标记线数据配置项

使用 options.MarkLineItem()方法进行标记线数据配置。

常用的配置内容包括标注名称、标注的最大值和最小值、相对容器的屏幕 x 坐标、相对容器的屏幕 y 坐标、起点或终点的坐标、终点标记的图形和标记的大小等。

9. 标记线配置项

使用 options.MarkLineOpts()方法进行标记线配置。

常用的配置内容包括图形是否响应和触发鼠标事件、标记线数据、标记线两端的标记类型、标记线两端的标记大小、标记线数值的精度、标签配置项和标记线样式配置项等。

10. 标记区域数据配置项

使用 options.MarkAreaItem()方法进行标记区域数据配置。

常用的配置内容包括区域名称、标注的最大值和最小值、相对容器的屏幕 x 坐标、相对容器的屏幕 y 坐标、标签配置项和数据项区域的样式。

11. 标记区域配置项

使用 options.MarkAreaOpts()方法进行标记区域配置。

常用的配置内容包括图形是否响应和触发鼠标事件、标签配置项和标记区域数据等。

4.5 使用 pyecharts 内置图表进行数据可视化

在本节中，我们使用 Notebook 开发环境，对不同数据集进行可视化表达，并根据数据集的特点，选择合适的可视化方式。

4.5.1 将温度数据用折线图进行可视化

微课 4-7

在本小节中，我们将 6 天的温度数据用折线图进行可视化展示。

Step 1：安装 pyecharts 包

多种编程语言提供了对 ECharts 的支持，其中 Python 语言常用的包是 pyecharts 包。

如果 Amazon EC2 实例中还没有安装这个包，那么应该首先执行如下命令进行安装。

```
pip install pyecharts
```

安装成功的页面如图 4-14 所示。

```
[ec2-user@ip-172-31-14-65 ~]$
[ec2-user@ip-172-31-14-65 ~]$
[ec2-user@ip-172-31-14-65 ~]$ pip install pyecharts
Collecting pyecharts
  Downloading pyecharts-1.6.2-py3-none-any.whl (168 kB)
     |████████████████████████████████| 168 kB 5.8 kB/s
Requirement already satisfied: jinja2 in /usr/anaconda3/lib/
Requirement already satisfied: simplejson in /usr/anaconda3/
Requirement already satisfied: prettytable in /usr/anaconda3
Requirement already satisfied: MarkupSafe>=0.23 in /usr/anac
Installing collected packages: pyecharts
Successfully installed pyecharts-1.6.2
[ec2-user@ip-172-31-14-65 ~]$
[ec2-user@ip-172-31-14-65 ~]$
[ec2-user@ip-172-31-14-65 ~]$
```

图 4-14　安装 pyecharts 包

可见，默认安装的版本是 1.6.2。

Step 2：启动 Notebook

在之前的章节中，我们已经在 Amazon EC2 实例上成功地安装并配置了 Notebook 程序。

在 Amazon EC2 实例上执行如下命令启动 Notebook 服务。

```
jupyter-notebook
```

启动后页面如图 4-15 所示。

```
https://aws.amazon.com/amazon-linux-2/
[ec2-user@ip-172-31-14-65 ~]$ jupyter-notebook
[I 09:17:41.402 NotebookApp] Writing notebook server cookie secret to /run/user/1000/jupyter/notebook_cookie_secret
[W 09:17:41.791 NotebookApp] WARNING: The notebook server is listening on all IP addresses and not using encryption. T
ommended.
[I 09:17:41.833 NotebookApp] JupyterLab beta preview extension loaded from /usr/anaconda3/lib/python3.6/site-packages/
[I 09:17:41.833 NotebookApp] JupyterLab application directory is /usr/anaconda3/share/jupyter/lab
[I 09:17:41.838 NotebookApp] Serving notebooks from local directory: /home/ec2-user/notebook
[I 09:17:41.838 NotebookApp] 0 active kernels
[I 09:17:41.838 NotebookApp] The Jupyter Notebook is running at:
[I 09:17:41.838 NotebookApp] http://ip-172-31-14-65.cn-north-1.compute.internal:8888/
[I 09:17:41.838 NotebookApp] Use Control-C to stop this server and shut down all kernels (twice to skip confirmation).
```

图 4-15　启动 Notebook 服务

在浏览器的地址栏中输入服务器的地址，在本地启用 Notebook。输入的地址格式如下所示。

```
$IP:$PORT
```

其中，$IP 是 Amazon EC2 实例的 IP 地址，$PORT 是 Notebook 在 Amazon EC2 实例上占用的端口。

Step 3：从 pyecharts 包导入 charts 和 options

在本例进行的数据可视化设计中，需要使用到 pyecharts 包中预定义的 Line 图表，这是定义在 charts 中的。另外，还需要使用到 ECharts 中 options 的函数或方法进行诸如图标的可视化配置。因此，需要首先导入这两个包。

在 Notebook 的单元格中，添加如下两行代码。

```
from pyecharts import charts
from pyecharts import options as opts
```

Step 4：输入原始数据

数据可视化的目标是将数据的内涵以更直观的方式展示给用户，也就是说，进行数据可视化工作需要先输入原始数据。

在这里，我们创建两个列表，其名称是"date"和"temperature"。其中，date 列表存储的是日期，temperature 列表存储的是温度。

创建这两个列表的代码如下所示。

```
date = ['1月1日','1月2日','1月3日',
'1月4日','1月5日','1月6日']
temperature = [31, 32, 32, 28, 30,31]
```

Step 5：创建 Line 对象实例

pyecharts 中的所有方法都支持链式调用。也可以使用单独调用的方法。

这部分功能的完整代码清单如下所示。

```
temperatureLine = (
    charts.Line()
    .add_xaxis(xaxis_data = date)
    .add_yaxis(series_name = '温度',
              y_axis = temperature)
)
```

在上述代码中，temperatureLine 是创建的 charts.Line()对象。

使用 add_xaxis()方法声明横坐标数据，其参数 xaxis_data 指定横坐标数据，在这里是上一步骤创建的 date 列表。

add_yaxis()方法声明纵坐标数据，其参数 series_name 对应 ECharts 中的系列名称，可以用于 tooltip 显示和 legend 的图例筛选等功能。该函数的另一个参数 y_axis 指定纵坐标数据，在这里是之前创建的 temperature 列表。

Step 6：渲染图表

不同的 Notebook 环境通常具有不同的渲染要求，Notebook 使用 render_notebook()方法渲染图表。

在这里，使用下述代码完成 temperatureLine 的渲染。

```
temperatureLine.render_notebook()
```

运行该行代码，在 Notebook 中输出图 4-16 所示的图形。

从该图可见，横坐标是之前定义的日期，纵坐标是当天对应的温度，而且从该图中可以看出坐标系中的点表示的是温度。

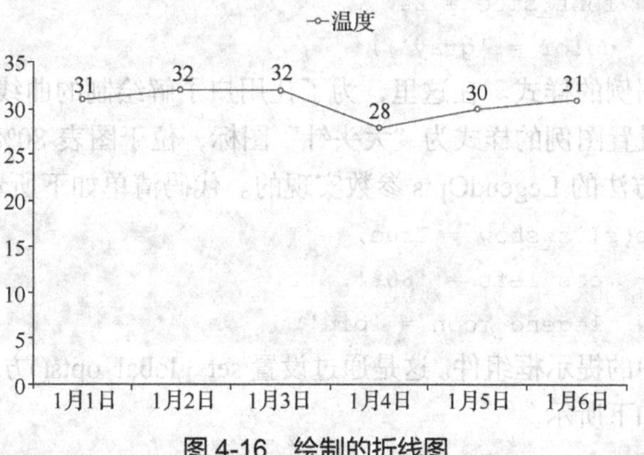

图 4-16　绘制的折线图

这部分的完整代码清单如下所示。

```
from pyecharts import charts
from pyecharts import options as opts

date = ['1 月 1 日','1 月 2 日','1 月 3 日',
'1 月 4 日','1 月 5 日','1 月 6 日']
temperature = [31, 32, 32, 28, 30,31]

temperatureLine = (
    charts.Line()
    .add_xaxis(xaxis_data = date)
    .add_yaxis(series_name = '温度',
            y_axis = temperature)
)
```

Step 7：为 Line 对象添加样式

接下来，我们为 temperatureLine 添加更多的样式和属性，使该图的可读性更高。

设置折线的线宽。在 add_yaxis()方法中添加参数 linestyle_opts，并设置线宽为 5。现在 add_yaxis()的代码清单如下所示。

```
.add_yaxis(series_name = '温度',
            y_axis = temperature,
            linestyle_opts = opts.LineStyleOpts(width = 5))
```

在 pyecharts 包中，是通过调用 set_global_opts()方法对图表样式进行全局设置的。

设置该图表的主题名称。在这里，根据绘制数据的特点，将图表命名为“一周温度变化曲线”，该名称位于图表的中央，其字体采用灰色的 24 号加粗字体。这是通过设置 set_global_opts()方法的 TitleOpts 参数实现的。代码清单如下所示。

```
opts.TitleOpts(title = "一周温度变化曲线",
```

```
                pos_left = "center",
                title_textstyle_opts =
opts.TextStyleOpts(font_weight = 'bolder',
                   font_size = 24,
                   color = 'gray'))
```

设置该图表中图例的样式。在这里，为了让用户了解绘制的曲线表示的数据内涵，需要设置显示图例。设置图例的样式为“大头针”图标，位于图表 80%的位置。这是通过设置 set_global_opts()方法的 LegendOpts 参数实现的。代码清单如下所示。

```
opts.LegendOpts(is_show = True,
                pos_left = '80%',
                legend_icon = 'pin')
```

设置关闭图表中的提示框组件。这是通过设置 set_global_opts()方法的 TooltipOpts 参数实现的。代码清单如下所示。

```
opts.TooltipOpts(is_show = False)
```

现在完整的代码清单如下所示。

```
from pyecharts import charts
from pyecharts import options as opts

date = ['1月1日','1月2日','1月3日',
'1月4日','1月5日','1月6日']
temperature = [31, 32, 32, 28, 30,31]

temperatureLine = (
    charts.Line()
    .add_xaxis(xaxis_data = date)
    .add_yaxis(series_name = '温度',
               y_axis = temperature,
               linestyle_opts = opts.LineStyleOpts(width = 5))
    .set_global_opts(opts.TitleOpts(title = "一周温度变化曲线",
                               pos_left = "center",
                               title_textstyle_opts =
opts.TextStyleOpts(font_weight = 'bolder',font_size = 24,color = 'gray')),
                 opts.LegendOpts(is_show = True,
                                 pos_left = '80%',
                                 legend_icon = 'pin'),
                 opts.TooltipOpts(is_show = False)
               )
)
```

运行修改后的代码渲染折线图，输出的图形如图 4-17 所示。

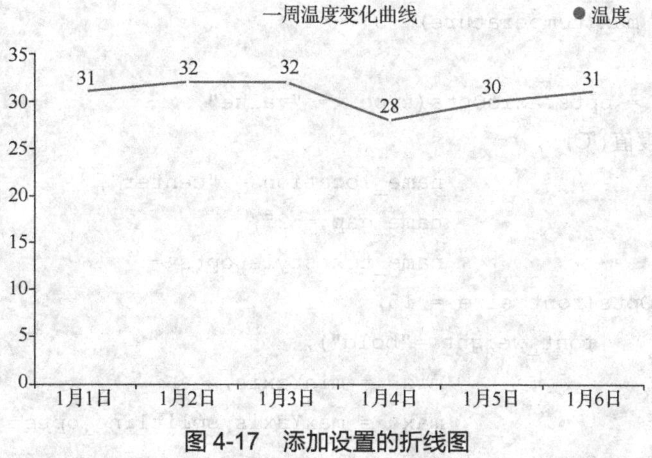

图 4-17 添加设置的折线图

Step 8：为图表设置全局样式

在前述内容中，设置了折线的样式。在本步骤中，我们通过设计图表的模板、横纵坐标轴等，来设置图表的全局样式，提高该折线图的可读性和美观度。

设置图表使用的主题和画布大小。在使用 Line()方法实例化 Line 对象的时候，使用 InitOpts()函数作为参数，分别设置 theme、width 和 height 等参数。代码清单如下所示。

```
charts.Line(opts.InitOpts(theme=ThemeType.DARK,
                          width = "550px",
                          height = "400px"))
```

修改该图表主题名称的位置和颜色。在这里，根据画布的大小和布局，使用 pos_top 参数设置其与顶端的距离为 10 像素。由于当前选用了深色主题，所以将标题的颜色设置为白色以提高对比度。此时的代码清单如下所示。

```
opts.TitleOpts(title = "一周温度变化曲线",
               pos_left = "center",
               pos_top = 10,
               title_textstyle_opts =
opts.TextStyleOpts(font_weight = 'bolder',
                                 font_size = 24,
 color = 'white'))
```

修改该图表中图例的样式。在这里，根据画布的大小和布局，使用 pos_top 参数设置其与顶端的距离为 12 像素。此时的代码清单如下所示。

```
opts.LegendOpts(is_show = True,
                pos_left = '80%',
                pos_top = 12,
 legend_icon = 'pin')
```

为了提高图表的表现力，需要设置 y 轴表示的数据范围，即 y 轴的最大值和最小值。为了能够让用户对 y 轴数值的物理意义一目了然，需要设置 y 轴的名称及样式。这是通过调用全局设置函数 AxisOpts()实现的。此时的代码清单如下所示。

```
minYaxis = min(temperature)- 3
```

```
    maxYaxis = max(temperature)+ 3

    yaxis_opts = opts.AxisOpts(type_ = "value",
    name = "温度值(℃)",
                               name_location = "center",
                               name_gap = 25,
                               name_textstyle_opts =
    opts.LabelOpts(font_size = 15,
                   font_weight ="bold"),
                               min_ = minYaxis,
                               max_ = maxYaxis,splitline_opts=
    opts.SplitLineOpts(is_show=True))
```

在上述代码中，minYaxis 和 maxYaxis 分别为纵轴所表示的最小值和最大值。类似地，修改 x 轴的显示内容。代码清单如下所示。

```
    xaxis_opts = opts.AxisOpts(type_="category",
                               name = "日期",
                               name_location = "center",
                               name_gap = 25,
                               name_textstyle_opts =
    opts.LabelOpts(font_size = 15,
                    font_weight ="bold"))
```

完整的代码清单如下所示。

```
    from pyecharts import charts
    from pyecharts import options as opts
    from pyecharts.globals import ThemeType

    date = ['1月1日','1月2日','1月3日',
    '1月4日','1月5日','1月6日']
    temperature = [31, 32, 32, 28, 30,31]

    minYaxis = min(temperature)- 3
    maxYaxis = max(temperature)+ 3

    temperatureLine = (
        charts.Line(opts.InitOpts(theme=ThemeType.DARK,
                               width = "550px",
                               height = "400px"))
        .add_xaxis(xaxis_data = date)
        .add_yaxis(series_name = '温度',
                y_axis = temperature,
```

```
            linestyle_opts = opts.LineStyleOpts(width = 5))
     .set_global_opts(opts.TitleOpts(title = "一周温度变化曲线",
                                     pos_left = "center",
                                     title_textstyle_opts =
opts.TextStyleOpts(font_weight = 'bolder', font_size = 24, color = 'gray')),
                          opts.LegendOpts(is_show = True,
                                      pos_left = '80%',
                                      legend_icon = 'pin'),
                          opts.TooltipOpts(is_show = False)),
xaxis_opts = opts.AxisOpts(type_ = 'category',
                                         name = '日期',
                                         name_location= "center",
                                         name_gap = 25,
                                         name_textstyle_opts =
 opts.LabelOpts(font_size = 15,
          font_weight = 'bold')),
yaxis_opts = opts.AxisOpts(type_ = "value",
name = "温度值(℃)",
                                       name_location = "center",
                              name_gap = 25,
                              name_textstyle_opts =
opts.LabelOpts(font_size = 15,
              font_weight ="bold"),
                              min_ = minYaxis,
                              max_ = maxYaxis,splitline_opts=
opts.SplitLineOpts(is_show=True))
)
```

运行修改后的代码绘制该折线图，输出的图形如图 4-18 所示。

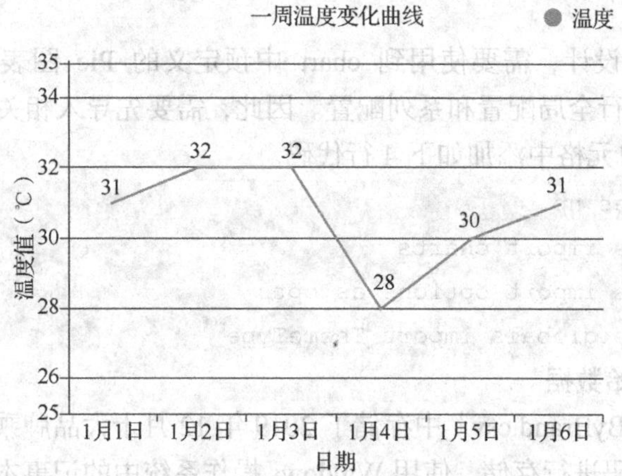

图 4-18　修改主题的折线图

可以看到，该图能够清晰、直观地显示这段时间的温度变化情况。

4.5.2 将不同品牌销售数据用饼图进行可视化

微课 4-8

在本小节中，我们将 2019 年 12 月国内乘用车销售数据用可视化方式展示。对于类似的销售数据，用户更希望在一张图上直观地看到不同品牌的销售额以及销售占比。因而，在这里使用饼图是合适的选择。

在上一小节的示例中，用于可视化的数据是在程序中设计的。在本小节中，我们将通过读取数据文件的方式获取原始数据。

Step 1：启动 Notebook

在之前的章节中，我们已经在 Amazon EC2 实例上成功地安装并配置了 Notebook 程序。在 Amazon EC2 实例上执行如下命令启动 Notebook 服务。

```
jupyter-notebook
```

启动后页面如图 4-19 所示。

```
https://aws.amazon.com/amazon-linux-2/
[ec2-user@ip-172-31-14-65 ~]$ jupyter-notebook
[I 09:17:41.402 NotebookApp] Writing notebook server cookie secret to /run/user/1000/jupyter/notebook_cookie_secret
[W 09:17:41.791 NotebookApp] WARNING: The notebook server is listening on all IP addresses and not using encryption. T
ommended.
[I 09:17:41.833 NotebookApp] JupyterLab beta preview extension loaded from /usr/anaconda3/lib/python3.6/site-packages/
[I 09:17:41.833 NotebookApp] JupyterLab application directory is /usr/anaconda3/share/jupyter/lab
[I 09:17:41.838 NotebookApp] Serving notebooks from local directory: /home/ec2-user/notebook
[I 09:17:41.838 NotebookApp] 0 active kernels
[I 09:17:41.838 NotebookApp] The Jupyter Notebook is running at:
[I 09:17:41.838 NotebookApp] http://ip-172-31-14-65.cn-north-1.compute.internal:8888/
[I 09:17:41.838 NotebookApp] Use Control-C to stop this server and shut down all kernels (twice to skip confirmation).
```

图 4-19 启动 Notebook 服务

在浏览器的地址栏中输入服务器的地址，在本地启用 Notebook。输入的地址格式如下所示。

```
$IP:$PORT
```

其中，$IP 是 Amazon EC2 实例的 IP 地址，$PORT 是 Notebook 在 Amazon EC2 实例上占用的端口。

Step 2：导入需要的包

在本例中，读入数据文件采用的是 numpy 包中的 loadtxt()方法，因此需要预先导入 numpy 包。

对于数据可视化设计，需要使用到 chart 中预定义的 Pie 图表。另外，还需要使用 pyecharts 中的方法进行全局配置和系列配置。因此，需要先导入相关的包。

在 Notebook 的单元格中添加如下 4 行代码。

```
import numpy as np
from pyecharts import charts
from pyecharts import options as opts
from pyecharts.globals import ThemeType
```

Step 3：读入原始数据

数据文件“SalesByBrand.csv”中存储了 2019 年 12 月十大品牌乘用车的销售量，该文件使用“gb2312”编码进行存储。使用 Windows 操作系统中的记事本程序打开该文件，文件的内容如图 4-20 所示。

SalesByBrand.csv - 记事本
文件(F) 编辑(E) 格式(O) 查看(V)
厂商,销量（辆）
一汽-大众,257134
上汽大众,242107
吉利汽车,167141
上汽通用,157494
东风日产,146193
上汽通用五菱,122784
长城汽车,111983
长安汽车,103534
广汽本田,96425
东风本田,91233

图 4-20　使用记事本打开数据文件

可见，该文件共有 11 行，其中第 1 行类似于列名称或者字段，第 2～11 行是品牌和销量，每一行中的两个数据用逗号“,”分隔开。

使用 numpy 包中的 loadtxt()方法读取该文件。代码清单如下所示。

```
(brand,quality)= np.loadtxt('./SalesByBrand.csv',
encoding='gb2312',
dtype=str,
unpack=True,
delimiter=',',
skiprows=1)
```

在这里，loadtxt()方法的参数完成了下述设定。

（1）数据文件存储的路径是“./”，也就是和当前工程文件相同的文件夹。读取的文件名称是“SalesByBrand.csv”。

（2）由于存储数据文件的编码方式是“gb2312”，所以需要设置 encoding 参数的是字符串'gb2312'。

（3）数据文件中包含字符串和数字，为了能够正确读取，将 dtype 参数设置为 str。这样，读取出的数据类型是字符串。

（4）由于数据文件中有多列，因此设置 unpack 参数为布尔值 True。

（5）每行中不同数据直接用逗号分隔，因此设置 delimiter 参数的值是字符串','。

（6）第一行数据是该列数据的名称，不是数据内容，因此将参数 skiprows 设置为整数值 1，这样 loadtxt()方法将不会读取该文件中的第 1 行。

（7）将从文件中读出的两列数据分别赋值给变量 brand 和 quality。

输出这两列数据，如图 4-21 所示。

```
print(brand)
['一汽-大众' '上汽大众' '吉利汽车' '上汽通用' '东风日产' '上汽通用五菱' '长城汽车' '长安汽车' '广汽本田' '东风本田']
print(quality)
['257134' '242107' '167141' '157494' '146193' '122784' '111983' '103534'
 '96425' '91233']
```

图 4-21　输出的数据

可见，这两个数组的元素都是字符串类型的数据。虽然在本书所用的 pyecharts（1.6.2 版本）中不需要进行数据转换即可进行可视化输出，但数据项接收数值类型的输入更合理。

如果要将 quality 的元素转换为整数，可以使用如下命令实现。

```
quality=np.array(list(map(int,quality)))
```

转换之后，quality 的元素类型变为整数，如图 4-22 所示。

```
print(quality)

[257134 242107 167141 157494 146193 122784 111983 103534  96425  91233]
```

图 4-22　转换之后的数据

Step 4：创建 Pie 对象实例

和之前绘制折线图 Line 的方式类似，绘制饼图需要创建饼图 Pie 的实例。

在创建 Pie 实例的时候，将该图表的主题设置为 Dark 以突出颜色的变化，将画布的宽和高分别设置为 600px 和 380px，开启显示饼图的动画。这部分的代码清单如下所示。

```
charts.Pie(opts.InitOpts(theme=ThemeType.DARK,
                         width = "600px",
                         height = "380px",
animation_opts=
opts.AnimationOpts(animation=True)))
```

使用 add()方法为饼图添加数据，并设置图像的基本属性。data_pair 设置了原始数据的来源，is_clockwise 设置是否按照数据大小顺时针显示，center 设置饼图的中心点坐标，radius 设置饼图内径和外径的大小，rosetype 将饼图设置为以半径区分数据大小的南丁格尔图。通过设置 label_opts 参数，将该饼图的标签文字设置为大小为 12 号的文字，并可以显示汽车品牌及其销量。使用 itemstyle_opts 设置饼图的透明度。这部分的代码清单如下所示。

```
.add(series_name = '汽车销量',
     data_pair = [list(z)for z in zip(brand,quality)],
     is_clockwise = True,
     center=["220","160"],
     radius=["0", "65%"],
     rosetype='area',
     label_opts=opts.LabelOpts(is_show = True,
                  font_size=12,
                  font_style='normal',
                  formatter="{b}\n{c}"),
     itemstyle_opts=opts.ItemStyleOpts(opacity=0.8)
     )
```

使用 set_global_opts()方法设置图表的全局属性。在这里，设置了该饼图的标题名称、图例显示属性、单击饼图每部分的交互功能等。

具体来说，使用 TitleOpts()方法将饼图的名称居中放置于画布的下部，字体设置为白色 24 号加粗字体。使用 LegendOpts()方法将图例设置为实心圆点，垂直排放于画布的右侧，不同图例之间的间距为 16。使用 TooltipOpts()方法设置用户和饼图的交互，如果用户单击饼图的每一部分，可以用黄色文字显示不同品牌销售量在总销售量中的占比。这部分的代码清单如下所示。

```
    .set_global_opts(
                    opts.TitleOpts(title =
    "2019年12月乘用车销量（单位：台）",
                                   pos_left = "center",
                                   pos_bottom = 10,
                                   title_textstyle_opts =
    opts.TextStyleOpts(font_weight = 'bolder',
    font_size = 24,
    color = 'white')),
    opts.LegendOpts(orient="vertical",
                  pos_top="4%",
                pos_left="80%",
                             item_gap=16,
                             legend_icon='circle'),
                 opts.TooltipOpts(is_show = True,
                              trigger_on="click",
                              formatter="{b}销量占比\n：{d}%",
    textstyle_opts=
    opts.TextStyleOpts(color = 'yellow'))
                  )
```

Step 5：渲染图表

该案例完整代码清单如下所示。

```
import numpy as np
from pyecharts import charts
from pyecharts import options as opts
from pyecharts.globals import ThemeType


(brand,quality)= np.loadtxt('./SalesByBrand.csv',
encoding='gb2312',
dtype=str,
unpack=True,
delimiter=',',
skiprows=1)

salesPie = (
   charts.Pie(opts.InitOpts(theme=ThemeType.DARK,
                        width = "600px",
                        height = "380px",
```

```
                              animation_opts=
opts.AnimationOpts(animation=True))
    .add(series_name = '汽车销量',
         data_pair = [list(z)for z in zip(brand,quality)],
         is_clockwise = True,
         center=["220","160"],
         radius=["0", "65%"],
         rosetype='area',
         label_opts=opts.LabelOpts(is_show = True,
                                   font_size=12,
                                   font_style='normal',
                                   formatter="{b}\n{c}"),
         itemstyle_opts=opts.ItemStyleOpts(opacity=0.8)
         )

    .set_global_opts(
                 opts.TitleOpts(title =
"2019年12月乘用车销量（单位：台）",
                                  pos_left = "center",
                                  pos_bottom = 10,
                                  title_textstyle_opts =
opts.TextStyleOpts(font_weight = 'bolder',
                                          font_size = 24,
                                          color = 'white')),
                 opts.LegendOpts(orient="vertical",
                                  pos_top="4%",
                                  pos_left="80%",
                                  item_gap=16,
                                  legend_icon='circle'),
                  opts.TooltipOpts(is_show = True,
                                    trigger_on="click",
                                    formatter="{b}销量占比\n：{d}%",
                                    textstyle_opts=opts.TextStyleOpts(color =
'yellow'))
                 )
 )
```

从以上代码中可以看到，创建的 Pie 对象的名称是 salesPie。

使用 render_notebook()方法渲染图表。

在这里，执行下述命令完成 temperatureLine 的渲染。

```
salesPie.render_notebook()
```

执行完成后，在 Notebook 中输出图 4-23 所示的图表。

单击饼图中的任一部分，输出该部分对应的数据在所有数据中的占比，如图 4-24 所示。

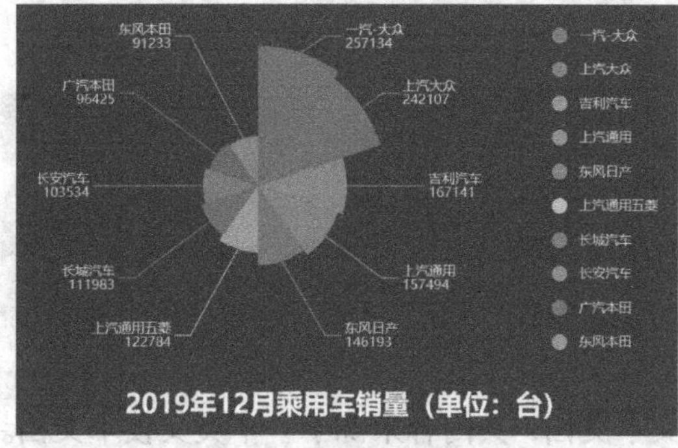

图 4-23　设计的饼图

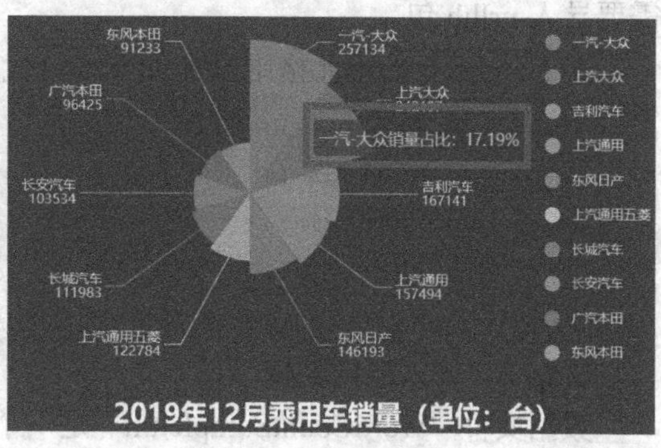

图 4-24　和饼图交互

4.5.3　将文本的词频统计结果用词云图进行可视化

微课 4-9

在上一小节的示例中，用于可视化的数据是通过读取存储在 Amazon EC2 实例中的文件获取的。在本小节中，我们获取存储在 Amazon S3 存储桶中的文本文件，统计该文本中每一个单词出现的频率，并使用“词云图”进行可视化展示。

在本小节中，将使用 pandas 包完成词频统计的功能。

Step 1：启动 Notebook

在之前的章节中，我们已经在 Amazon EC2 实例上成功地安装并配置了 Notebook 程序。在 Amazon EC2 实例上执行如下命令启动 Notebook 服务。

```
jupyter-notebook
```

启动后页面如图 4-25 所示。

```
https://aws.amazon.com/amazon-linux-2/
[ec2-user@ip-172-31-14-65 ~]$ jupyter-notebook
[I 09:17:41.402 NotebookApp] Writing notebook server cookie secret to /run/user/1000/jupyter/notebook_cookie_secret
[W 09:17:41.791 NotebookApp] WARNING: The notebook server is listening on all IP addresses and not using encryption. T
ommended.
[I 09:17:41.833 NotebookApp] JupyterLab beta preview extension loaded from /usr/anaconda3/lib/python3.6/site-packages/
[I 09:17:41.833 NotebookApp] JupyterLab application directory is /usr/anaconda3/share/jupyter/lab
[I 09:17:41.838 NotebookApp] Serving notebooks from local directory: /home/ec2-user/notebook
[I 09:17:41.838 NotebookApp] 0 active kernels
[I 09:17:41.838 NotebookApp] The Jupyter Notebook is running at:
[I 09:17:41.838 NotebookApp] http://ip-172-31-14-65.cn-north-1.compute.internal:8888/
[I 09:17:41.838 NotebookApp] Use Control-C to stop this server and shut down all kernels (twice to skip confirmation).
```

图 4-25　启动 Notebook 服务

在浏览器的地址栏中输入服务器的地址，在本地启用 Notebook。输入的地址格式如下所示。

```
$IP:$PORT
```

其中，$IP 是 Amazon EC2 实例的 IP 地址，$PORT 是 Notebook 在 Amazon EC2 实例上占用的端口。

Step 2：导入需要的包

在本例中使用 pandas 包中的 read_csv()方法读取数据文件，并对 pandas 包中的 DataFrame 对象进行数据分析和处理。因此，需要预先导入 pandas 包。

对于数据可视化功能的设计，需要用到 chart 中预定义的 WordCloud，还需要用到

pyecharts 的 options 完成全局配置和系列配置的功能。因此，需要导入相关的包。

由于需要访问 Amazon S3 上的资源，在 Notebook 中读取的文件使用 URL 地址，因此需要导入 urllib 包。

在 Notebook 的单元格中添加如下 4 行代码。

```
import urllib.request
import pandas as pd
from pyecharts import charts
from pyecharts import options as opts
from pyecharts.globals import ThemeType
```

Step 3：读入原始数据

数据文件“WordCountSample.txt”是一个文本文档，其内容来源于一个英文技术文档。使用 Windows 操作系统中的记事本程序打开该文件，文件的内容如图 4-26 所示。

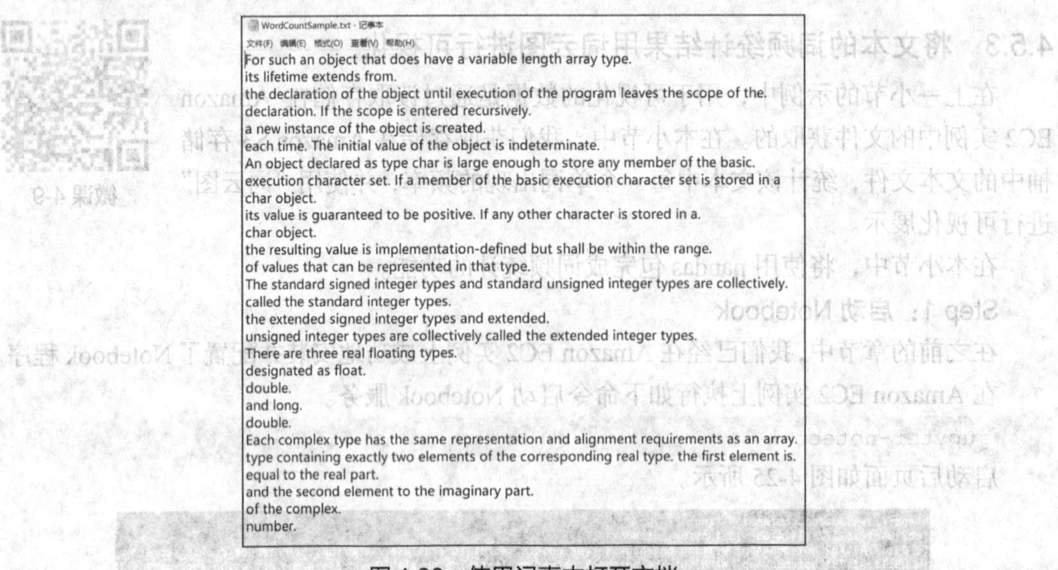
WordCountSample.txt - 记事本
文件(F) 编辑(E) 格式(O) 查看(V) 帮助(H)
For such an object that does have a variable length array type.
its lifetime extends from.
the declaration of the object until execution of the program leaves the scope of the.
declaration. If the scope is entered recursively.
a new instance of the object is created.
each time. The initial value of the object is indeterminate.
An object declared as type char is large enough to store any member of the basic.
execution character set. If a member of the basic execution character set is stored in a
char object.
its value is guaranteed to be positive. If any other character is stored in a.
char object.
the resulting value is implementation-defined but shall be within the range.
of values that can be represented in that type.
The standard signed integer types and standard unsigned integer types are collectively.
called the standard integer types.
the extended signed integer types and extended.
unsigned integer types are collectively called the extended integer types.
There are three real floating types.
designated as float.
double.
and long.
double.
Each complex type has the same representation and alignment requirements as an array.
type containing exactly two elements of the corresponding real type. the first element is.
equal to the real part.
and the second element to the imaginary part.
of the complex.
number.

图 4-26　使用记事本打开文档

可见，该文件的每行包含的字符包括大小写英文字母、空格和实心句号。需要特别注意的是，该文件的第一行是文本正文，而不是题目。

使用 pandas 包中的 read_csv()方法读取该文件。代码清单如下所示。

```
dataUrl = 'https://chapter4-data.s3.cn-north-1
.amazonaws.com.cn/WordCountSample.txt'
data = urllib.request.urlopen(dataUrl)
orgDf = pd.read_csv(data,header=None,names=["line"])
```

数据文件存储在 Amazon S3 中，需要通过 URL 访问该文件。dataUrl 存储了该文件的 URL，使用 urlopen()方法解析该地址并赋值给变量 data。最后，使用 read_csv()方法读取该 URL 指向的数据文件。该文件的第一行就是正文，这意味着如果在读文件的时候不指定列名称，那么会将该文件的第一行作为列名称。因此，需要设置 read_csv()方法的参数 header 和 names。在这里，header 参数设置了数据文件中是否具有列名称，names 参数设置了 orgDf

的列名称。

读取出的数据存储在变量 orgDf 中，该变量是 DataFrame 对象。

在这里，我们可以执行如下命令输出 orgDf 的前 10 行。

```
print(orgDf.head(10))
```

输出结果如图 4-27 所示。

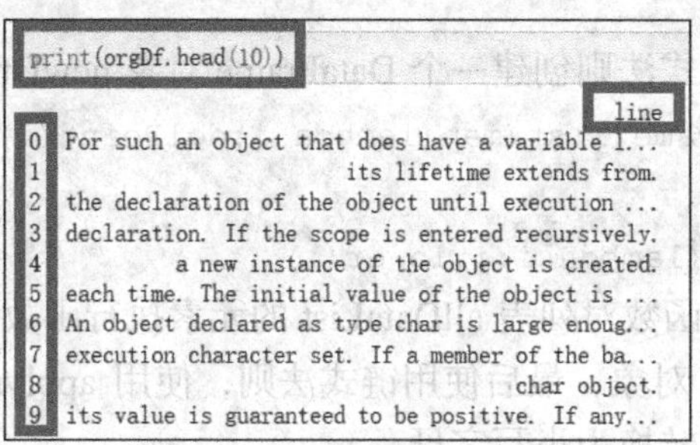

图 4-27　输出前 10 行

可见，该 DataFrame 对象的行索引是从 0 开始的自然数，其列名称是读取文件的时候指定的“line”。

Step 4：实现数据预处理功能

需要统计每个单词出现的次数，因此需要先将数据进行“展平操作”，去除文本中不需要的空格符，然后删除单词中可能存在的实心句号“.”，最后将所有单词中的字母转换为小写字母。

在这里，我们使用 split()方法将 orgDf 中的每一行元素进行拆分，每一行拆分的结果是一个列表，还需要将这些列表拼接起来，最终得到的列表存储了文本中的所有单词。代码清单如下所示。

```
allDataList = []
for i in range(int(orgDf.size)):
    allDataList += orgDf["line"][i].split(" ")
```

在这里，split()方法的参数是空格，这是因为不同单词之间是使用空格分隔的。这样，在提取出单词的同时，还删除了文本中的空格。

此时如果输出该列表，会发现其中某些单词包含大写字母，某些单词中还包含符号“.”，如图 4-28 所示。

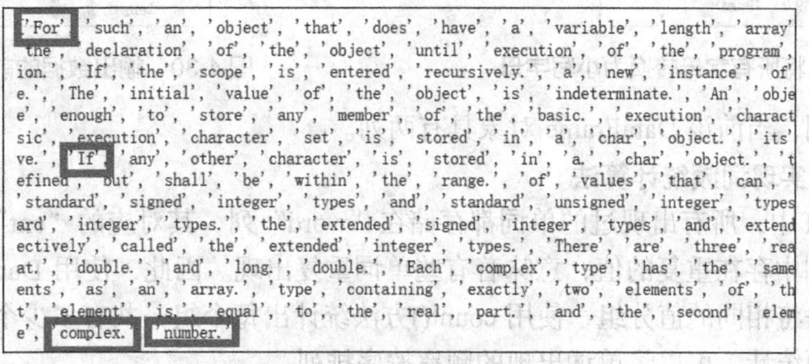

图 4-28　转换后的数据样式

设计函数 delPoint()，将单词中的符号“.”使用空字符串代替，这样就实现了删除符号“.”的目的。该函数的代码清单如下所示。

```
def delPoint(x):
    if "." in x:
        return x.replace(".","")
    return x
```

接下来，我们使用链式法则创建一个 DataFrame 对象 newDf。代码清单如下所示。

```
newDf = pd.DataFrame(list(map(lambda i:delPoint(i),
 allDataList)))
        .applymap(lambda i:i.lower())
```

首先，使用 lambda()函数对列表 allDataList 的元素执行函数 delPoint()。然后使用结果列表创建一个 DataFrame 对象，最后使用链式法则，使用 applymap()方法执行 lambda()函数，将单词中的所有字母转换为小写字母。

此时，newDf 的前 10 行如图 4-29 所示。

可见，之前包含大写字母的“For”变成了“for”。

单词中的“.”符号也被删除了，读者可以写程序自己验证。

Step 5：生成包含词频列的 DataFrame 对象

newDf 只包含一列，如图 4-29 所示。为了进行词频统计，我们需要在 newDf 中添加一列，其值为 1，表明当前的单词都出现过一次。

将 newDf 的两列数据列名称更换为“word”和“cnt”，提高数据的可读性。

这部分的代码清单如下所示。

```
newDf[1] = 1
newDf.columns=["word","cnt"]
```

输出 newDf 的前 10 行，如图 4-30 所示。

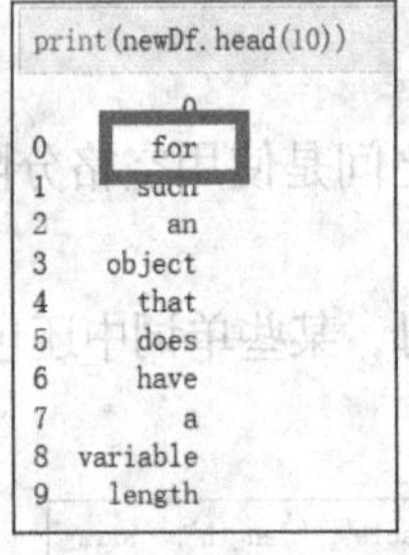

图 4-29　将所有字母转换为小写字母

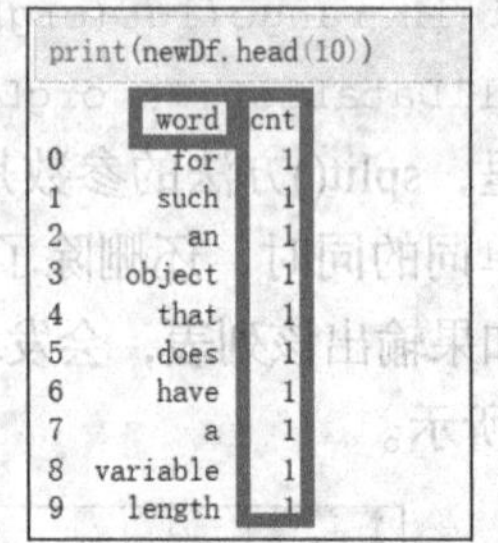

图 4-30　输出数据的前 10 行

可以看到，当前该 DataFrame 对象具有两列。

Step 6：实现词频统计算法

在 newDf 中，所有出现过的单词都存储在“word”列，其对应的“cnt”列的值为 1。在“word”列中存在重复的值，意味着有些单词重复出现。因此，使用 DataFrame 对象的 groubpy()方法将相同的值分组，使用 count()方法统计出每个组一共有多少个元素。

为了方便统计，可以将单词出现的频率按序排列。

这部分的代码清单如下所示。

```
wordCntDf = newDf.groupby("word").count()
.reset_index()
.sort_values(by="cnt",ascending=False)
.apply(lambda row:(row['word'], row['cnt']), axis=1 )
```

上述代码中，使用 reset_index()方法重设了 DataFrame 对象的索引，否则此时 wordCntDf 的索引是执行 groupby()方法之后的单词。使用 sort_values()方法，按照“cnt”降序的顺序对 DataFrame 对象进行排列。使用 apply()方法，执行一个 lambda()函数，该 lambda()函数将同一行的两个值组成一个元素。

这里，实际上 wordCntDf 是一个 Series 对象。输出 wordCntDf 的类型及前 10 行，如图 4-31 所示。

可见，该 Series 对象仅有一列，每列的值是一个包含两个元素的元组，元组的第 1 个元素是单词，第 2 个元素是该单词出现的次数。

由于 pyecharts 中的词云图接收的输入数据是列表，因此将 wordCntDf 转变为列表 wordCnt，并提取出现频率最高的前 40 个单词。这部分的代码清单如下所示。

```
wordCnt = list(wordCntDf)[0:40]
```

输出 wordCnt 的第 1 个元素，如图 4-32 所示。

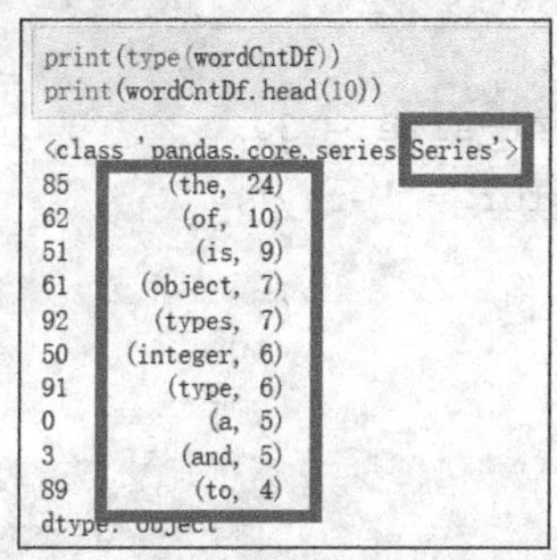

```
print(type(wordCntDf))
print(wordCntDf.head(10))

<class 'pandas.core.series.Series'>
85        (the, 24)
62         (of, 10)
51          (is, 9)
61      (object, 7)
92       (types, 7)
50     (integer, 6)
91        (type, 6)
0            (a, 5)
3          (and, 5)
89          (to, 4)
dtype: object
```

图 4-31 输出数据的前 10 行

```
print(wordCnt[0])

('the', 24)
```

图 4-32 输出数据的第 1 个元素

Step 7：根据词频统计结果设计词云图

设计的词云图对象是 wordCntWC。

和之前绘制折线图 Line、饼图 Pie 等实例的方式类似，在这里创建并渲染 WordCloud（词云）的实例。

在创建 WordCloud 实例的时候，调用 InitOpts 完成初始化设置，将该图表的主题设置为 White，将画布的宽和高分别设置为 700px 和 600px。这部分的代码清单如下所示。

```
charts.WordCloud(opts.InitOpts(theme=ThemeType.WHITE,
                               width = "700px",
                               height = "600px"))
```

使用 add()方法为词云图添加可视化的数据，并设置图像的基本属性。data_pair 设置了原始数据的来源，shape 设置了词云图的轮廓，word_size_range 设置了词云图中不同单词的大小范围的中心点坐标。

通过设置 tooltip_opts 参数，指定了用户和词云图的交互方式，如果用户单击词云图的单词，可以用黄色文字显示该单词出现的次数。这部分的代码清单如下所示。

```
.add(series_name = '英文文本词频统计',
data_pair = wordCnt,
shape='DIAMOND',
    word_size_range=[20,200],
    tooltip_opts=opts.TooltipOpts(
                formatter="{b}出现的次数：{c}",
textstyle_opts=opts.TextStyleOpts(color="yellow"))
        )
```

使用 set_global_opts()方法设置图表的全局属性。在这里，设置了该词云图的标题名称和显示样式。具体来说，使用 TitleOpts()方法将词云图的名称居中放置于画布的下部，字体设置为灰色 30 号加粗字体。这部分代码清单如下所示。

```
.set_global_opts(title_opts=opts.TitleOpts(
title="来自 Amazon S3 文本的词频统计",
                    pos_left = "center",
                    pos_top = 10,
                    title_textstyle_opts =
 opts.TextStyleOpts(font_weight = 'bolder',
                                  font_size = 30,
                                  color = 'Gray'))

              )
```

Step 8：渲染图表

该案例完整代码清单如下所示。

```
import urllib.request
import pandas as pd
from pyecharts import charts
from pyecharts import options as opts
from pyecharts.globals import ThemeType

dataUrl = 'https://chapter4-data.s3.cn-north-1
.amazonaws.com.cn/WordCountSample.txt'
data = urllib.request.urlopen(dataUrl)
orgDf = pd.read_csv(data,header=None,names=["line"])

allDataList = []
for i in range(int(orgDf.size)):
allDataList += orgDf["line"][i].split(" ")

def delPoint(x):
```

```
    if "." in x:
        return x.replace(".","")
    return x

newDf = pd.DataFrame(list(map(lambda i:delPoint(i), allDataList)))
                    .applymap(lambda i:i.lower())

newDf[1] = 1
newDf.columns=["word","cnt"]

wordCntDf = newDf.groupby("word").count()
.reset_index()
.sort_values(by="cnt",ascending=False)
.apply(lambda row:(row['word'], row['cnt']), axis=1)

wordCnt = list(wordCntDf)[0:40]

wordCntWC = (
    charts.WordCloud(opts.InitOpts(theme=ThemeType.WHITE,
                        width = "700px",
                        height = "600px"))
    .add(series_name = '英文文本词频统计',
         data_pair = wordCnt,
         shape='DIAMOND',
         word_size_range=[20,200],
         tooltip_opts=opts.TooltipOpts(
             formatter="{b}出现的次数：{c}",
             textstyle_opts=opts.TextStyleOpts(color="yellow"))
        )
.set_global_opts(title_opts=
opts.TitleOpts(title="来自 Amazon S3 文本的词频统计",
                        pos_left = "center",
                        pos_top = 10,
                        title_textstyle_opts =
opts.TextStyleOpts(font_weight = 'bolder',
                                        font_size = 30,
                                        color = 'Gray'))
                )
)
```

从以上代码中可以看到，创建的词云图 WordCloud 对象的名称是 wordCntWC。

使用 render_notebook()方法渲染图表。

在这里，执行下述命令完成 temperatureLine 的渲染。

```
wordCntWC.render_notebook()
```

执行完成后，在 Notebook 中输出如图 4-33 所示的图表。

单击词云图中的任意单词，显示该单词出现的次数，如图 4-34 所示。

图 4-33　输出的图表

图 4-34　和图表交互

4.6 课后练习

一、填空题

1. pandas 提供的两种主要的数据类型包括________________和________________。
2. 使用 Series 对象的________________属性，可以获取该 Series 对象的索引。
3. DataFrame 对象具有两个索引，分别是________________和________________。

二、判断题

1. 如果为 Series 对象指定了索引，则不能对该对象进行切片操作，因为其默认的整数索引不存在了。（　　）
2. 可以使用索引的方式，操作 Series 对象的一个或一组元素。（　　）
3. 可以使用字典创建 DataFrame 对象，但不能使用嵌套的字典创建 DataFrame 对象。（　　）
4. 可以使用 vsplit()方法将数组在水平方向上进行分割。（　　）
5. 可以使用 hsplit()方法将数组在水平方向上进行分割。（　　）

三、综合题

创建一个有 6 列数据的 DataFrame 对象 A，列名称分别是“省份”“区号”“省会”“人口”“出生人口数”“死亡人口数”。要求如下。

1. 数据的时间是 2020 年 1 月～2020 年 12 月。
2. 输入 10 行数据，即获取 10 个省份的上述信息，通过互联网自行查询相关数据。

3. 求出每个省的出生率、死亡率。

4. 按照出生率由低到高的顺序，将省份重新排序，生成 DataFrame 对象 B，并写入文件“birthrate.csv”。

5. 使用饼图可视化各省的人口数据。

6. 使用柱状图可视化各省的新生儿数据。

项目五　Web应用程序的数据可视化

学习指导

知识目标	了解 ECharts
	掌握 numpy 中数组的概念
技能目标	能够使用 numpy 数组进行数据分析
	能够在 Flask 开发的网站中配置使用 ECharts
	熟练使用 ECharts 中常用的图表样式进行数据可视化
	能够根据不同数据选择合适的图表样式

5.1　情境描述

微课 5-1

某培训机构使用欢喜科技公司开发的云上成绩管理系统，完成了多门科目的成绩录入工作。

为了统计每门课程的成绩情况、统筹安排教师业务水平提升，该机构委托欢喜科技公司完成课程的成绩分析工作，以便用户以报表等最直接的方式了解该课程的授课情况。

欢喜科技公司安排小刘完成该业务。小刘认为，使用数据可视化的方式，能够直观地显示数据的内涵，选择不同的图表样式，可以展示同一组数据的不同内涵或者不同组数据的比较情况。

为此，小刘需要设计开发一个 Web 应用程序，将已有的成绩使用不同的图表形式来呈现，如柱状图等，以表达数据的不同内涵。

5.2　任务分析

1. 选择可视化工具

可以使用多种工具进行数据可视化的开发。例如 Microsoft Excel，使用该软件进行可视化开发，具有入门简单、兼容性强和适用性广等优点。然而其缺点也很明显，那就是需要安装该软件或插件。这样就导致使用该工具进行数据可视化的应用，无论是 Web 应用还是桌面软件，规模都比较庞大。

相较于 Microsoft Excel 而言，ECharts 这样的工具，具有轻量级、体积小、易设计的特点，非常适合轻量级网站或者桌面程序使用。

2. 选择图表样式

柱状图展示多个分类的数据变化和同类别各变量之间的比较情况，直观展示各组数据的差异性，强调个体与个体之间的比较，适用于需要进行数据展示和对比的场合。其缺陷在于，如果分类过多，则对比效果较差。

散点图展示若干数据系列中各数值之间所隐藏的关系，适用于数据集中包含大量数据的数据分析场合。其缺陷在于，在散点图中显示多个序列，可能会导致看起来比较混乱。

5.3 numpy 基础

微课 5-2

5.3.1 numpy 简介

作为一门越来越流行的程序设计语言，Python 非常灵活易用，但 Python 本身并非专门设计用来进行科学计算的，导致其在开发效率和执行效率上均不适合直接用于数据分析。numpy 的出现为数据分析中常用的数组操作提供了便利，同 pandas、SciPy、matplotlib、SciKits 等其他众多 Python 科学计算包结合在一起，构成了一个完整的科学计算生态系统。

numpy 是一个非常重要的科学计算工具包，该包提供对 *N* 维数组对象的支持。除此之外，numpy 还包括一些成熟的函数库，用于整合 C/C++和 Fortran 代码的工具包、线性代数、傅里叶变换和随机数生成函数等。

numpy 提供了两种基本的对象：ndarray（N-dimensional array object）和 ufunc（universal function object）。ndarray 是存储单一数据类型的多维数组，而 ufunc 则是能够对数组进行处理的函数。

5.3.2 使用 numpy 数组对象

numpy 最重要的一个特点就是其 *N* 维数组对象（即 ndarray），该对象是一个快速、灵活的大数据集容器。可以将数组看作一种新的数据类型，但数组中所有元素的类型必须是一致的。

ndarray 对象由两部分组成：实际的数据和描述这些数据的元数据。大部分的数组操作仅修改元数据部分，不改变底层的实际数据。

在 Python 支持的数据类型基础上，为了满足科学计算的需求，numpy 中添加了更多的数据类型，如 bool、inti、int64、float32、complex64 等。同时，它也有许多特有的属性和方法。

1. 数据类型

numpy 支持的数据类型如表 5-1 所示。

表 5-1　numpy 支持的数据类型

数据类型	数据类型描述
bool	布尔值
int_	默认的整数类型，和 C 语言中的 long、Python 语言中的 int 兼容
intc	有符号整数，和 C 语言中的 int 兼容
intp	有符号整数的简写，和 C 语言中的 intptr_t 兼容
int8	8 位整数
int16	16 位整数

续表

数据类型	数据类型描述
int32	32 位整数
int64	64 位整数
uint8	8 位无符号整数
uint16	16 位无符号整数
uint32	32 位无符号整数
uint64	64 位无符号整数
float	浮点数
float16	半精度浮点数
float32	单精度浮点数
float64	双精度浮点数
complex	复数
complex64	复数，用 32 位浮点数表示其实部和虚部
complex128	复数，用 64 位浮点数表示其实部和虚部

可见，大部分数据类型是以数字结尾的，这些数字表明其在内存中占用的二进制位数。在 numpy 中，每一种数据类型均有对应的类型转换函数。

2. 常用属性

ndarray 对象常用的属性如表 5-2 所示。

表 5-2　ndarray 对象常用的属性

属性名称	属性描述
dtype	描述数组元素的类型
shape	以 tuple 表示的数组形状
ndim	数组的维度
size	数组中元素的个数
itemsize	数组中的元素在内存中所占字节数
T	数组的转置
flat	返回一个数组的迭代器，对 flat 赋值将导致整个数组的元素被覆盖
nbytes	数组占用的存储空间

3. 常用方法

ndarray 对象常用的方法如表 5-3 所示。

表 5-3　ndarray 对象常用的方法

方法名称	方法描述
reshape	返回一个给定 shape 的数组的副本
resize	返回给定 shape 的数组，原数组 shape 发生改变

续表

方法名称	方法描述
flatten()/ravel()	返回展平数组，原数组不改变
astype(dtype)	返回指定元素类型的数组副本
fill()	将数组元素全部设定为一个标量值
sum/prod()	计算所有数组元素的和/积
mean()/var()/std()	返回数组元素的均值/方差/标准差
max()/min()/ptp()/median()	返回数组元素的最大值/最小值/取值范围/中位数
argmax()/argmin()	返回最大值/最小值的索引
sort()	对数组进行排序，用属性 axis 指定排序的轴
view()/copy()	view 创造一个新的数组对象指向同一数据，copy 是深复制
tolist()	将数组完全转为列表，注意与直接使用 list(array)的区别
compress()	返回满足条件的元素构成的数组

4．使用一维数组

（1）创建一维数组

可以使用 numpy 中的 arange()方法创建一维数组。

该方法可以设定一个参数 *n*，其使用方法如下所示。

```
A = arange(n)
```

使用这种方法创建的 ndarray A 是一个一维数组，该数组的最小值是 0，最大值是 $n-1$，即其取值范围是 $[0,n-1]$。

该方法可以设定两个参数 *n* 和 *m*，其使用方法如下所示。

```
A = arange(n, m)
```

使用这种方法创建的 ndarray A 是一个一维数组，该数组的最小值是 n，最大值是 $m-1$，即其取值范围是 $[n,m-1]$。

在下面的例子中，创建了一个包含 5 个整数元素的一维数组 aArray，其取值范围是 0～5；创建了一个包含 7 个浮点数元素的一维数组 bArray，其取值范围是 1.2～7.2。输出这两个数组的值、元素数据类型、维数和元素个数。代码清单如下所示。

```
import numpy as np


aArray = np.arange（5）
print("aArray的值是：",aArray)
print("aArray元素的数据类型是：",aArray.dtype)
print("aArray的维数是：",aArray.ndim)
print("aArray中的元素个数是：",aArray.size)


bArray = np.arange(1.2,5.4)
print("bArray的值是：",bArray)
```

```
print("bArray 元素的数据类型是：",bArray.dtype)
print("bArray 的维数是：",bArray.ndim)
print("bArray 中的元素个数是：",bArray.size)
```

运行该程序，结果如图 5-1 所示。

（2）选取一维数组元素

numpy 数组的下标是从 0 开始的。使用“数组名[索引]”的方式选取一维数组的元素，如选取数组元素的第 n 个元素，其索引为 $n-1$。

如下示例创建了一个包含 5 个元素的一维数组，并将其第 3 个值赋给变量 x。代码清单如下所示。

```
import numpy as np


aArray = np.arange(1,6)
print("aArray 的值是：",aArray)
x = aArray[2]
print("aArray 第 3 个元素的值是：",x)
print("aArray 第 5 个元素的值是：",aArray[4])
```

运行该程序，结果如图 5-2 所示。

```
aArray的值是： [0 1 2 3 4]
aArray元素的数据类型是： int32
aArray的维数是： 1
aArray中的元素个数是： 5
bArray的值是： [1.2 2.2 3.2 4.2 5.2 6.2 7.2]
bArray元素的数据类型是： float64
bArray的维数是： 1
bArray中的元素个数是： 7
```

图 5-1　创建两个一维数组

```
aArray的值是： [1 2 3 4 5]
aArray第3个元素的值是： 3
aArray第5个元素的值是： 5
```

图 5-2　选取一维数组的元素

（3）一维数组的切片操作

和列表的序列对象类似，可以对 numpy 的数组进行切片操作。切片操作的使用方法请参考本书项目二中元组和列表的切片操作。

在下面的例子中，创建了一个包含 5 个元素的一维数组 aArray。使用切片操作，指定起始和结束索引，创建新的数组 bArray。使用切片操作，指定起始索引、结束索引和步长，创建新的数组 cArray。使用切片操作，忽略起始索引，指定结束索引，创建新的数组 dArray。使用切片操作，指定起始索引为负值，忽略结束索引，创建新的数组 eArray。输出计算结果。代码清单如下所示。

```
import numpy as np


aArray = np.arange(1,6)
print("aArray 的值是：",aArray)
bArray = aArray[2:4]
print("aArray 第 3、4 个元素的值是：",bArray)
cArray = aArray[0:5:2]
print("aArray 第 1、3、5 个元素的值是：",cArray)
```

```
dArray = aArray[:3]
print("aArray 前 3 个元素的值是：",dArray)
eArray = aArray[-3:]
print("aArray 后 3 个元素的值是：",eArray)
```

运行该程序，结果如图 5-3 所示。

```
aArray的值是：  [1 2 3 4 5]
aArray第3、4个元素的值是：  [3 4]
aArray第1、3、5个元素的值是：  [1 3 5]
aArray前3个元素的值是：  [1 2 3]
aArray后3个元素的值是：  [3 4 5]
```

图 5-3 一维数组的切片操作

5. 使用二维数组

微课 5-3

（1）创建二维数组

可以使用 *m* 个一维数组创建一个二维数组，这些一维数组具有相同的元素个数 *n*，生成的二维数组的维度为 $m \times n$。对于具有 *n* 个元素的数组[A，B，----，M]，可以通过如下操作创建一个二维数组对象 X。

```
X = numpy.array([A, B, ----, M])
```

在下面的示例中，创建了一个包含 5 个元素的一维数组 aArray 和 bArray，基于这两个数组，创建一个二维数组对象 cArray，其尺寸是 2×5。输出 cArray 的值、数组维数、数组元素个数等相关信息。代码清单如下所示。

```
import numpy as np

aArray = np.arange(1,6)
bArray = np.arange(3,8)
cArray = np.array([aArray, bArray])
print("cArray 的类型是：\n",type(cArray))
print("cArray 的值是：\n",cArray)
print("cArray 元素的数据类型是：",cArray.dtype)
print("cArray 的维数是：",cArray.ndim)
print("cArray 的形状是：",cArray.shape)
print("cArray 中的元素个数是：",cArray.size)
```

运行该程序，输出结果如图 5-4 所示。

```
cArray的类型是：
 <class 'numpy.ndarray'>
cArray的值是：
 [[1 2 3 4 5]
 [3 4 5 6 7]]
cArray元素的数据类型是：  int32
cArray的维数是：  2
cArray的形状是：  (2, 5)
cArray中的元素个数是：  10
```

图 5-4 创建二维数组

（2）选取二维数组元素

选取二维数组元素的命令如下所示。

```
X[a, b]
```

在这里，a 是二维数组 X 的行索引，b 是二维数组 X 的列索引。a 和 b 既可以是一个整数，也可以是切片操作。

和一维数组相似，二维数组的索引从 0 开始，即二维数组的第 1 行或第 1 列的索引值是 0。

在下面的示例中，创建了一个二维数组 aArray，输出 aArray 的对象类型、值、元素类型、维数、形状和元素个数。之后，通过指定行索引和列索引的方式，将 aArray 第 3 行的第 5 个元素值赋给 aNum。对列索引使用切片操作，将 aArray 数组第 2 行的第 2～4 个元素，赋值给一维数组 bArray。对行索引使用":"进行切片操作，对列索引指明起始索引值进行切片操作，使用 aArray 数组第 3～5 列的元素，创建一个新的二维数组对 cArray，其尺寸是 4×3。对行索引和列索引分别进行切片操作，使用 aArray 第 1～3 行的第 2～3 个元素，创建一个新的二维数组对 cArray，其尺寸是 3×2。完整的代码清单如下所示。

```
import numpy as np

aArray = np.array([np.arange(0,6),np.arange(3,9),\
                  np.arange(10,4,-1), np.arange(11,17)])
print("aArray 的类型是：",type(aArray))
print("aArray 的值是：\n",aArray)
print("aArray 元素的数据类型是：",aArray.dtype)
print("aArray 的维数是：",aArray.ndim)
print("aArray 的形状是：%d×%d：" %\
      (aArray.shape[0], aArray.shape[1]))
print("aArray 中的元素个数是：",aArray.size)
print("\n")
aNum = aArray[2,4]
print("aArray 第 3 行的第 5 个元素是：", aNum)
bArray = aArray[1,1:4]
print("aArray 第 2 行的第 2～4 个元素是：", bArray)
cArray = aArray[:,2:5]
print("aArray 第 3～5 列的元素组成的数组是：\n", cArray)
print("该数组的形状是：%d×%d：" %\
      (cArray.shape[0], cArray.shape[1]))
dArray = aArray[0:3,1:3]
print("aArray 第 1～3 行的第 1～2 个元素组成的数组是：\n", dArray)
print("该数组的形状是：%d×%d：" %\
      (dArray.shape[0], dArray.shape[1]))
```

运行该程序，输出结果如图 5-5 所示。

```
aArray的类型是： <class 'numpy.ndarray'>
aArray的值是：
 [[ 0  1  2  3  4  5]
 [ 3  4  5  6  7  8]
 [10  9  8  7  6  5]
 [11 12 13 14 15 16]]
aArray元素的数据类型是： int32
aArray的维数是： 2
aArray的形状是：4×6:
aArray中的元素个数是： 24


aArray第3行的第5个元素是： 6
aArray第2行的第2~4个元素是： [4 5 6]
aArray第3~5列的元素组成的数组是：
 [[ 2  3  4]
 [ 5  6  7]
 [ 8  7  6]
 [13 14 15]]
该数组的形状是：4×3:
aArray第1~3行的第2~3个元素组成的数组是：
 [[1 2]
 [4 5]
 [9 8]]
该数组的形状是：3×2:
```

图 5-5　二维数组的索引及切片操作

6. 改变数组尺寸

可以使用 reshape()方法改变数组尺寸。对于数组 A，可以使用如下方法将 A 的尺寸变为（m×n×----）。

```
A.reshape(m×n×---)
```

可以将变化后的结果赋值给新的数组 B。命令如下所示。

```
B = A.reshape(m×n×---)
```

此时数组 B 的尺寸为（m×n×---），A 的尺寸不变。改变数组 B 中某个元素的值，也会改变数组 A 对应元素的值。

在下面的示例中，创建一个 2×6 的二维数组 aArray，输出该数组的信息。使用 reshape()方法修改数组 aArray 的尺寸为 2×3×3，并将新数组赋值给变量 bArray，输出该数组的信息。之后将 bArray[0,1,0]的值修改为 99。最后再次输出数组 bArray 和 aArray 的值。完整的代码清单如下所示。

```
import numpy as np


aArray = np.array([np.arange(0,6),np.arange(6,12)])
print("aArray的值是：\n",aArray)
print("aArray的维数是：",aArray.ndim)
print("aArray的形状是：%d×%d" %\
      (aArray.shape[0], aArray.shape[1]))
print("\n将aArray修改为2×3×2的数组bArray。")
bArray = aArray.reshape(2,3,2)
print("bArray的值是：\n",bArray)
print("bArray的维数是：",bArray.ndim)
print("bArray的形状是：%d×%d×%d" %\
      (bArray.shape[0], bArray.shape[1],\
      bArray.shape[2]))
print("\n修改bArray[0,1,0]的值为99。")
```

```
bArray[0,1,0] = 99
print("\n 现在 bArray 的值是：\n",bArray)
print("\n 现在 aArray 的值是：\n",aArray)
```

运行该程序，输出结果如图 5-6 所示。

```
aArray的值是：
 [[ 0  1  2  3  4  5]
 [ 6  7  8  9 10 11]]
aArray的维数是： 2
aArray的形状是：2×6

将aArray修改为2×3×2的数组bArray。
bArray的值是：
 [[[ 0  1]
  [ 2  3]
  [ 4  5]]

 [[ 6  7]
  [ 8  9]
  [10 11]]]
bArray的维数是： 3
bArray的形状是：2×3×2

修改bArray[0,1,0]的值为99。

现在bArray的值是：
 [[[ 0  1]
  [99  3]
  [ 4  5]]

 [[ 6  7]
  [ 8  9]
  [10 11]]]

现在aArray的值是：
 [[ 0  1 99  3  4  5]
 [ 6  7  8  9 10 11]]
```

图 5-6　使用 reshape()方法修改数组的形状

从图 5-6 可见，使用 reshape()方法可以修改数组的维数。在这里，把二维数组 aArray 变成了三维数组 bArray。修改 bArray 元素的值，会导致 aArray 相应元素的值也发生改变。

也可以使用 resize()方法改变数组尺寸。resize()方法没有返回值，因此不可以将调用该方法得到的结果赋值给其他变量。对于数组 A，可以使用如下方法将 A 的尺寸变为（m×n×---）。

```
A.resize(m×n×---)
```

这里，如果变换之后的元素个数（m×n×---），与当前 A 数组的元素个数不符，则会自动进行补值为 0 的元素或者丢弃元素的操作。

在下面的示例中，创建了一个 2×3 的二维数组 aArray。使用 resize()方法将数组 aArray 的尺寸修改为 3×2、4×4、2×2，输出每次转换后数组的信息。完整的代码清单如下所示。

```
import numpy as np


aArray = np.array([np.arange(0,3),np.arange(3,6)])
print("aArray 的值是：\n",aArray)
print("aArray 的维数是：",aArray.ndim)
print("aArray 的形状是：%d×%d" %\
      (aArray.shape[0], aArray.shape[1]))
```

```
print("\n将 aArray 尺寸修改为 3×2。")
aArray.resize(3,2)
print("当前 aArray 的值是：\n",aArray)
print("当前 aArray 的维数是：",aArray.ndim)
print("当前 aArray 的形状是：%d×%d" %\
      (aArray.shape[0], aArray.shape[1]))

print("\n将 aArray 尺寸修改为 4×4。")
aArray.resize(4,4)
print("当前 aArray 的值是：\n",aArray)
print("当前 aArray 的维数是：",aArray.ndim)
print("当前 aArray 的形状是：%d×%d" %\
      (aArray.shape[0], aArray.shape[1]))

print("\n将 aArray 尺寸修改为 2×2。")
aArray.resize(2,2)
print("\n当前 aArray 的值是：\n",aArray)
print("当前 aArray 的维数是：",aArray.ndim)
print("当前 aArray 的形状是：", (aArray.shape))
```

运行该程序，输出结果如图 5-7 所示。

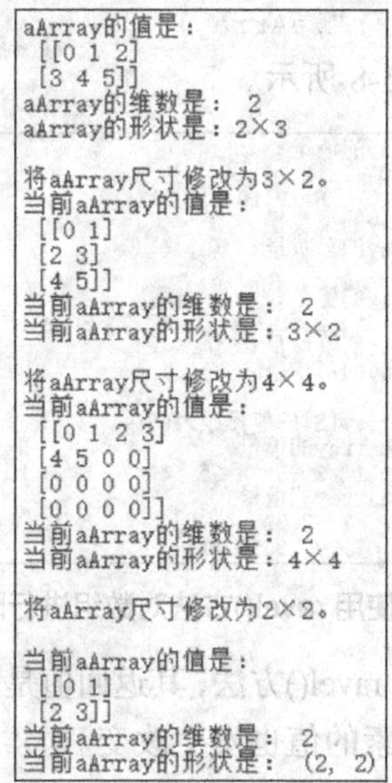
```
aArray的值是：
 [[0 1 2]
 [3 4 5]]
aArray的维数是： 2
aArray的形状是：2×3

将aArray尺寸修改为3×2。
当前aArray的值是：
 [[0 1]
 [2 3]
 [4 5]]
当前aArray的维数是： 2
当前aArray的形状是：3×2

将aArray尺寸修改为4×4。
当前aArray的值是：
 [[0 1 2 3]
 [4 5 0 0]
 [0 0 0 0]
 [0 0 0 0]]
当前aArray的维数是： 2
当前aArray的形状是：4×4

将aArray尺寸修改为2×2。

当前aArray的值是：
 [[0 1]
 [2 3]]
当前aArray的维数是： 2
当前aArray的形状是： (2, 2)
```

图 5-7　使用 resize()方法修改数组的形状

7. 把多维数组降维为一维数组

把一个多维数组变为一维数组，也可以称为“展平”操作。

可以使用 ndarray 数组对象的 ravel()方法，将一个多维数组降维为一维数组。

对于 *N* 维数组 A，可以使用 ravel()方法将 A 变为一维数组并赋值给 B。命令如下所示。

```
B = A.ravel()
```

改变数组 B 中某个元素的值，也会改变数组 A 对应元素的值。

在下面的示例中，创建了一个 2×6 的二维数组 aArray。使用 ravel()方法对该数组进行降维操作，将操作的结果赋值给变量 bArray。之后将 bArray[3]的值修改为 99。最后再次输出数组 bArray 和 aArray 的值。完整的代码清单如下所示。

```
import numpy as np


aArray = np.array([np.arange(0,6),np.arange(6,12)])


bArray = aArray.ravel()
print("aArray 的值是：\n",aArray)
print("aArray 的维度是：",aArray.ndim)
print("aArray 的形状是：",aArray.shape)
print("\nbArray 的值是：\n",bArray)
print("bArray 的维度是：",bArray.ndim)
print("bArray 的形状是：", bArray.shape)

print("\n 将 bArray[3]的值修改为 99.")
bArray[3] = 99
print("现在 bArray 的值是：\n",bArray)
print("现在 aArray 的值是：\n",aArray)
```

运行该程序，输出结果如图 5-8 所示。

```
aArray的值是：
 [[ 0  1  2  3  4  5]
 [ 6  7  8  9 10 11]]
aArray的维度是： 2
aArray的形状是： (2, 6)

bArray的值是：
 [ 0  1  2  3  4  5  6  7  8  9 10 11]
bArray的维度是： 1
bArray的形状是： (12,)

将bArray[3]的值修改为99.
现在bArray的值是：
 [ 0  1  2 99  4  5  6  7  8  9 10 11]
现在aArray的值是：
 [[ 0  1  2 99  4  5]
 [ 6  7  8  9 10 11]]
```

图 5-8　使用 ravel()方法对数组进行降维操作

从图 5-8 可见，对 aArray 使用 ravel()方法，其返回值是一个一维数组 bArray。修改 bArray 元素的值，会导致 aArray 相应元素的值也发生改变。

还可以使用 ndarray 数组对象的 flattern()方法，将一个数组降维为一维数组。

对于 *N* 维数组 A，可以使用 flattern()方法将 A 变为一维数组并赋值给 B。命令如下所示。

```
B = A.flattern()
```

与 ravel()方法不同，改变数组 B 中某个元素的值，不会改变数组 A 对应元素的值。

在下面的示例中，创建了一个 2×3×3 的三维数组 aArray。使用 flattern()方法对该数组进行降维操作，并将结果赋值给变量 bArray，然后将 bArray[3]的值修改为 99，最后再次输出数组 bArray 和 aArray 的值。完整的代码清单如下所示。

```
import numpy as np

aArray = np.array([[np.arange(0,3),np.arange(3,6),np.arange(6,9)],\
[np.arange(9,12),np.arange(12,15),np.arange(15,18)]])

bArray = aArray.flatten()
print("aArray 的值是: \n",aArray)
print("aArray 的维数是: ",aArray.ndim)
print("aArray 的形状是: ",aArray.shape)
print("\nbArray 的值是: \n",bArray)
print("bArray 的维数是: ",bArray.ndim)
print("bArray 的形状是: ", bArray.shape)

print("\n 将 bArray[3]的值修改为 99.")
bArray[3] = 99
print("现在 bArray 的值是: \n",bArray)
print("现在 aArray 的值是: \n",aArray)
```

运行该程序，输出结果如图 5-9 所示。

```
aArray的值是:
 [[[ 0  1  2]
  [ 3  4  5]
  [ 6  7  8]]

 [[ 9 10 11]
  [12 13 14]
  [15 16 17]]]
aArray的维数是:  3
aArray的形状是:  (2, 3, 3)

bArray的值是:
 [ 0  1  2  3  4  5  6  7  8  9 10 11 12 13 14 15 16 17]
bArray的维数是:  1
bArray的形状是:  (18,)

将bArray[3]的值修改为99.
现在bArray的值是:
 [ 0  1  2 99  4  5  6  7  8  9 10 11 12 13 14 15 16 17]
现在aArray的值是:
 [[[ 0  1  2]
  [ 3  4  5]
  [ 6  7  8]]

 [[ 9 10 11]
  [12 13 14]
  [15 16 17]]]
```

图 5-9 使用 flattern()方法对数组进行降维操作

从图 5-9 可见，对三维数组 aArray 使用 flattern()方法，其返回值是一个一维数组 bArray。修改 bArray 元素的值，不会影响 aArray 元素的值。

8. 转置数组

可以使用 transpose()方法实现数组的转置。

对于尺寸是 $m \times n$ 的数组 A，可以使用 transpose()方法将 A 变为尺寸是 $n \times m$ 的数组 B。使用方法如下所示。

```
B = A. transpose()
```

改变数组 B 中某个元素的值，会改变数组 A 对应元素的值。

在下面的示例中创建了一个 2×4 的二维数组 aArray。使用 transpose()方法对该数组进行转置操作，其结果为一个 4×2 的二维数组，将该结果赋值给变量 bArray，然后将 bArray[2,1]的值修改为 99，最后再次输出数组 bArray 和 aArray 的值。完整的代码清单如下所示。

```
import numpy as np

aArray = np.array([np.arange(1,5),np.arange(5,9)])

bArray = aArray.transpose()
print("aArray 的值是：\n",aArray)
print("aArray 的维数是：",aArray.ndim)
print("aArray 的形状是：%d×%d：" %\
      (aArray.shape[0], aArray.shape[1]))

print("\nbArray 的值是：\n",bArray)
print("bArray 的维数是：",bArray.ndim)
print("bArray 的形状是：%d×%d：" %\
      (bArray.shape[0], bArray.shape[1]))

print("\n将 bArray[2,1]的值修改为 99.")
bArray[2,1] = 99
print("现在 bArray 的值是：\n",bArray)
print("现在 aArray 的值是：\n",aArray)
```

运行该程序，输出结果如图 5-10 所示。

```
aArray的值是：
 [[1 2 3 4]
 [5 6 7 8]]
aArray的维数是： 2
aArray的形状是：2×4：

bArray的值是：
 [[1 5]
 [2 6]
 [3 7]
 [4 8]]
bArray的维数是： 2
bArray的形状是：4×2：

将bArray[2,1]的值修改为99.
现在bArray的值是：
 [[ 1  5]
 [ 2  6]
 [ 3 99]
 [ 4  8]]
现在aArray的值是：
 [[ 1  2  3  4]
 [ 5  6 99  8]]
```

图 5-10 使用 transpose()方法对数组进行转置操作

从图 5-10 可见，对 2×4 的数组 aArray 使用 transpose()方法，其返回值是一个 4×2 的二维数组 bArray。修改 bArray 元素的值，会影响 aArray 元素的值。

9. 拼接数组

微课 5-4

对于数组，可以在水平和垂直两个方向进行拼接操作。

可以使用 hstack()方法将两个数组在水平方向进行拼接。对于两个数组 A 和 B，使用如下命令对其进行水平拼接，结果为数组 C。

```
C = hstack((A, B))
```

可以使用 vstack()方法将两个数组在垂直方向进行拼接。对于两个数组 A 和 B，使用如下命令对其进行垂直拼接，结果为数组 C。

```
C = vstack((A, B))
```

可以使用 concatenate()方法将两个数组拼接。该函数的第 2 个参数 axis 指明拼接的方向：当 axis = 1 时，在水平方向进行拼接；当 axis = 0 时，在垂直方向进行拼接。对于两个数组 A 和 B，使用如下方法对其进行拼接，水平拼接的结果是 C，垂直拼接的结果是 D。可以直接给第 2 个参数赋值。

```
C = concatenate((A, B), axis = 1)
D = concatenate((A, B), axis = 0)
```

在下面的示例中，创建了两个 2×4 的数组 aArray 和 bArray。使用 hstack()方法对这两个数组进行水平拼接，得到数组 cArray。使用 vstack()方法对这两个数组进行垂直拼接，得到数组 dArray。使用 concatenate()方法对这两个数组进行水平拼接和垂直拼接，得到数组 eArray 和 fArray。输出计算结果。完整的代码清单如下所示。

```
from numpy import array, arange, hstack, \
    vstack, concatenate


aArray = array([arange(1,3), arange(3,5)])
bArray = array([arange(5,7), arange(7,9)])
cArray = hstack((aArray, bArray))
dArray = vstack((aArray, bArray))
eArray = concatenate((aArray, bArray),axis = 1)
fArray = concatenate((aArray, bArray),axis = 0)

print("使用hstack()方法拼接的结果：\n", cArray)
print("使用vstack()方法拼接的结果：\n",dArray)
print("使用concatenate()方法水平拼接的结果：\n",eArray)
print("使用concatenate()方法垂直拼接的结果：\n",fArray)
```

运行该程序，输出结果如图 5-11 所示。

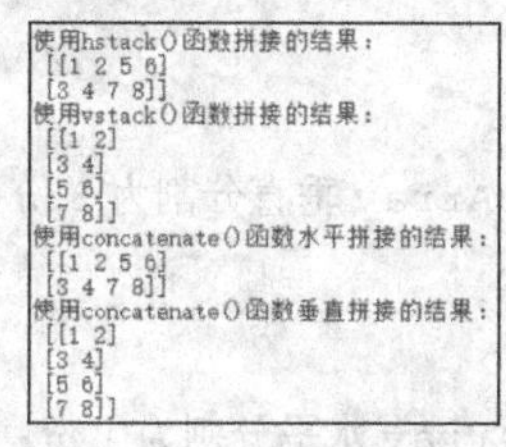

图 5-11　对数组进行拼接操作

10. 分割数组

可以使用 hsplit()方法将数组在水平方向上进行分割。该方法具有两个参数，第 1 个参数是要分割的数组，第 2 个参数是要分割的份数。对于数组 A，使用如下命令对其进行水平分割，结果是元素为数组的列表 B。

```
B = hsplit(A, n)
```

可以使用 vsplit()方法将两个数组在垂直方向上进行分割。该方法具有两个参数，第 1 个参数是要分割的数组，第 2 个参数是要分割的份数。对于数组 A，使用如下命令对其进行垂直分割，结果是元素为数组的列表 B。

```
B = vsplit(A, n)
```

可以使用 split()方法分割数组。该方法具有 3 个参数，第 1 个参数是要分割的数组，第 2 个参数是要分割的份数，第 3 个参数是分割的轴 axis。当 axis = 1 时，在水平方向进行分割；当 axis = 0 时，在垂直方向进行分割。对于数组 A，使用如下命令将其分割为 *n* 个数组，水平分割的结果是元素为数组的列表 B，垂直分割的结果是元素为数组的列表 C。

```
B = split(A, n, axis = 1)
C = split(A, n, axis = 0)
```

在下面的示例中，创建了 3×4 的数组 aArray。使用 hsplit()方法将这个数组沿水平方向分割为 2 份，得到数组列表 aList。使用 vsplit()方法将这个数组沿垂直方向分割为 3 份，得到数组列表 bList。使用 split()方法将数组 aArray 在水平方向上分割为 1 份，在垂直方向上分割为 3 份，得到数组 cList 和 dList。使用 for 循环结构，输出每个数组列表的值。完整的代码清单如下所示。

```
import numpy as np
aArray = np.array([np.arange(1,5),\
                   np.arange(2,6),\
                   np.arange(3,7)])
aList = np.hsplit(aArray, 2)

bList = np.vsplit(aArray, 3)

cList = np.split(aArray, 1, 1)
dList = np.split(aArray, 3, 0)

print("aArray 是：\n", aArray)
print("使用 hsplit()方法将 aArray 水平分割为 2 份：")
for x in aList:
    print(x)
print("使用 vsplit()方法将 aArray 垂直分割为 3 份：")
for x in bList:
    print(x)
print("使用 split()方法将 aArray 水平分割为 1 份：")
```

```
    for x in cList:
        print(x)
    print("使用 split()方法将 aArray 垂直分割为 3 份：")
    for x in dList:
        print(x)
```

运行该程序，输出结果如图 5-12 所示。

```
aArray是：
 [[1 2 3 4]
 [2 3 4 5]
 [3 4 5 6]]
使用hsplit()函数将aArray水平分割为2份：
[[1 2]
 [2 3]
 [3 4]]
[[3 4]
 [4 5]
 [5 6]]
使用vsplit()函数将aArray垂直分割为3份：
[[1 2 3 4]]
[[2 3 4 5]]
[[3 4 5 6]]
使用split()函数将aArray水平分割为1份：
[[1 2 3 4]
 [2 3 4 5]
 [3 4 5 6]]
使用split()函数将aArray垂直分割为3份：
[[1 2 3 4]]
[[2 3 4 5]]
[[3 4 5 6]]
```

图 5-12　对数组进行分割操作

5.3.3 使用 numpy 的方法读写文件

微课 5-5

1. 使用 loadtxt()方法读取文件

使用该方法从文本文件中读取数据。其返回值是一个 ndarray 对象。

当没有缺失数据时，使用 loadtxt()方法可以快速地读取格式简单的文本文件。没有缺失数据，意味着文件的每一行数据的个数相同。

该方法的使用方法如下所示。

```
numpy.loadtxt(fname,
              dtype=<type 'float'>,
              comments='#',
              delimiter=None,
              converters=None,
              skiprows=0,
              usecols=None,
              unpack=False,
              ndmin=0)
```

表 5-4 给出了该方法的参数及其说明。

表 5-4　loadtxt()方法的参数

参数名称	参数说明
fname	指定数据来源，可以是文件，也可以是生成器。如果文件的扩展名是“.gz”或“.gz2”，则先解压缩该文件；如果是生成器，那么生成器应该返回 byte 格式的字符串

续表

参数名称	参数说明
dtype	可选参数，指定返回数组的数据类型，默认是浮点数 float。如果 dtype 是结构数据类型，那么返回的数组是一维数组，每一行是数组的一个元素。此时，数组元素的列数应该和该结构数据类型的域的个数相同
comments	可选参数，字符串或者序列对象，默认是符号“#”。指明注释开始的第 1 个或第 1 串字符
delimiter	可选参数，字符串对象，默认值是空格。用来分隔不同值的符号
converters	可选参数，字典对象，默认值是 None。通过该参数指定的字典，将指定的列映射到一个函数，从而将该列的数据转变为浮点数。该参数也可用于为缺失值指定默认值
skiprows	可选参数，整数对象，默认值是 0。指明读文件时，从文件第 1 行开始算起需要忽略掉的行数
usecols	可选参数，整数或序列对象，默认值是 None。指明需要从文件中读取的列编号，编号 0 是第 1 列。默认读取全部列
unpack	可选参数，布尔值对象，默认值是 False。如果值是 True，则会转置读取的数组，这样可以使用“x,y,z=loadtxt()”这样的方式读取文件
ndmin	可选参数，整数对象，默认值是 0，合法值是 0、1 或 2。返回数组的最低维数

在下面的示例中，使用生成器生成一个尺寸为 3×3 的数组。该数组同一行的不同数据用空格分隔，使用转义符“\n”将数据分隔为多行。使用 loadtxt()方法读取全部数据，输出结果。代码清单如下所示。

```
from io import StringIO
import numpy as np
dataGen = StringIO("0 1 2\n3 4 5\n6 7 8")
aArray = np.loadtxt(dataGen)
print("从生成器读取的数据是：\n")
print(aArray)
```

运行该程序，输出结果如图 5-13 所示。

```
从生成器读取的数据是：

[[0. 1. 2.]
 [3. 4. 5.]
 [6. 7. 8.]]
```

图 5-13　从生成器读取数据

在下面的示例中，使用生成器生成一个尺寸为 3×4 的数组。该数组同一行的不同数据用逗号“,”分隔，使用转义符“\n”将数据分隔为多行。使用 loadtxt()方法读取该数组的第 1 列和第 3 列，输出结果。代码清单如下所示。

```
from io import StringIO
import numpy as np
dataGen = StringIO("0, 1, 2, 3\n\
                4, 5, 6, 7\n\
                8, 9, 10, 11")
aArray, bArray = np.loadtxt(dataGen,
                    delimiter= ',',
                    usecols =(0, 2),
```

```
                    unpack = True)
print("\n 从生成器读取的第一列数据是：\n")
print(aArray)
print("\n 从生成器读取的第三列数据是：\n")
print(bArray)
```

运行该程序，输出结果如图 5-14 所示。

```
从生成器读取的第一列数据是：
[0. 4. 8.]
从生成器读取的第三列数据是：
[ 2.  6. 10.]
```

图 5-14　使用 loadtxt()方法读取多列数据

2. 使用 savetxt()方法写文件

使用该方法可以把数组写入文本文件中。

从文本文件中读取数据。当文本文件中存在缺失数据时，对缺失的数据按照指定的方式进行处理。

该方法的使用方法如下所示。

```
numpy.savetxt(fname,
            X,
            fmt='%.18e',
            delimiter=' ',
            newline='\n',
            header='',
            footer='',
            comments='# ',
            encoding=None)
```

表 5-5 给出了该方法的参数及其说明。

表 5-5　savetxt()方法的参数

参数名称	参数说明
fname	指定数据来源。可以是文件名或者文件句柄。如果文件的扩展名是".gz"，则自动压缩文件并存储为压缩的 GZIP 格式
X	一维或者二维数组。要写入文件的数据
fmt	可选参数，字符串或字符串序列对象。指定数据在文件中的格式。其形式可以是：（1）一个格式符，指明所有数据的格式；（2）一个完整的字符串，由分隔符分隔，指明每列数据的格式；（3）一个字符串列表，每个元素指明每列数据的格式
delimiter	可选参数，字符串对象。用来分隔不同列的字符或字符串
newline	可选参数，字符串对象。用来分隔不同行的字符或字符串
header	可选参数，字符串对象。写在文件第一行的字符串
footer	可选参数，字符串对象。写在文件最后一行的字符串

续表

参数名称	参数说明
comments	可选参数，字符串对象，默认是符号“#”。添加在 footer 和 header 字符串的开始位置，将这两行作为注释
encoding	可选参数，None 或字符串对象，默认值是“latin1”。指明写入文件的编码格式，如果该参数的值不是“bytes”或“latin1”，则有可能无法在 numpy 中读取该文件

在下面的示例中，使用 arange()方法创建了 3 个相同的一维数组，其起始值是 1，结束值是 5，步长是 0.5。将这 3 个数组写入文本文件“test.txt”中，写入的数据保留两位小数，不同数据使用分号“;”分隔。代码清单如下所示。

```
import numpy as np
x = y = z = np.arange(1,5,0.5)
np.savetxt('test.txt',
           (x,y,z),
           fmt="%.2f",
           delimiter = ";")
```

运行该程序。写入的数据内容如图 5-15 所示。

```
1.00;1.50;2.00;2.50;3.00;3.50;4.00;4.50
1.00;1.50;2.00;2.50;3.00;3.50;4.00;4.50
1.00;1.50;2.00;2.50;3.00;3.50;4.00;4.50
```

图 5-15　使用 savetxt()方法写入多个数组

从图 5-15 可以看到，写入顺序是先写入第一个数组，然后换行，继续写入第二个数组，以此类推。

3. numpy 中更多的读写文件方法

除了上述常用的 loadtxt()方法外，还有其他读文件方法，可以从不同数据源读取数据，或者读取具有不同特点的数据文件。

表 5-6 列举了 numpy 包中其他的一些读文件方法。

表 5-6　numpy 包中部分读文件方法

方法名称	方法说明
load()	从扩展名为“.npy”或者“.npz”的 numpy 文件中读取数组，从 pickle 文件中读取持久化处理的 pickle 对象
fromregex()	使用正则表达式，在文本文件中构造数组
loadmat()	读取 matlab 数据文件
genfromtxt()	读取存在缺失值的文本文件。如果文本文件没有缺失值，则使用 loadtxt()方法读取

除了上述常用的 savetxt()方法外，还有其他写文件方法，可以写入不同数据，或者写入具有不同特点的数据文件。

表 5-7 列举了 numpy 包中其他的一些写文件方法。

表 5-7 numpy 包中部分写文件方法

方法名称	方法说明
save()	将数组存储在扩展名为“.npy”的二进制文件中
savez()	将多个数组存储在一个扩展名为“.npz”的二进制文件中，该文件没有被压缩
savez_compressed()	将多个数组存储在一个扩展名为“.npz”的二进制文件中，该文件是一个压缩文件
memmap()	在磁盘上创建一个数组的映射，并将该映射存储在二进制文件中

5.4 ECharts 基础

商业产品图表库（Enterprise Charts，ECharts）是一个使用 JavaScript 实现的开源可视化库，可以流畅地运行在 PC 和移动设备上，兼容绝大部分浏览器（IE、Chrome、Firefox、Safari 等）。ECharts 底层依赖矢量图形库 ZRender（一个轻量级 canvas 类库），为用户提供直观、交互丰富、可高度个性化定制的数据可视化图表。

微课 5-6

5.4.1 ECharts 简介

ECharts 提供了常规的折线图、柱状图、散点图、饼图、K 线图，除此之外，根据不同的应用场景，ECharts 还提供了不同的可视化表现形式。例如，用于统计的盒形图，用于地理数据可视化的地图、热力图和线图，用于关系数据可视化的关系图、treemap 和旭日图，以及用于多维数据可视化的平行坐标。使用 ECharts，开发人员不仅可以使用单一样式进行可视化展示，还可以在同一项目中进行多图表混合展示。

除了已经内置的图表，ECharts 用户还可以简便地自定义图形样式，用户只需要使用 renderItem 函数，就可以将数据映射到预期的图形，更重要的是，自定义的样式可以和已有的交互组件结合使用。

ECharts 官方网站（请用户通过搜索引擎搜索）提供了图表的构建文件，用户可以自行前往下载。该网站还提供了在线构建功能，允许用户根据需求自行选择下载内容，而无须下载所有图表的构建文件。

作为数据可视化库，ECharts 具有如下特点。

（1）支持多种数据格式。通过内置的 dataset 属性，ECharts 支持直接传入二维表、字典等多种格式的数据源，通过简单的设置 encode 属性，就可以完成从数据到图形的映射。

（2）支持千万量级数据的展示。使用增量渲染技术，ECharts 能够展现千万量级的数据，并且在这个量级依然能够进行流畅的缩放平移等交互。ECharts 支持输入 TypedArray 格式的数据，这种数据格式在大数据量的存储中占用更少的存储，对 GC 友好等特性也可以大幅度提升可视化应用的性能。通过提供对流加载技术的支持，开发人员可以使用 WebSocket 或者先对数据分块再加载，实现边加载边绘制的需求。

（3）跨平台支持。针对移动端交互，ECharts 使用了细粒度的模块化和打包机制，这使页面在移动端拥有很小的体积。同时，ECharts 为不同的应用场景提供了不同的渲染方式。

具体来说，VML 可以兼容低版本 IE，SVG 可以降低移动设备上页面的内存占用，Canvas 用于大数据量和特效的展现。除了 PC 和移动端的浏览器，ECharts 还能在 node 上配合 node-canvas 进行高效的服务端渲染。在开发语言支持上，ECharts 具有多种语言的第三方包，例如 Python 的 pyecharts、R 语言的 rECharts 和 Julia 的 echarts.jl 等。

（4）灵活的数据交互。ECharts 提供了图例、视觉映射、数据区域缩放、tooltip 和数据筛选等易用的数据交互组件，可以对数据进行多样化的数据筛选、视图缩放和细节展示等交互操作。

（5）支持动态数据可视化。ECharts 采用数据驱动的设计模式，任何数据的变化都会驱动图表的变化，这大大降低了动态数据可视化的开发难度。

（6）可以实现多维数据的可视化。ECharts 支持平行坐标等常见的多维数据可视化工具，配合视觉映射组件 visualMap，ECharts 能够将各种数据映射到颜色、大小、透明度和明暗度等都不同的视觉通道。

5.4.2 ECharts 中的名词和概念

本小节介绍 ECharts 中常见的名词和概念，这有助于初学者进行后续深入的学习。

1. 实例

在一个网页中可以创建多个 ECharts 实例。在创建 ECharts 实例之前，需要创建一个 DOM 节点作为 ECharts 的渲染容器。每个 ECharts 实例独占一个 DOM 节点。可以使用 option 在每个 ECharts 实例中创建多个图表和坐标系。

2. 系列

ECharts 中的系列（Series）是指一组数据以及使用这些数据映射成的图表，这意味着 ECharts 中的系列不仅包含数据，还包含通过这些数据映射的图表。因此，一个系列至少应该包含一组数据、类型（series.type），以及这些数据映射成图的方法或参数。

ECharts 中系列的类型（series.type）就是图表类型。ECharts 库中预定义的系列类型包括折线图（Line）、柱状图（Bar）、饼图（Pie）、散点图（Scatter）、关系图（Graph）和树图（Tree）等。

3. 组件

除了系列之外，ECharts 还有其他很多被称为“组件”的内容。在现在的 ECharts 库中，预定义的组件包括直角坐标系的 x 轴（xAxis）、直角坐标系的 y 轴（yAxis）、直角坐标系的网格（grid）、极坐标系的角度轴（angleAxis）、极坐标系的半径轴（radiusAxis）、地理坐标系（geo）、数据区缩放组件（dataZoom）、视觉映射组件（visualMap）、提示框组件（tooltip）、工具栏组件（toolbox）和系列（series）等。

可见，预定义的组件中是包含系列的，这意味着系列也是一种组件。从某种程度上说，系列是专门绘制可视化图表的组件。

ECharts 的开发人员使用 option 来描述图表，描述的内容包括图表数据来源、数据映射成图表的方法（图表的类型、图表的外观、图表包含的组件）和图表与用户的交互行为（包括图表组件的行为）等。

4. 坐标系

ECharts 的一些系列，例如 Line、Bar、Scatter 和 Heatmap 等，需要使用坐标系实现其布局，以及显示数据刻度等功能。目前的 ECharts 版本中，支持的坐标系包括直角坐标系、极坐标系、地理坐标系、单轴坐标系和日历坐标系等。

其他一些系列，例如 Pie、Tree 等，不依赖坐标系就可以独立存在。

还有一些系列，例如 Graph 等，依据用户的设定，既可以独立存在，也可以布局在坐标系中。

一个坐标系通常由多个组件组合而成。以直角坐标系为例，其包含直角坐标系的 x 轴（xAxis）、直角坐标系的 y 轴（yAxis）和直角坐标系网格（grid）3 种组件。xAxis 和 yAxis 被 grid 自动引用并协同工作。

另外，有些系列可以运行在不同的坐标系中。例如，Scatter 可以运行在直角坐标系、极坐标系和地理坐标系等各种坐标系中。同样，一个坐标系通常也可以运行不同的系列，例如直角坐标系可以运行 Line 和 Bar 等。

5.4.3　ECharts 中的样式

本小节简述通过改变图形或者文字样式设置样式的常用方法，包括颜色主题、调色盘、直接设置样式和样式高亮等。

1. 颜色主题

设置颜色主题（Theme）是更改全局样式最简单的方法。在 ECharts4 中，除了内置默认主题外，还新增了“Light”和“Dark”两套主题。如果需要使用没有内置的主题，那么开发人员可以从主题编辑器中下载并加载到工程中。除此之外，开发人员也可以使用主题编辑器编辑设计主题。

如果下载的主题保存为 JSON 文件，那么开发人员需要进行注册和加载。如果下载的主题保存为 UMD 格式的 JS 文件，那么开发人员可以在工程中直接导入 JS 文件。

2. 调色盘

调色盘包含一组颜色，图形、系列会自动从其中选择颜色。既可以使用 option 设置全局调色盘，也可以设置工程中每个系列专属的调色盘。

3. 直接设置样式

比较常用的样式设置方式是直接设置样式。可以在 option 中直接设置 itemStyle、lineStyle、areaStyle 和 label 等。通过这种方式，可以直接设置图形元素的颜色、线宽、点的大小、标签的文字和标签的样式等。

虽然 ECharts 中不同图表和组件中的 itemStyle 和 label 等可能出现在不同的位置，但通常 ECharts 的各个系列和组件都会遵循以上的命名习惯。

4. 样式高亮

设置样式高亮，使鼠标指针悬浮到图形元素上时出现高亮的样式。默认情况下，高亮的样式是根据普通样式自动生成的。高亮的样式也可以使用 emphasis 属性定制。

5.4.4 异步数据加载和更新

1. 异步加载

在 ECharts 中，可以简单地实现异步数据的更新。在图表初始化后，先通过 jQuery 等工具异步获取数据，再通过 setOption 填入数据和配置项就可以完成异步数据的加载。

2. 加载动画

如果加载的数据量很大，那么可能导致加载时间过长，这样画布上就无法显示图表，这通常会让用户误认为网页出错。为此，开发人员可以添加一个加载动画来提示用户正在加载数据。

ECharts 内置了一个简单的加载动画。开发人员可以使用 showLoading()方法显示动画，数据加载完成后调用 hideLoading()方法隐藏该加载动画。

3. 数据动态更新

ECharts 由数据驱动，数据的改变会直接驱动图表更新，这使得使用 ECharts 进行动态数据的可视化变得简单。

可以通过 setOption 完成数据的更新。开发人员定时获取数据，然后使用 setOption 填入数据，而不用考虑数据的具体变化，ECharts 会自动找到两组数据之间的差异，然后选择合适的动画去表现数据的变化。

5.4.5 ECharts 中的事件和行为

在 ECharts 的图表中，用户的操作将会触发相应的事件。开发者可以监听这些事件，然后通过回调函数做相应的处理，例如跳转到一个地址或者弹出对话框等。具体来说，ECharts 中的事件分为两种类型，一种是用户鼠标点击图表，或者鼠标指针悬停在图表时触发的事件；另外一种是用户在使用交互组件后触发的事件。

1. 鼠标事件

ECharts 支持常规的鼠标事件，包括“click”“dblclick”“mousedown”“mousemove”“mouseup”“mouseover”“mouseout”“globalout”“contextmenu”等。所有的鼠标事件函数都具有 params 参数，这个参数是一个包含了被点击的图表的数据信息的对象。

2. 组件交互事件

在 ECharts 中，大部分组件的交互行为都会触发相应的事件。例如切换图表的选中状态，会触发 legendselectchanged 事件。

常用的组件交互事件和事件对应的参数，在 ECharts 的 events 文档中有详细说明。

3. 代码触发 ECharts 组件的行为

除了用户的交互操作之外，经常需要在 Web 程序中调用方法触发图表的行为，诸如显示 tooltip 等。

常用的动作和动作对应的参数，在 ECharts 的 action 文档中有详细说明。

5.5 在 Flask 中使用 ECharts 进行数据可视化

微课 5-7

在本节中，我们使用 Flask 框架设计前后端分离的 Web 应用程序，然后使用 ECharts 对数据进行可视化。具体来说，该项目中的输入数据是百分制不同分数段的人数，数据直接在页面模板中写入。对于这些数据，分别使用柱状图、饼图和散点图进行可视化。

5.5.1 使用 Flask 设计可视化网站

在本小节中，使用 Flask 框架设计 Web 应用，包括工厂函数、蓝图、视图函数以及页面模板。

Step 1：创建工程文件夹

本项目存储在文件夹 FlaECharts 中，同时该文件夹的名称也是 Flask 项目工程包的名称。之后新建的文件和文件夹需要放在该文件夹中，同时还需要在该文件夹中建立虚环境。

执行下面的命令在 Amazon EC2 实例上创建名称为“FlaECharts”的文件夹。

```
mkdir FlaECharts
```

项目的开发在虚环境中进行。进入“FlaECharts”文件夹并在该文件夹中创建虚环境。执行的命令如下所示。

```
cd FlaECharts
python3 -m venv prjEnv
```

成功执行如上命令后，“FlaECharts”文件夹中会生成一个名为“prjEnv”的文件夹。创建一个文件夹，用来存储 Web 应用程序的设计文件，包含 Python 源代码、模板和静态文件等。执行下面的命令进入“FlaECharts”文件夹并在该文件夹中创建名称为“flaEChartsDesign”的文件夹。

```
cd FlaECharts
mkdir flaEChartsDesign
```

Step 2：完成网站视图设计

在本步骤中，我们将创建工厂函数和视图函数，完成 Web 应用程序中视图功能的构建。

编辑“flaEChartsDesign”文件夹中的“__init__.py”文件，在该文件中添加应用工厂函数 create_app()。代码清单如下所示。

```
from flask import Flask

def create_app():
    flaECharts= Flask(__name__)

    flaECharts.config.from_mapping(
        SECRET_KEY='flaECharts',
    )

    from . import showHisto
flaECharts.register_blueprint(showHisto.bp)

    return flaECharts
```

在上面的应用工厂函数 create_app()中，注册了一个名为“showHisto”的蓝图。

在“flaEChartsDesign”文件夹中新建文件“showHisto.py”，将该文件作为绘制柱状图功能的蓝图。代码清单如下所示。

```
import functools

from flask import (
Blueprint, g, redirect, render_template,
request, session, url_for
   )


bp = Blueprint('showHisto', __name__)

@bp.route('/histo')
def showHisto():
    return render_template('showHisto.html')
```

在该蓝图中，在浏览器中访问路由“/”，会执行 showHisto()视图函数，并渲染模板文件“showHisto.html”。

Step 3：创建页面基础模板

在上一步骤中，我们创建了视图函数，在本步骤中完成页面的设计。

在“flaEChartsDesign”文件夹中新建文件夹“templates”并进入该文件夹。执行的命令如下所示。

```
mkdir templates
cd templates
```

在该文件夹中完成页面模板文件的设计。

首先，设计基础模板文件“base.html”。代码清单如下所示。

```
<!DOCTYPE html>
<title>数据可视化 - {%block title%}{%endblock%} </title>

<sectionn class="content">
  <header>
    {% block header %}{% endblock %}
  </header>
  {% block content %}{% endblock %}
</section>
```

以此页面为基础，后续章节的页面模板只需对其进行继承并添加更丰富的元素。

5.5.2 将考试成绩用柱状图进行可视化

本小节详细介绍了在 Web 应用中使用 ECharts 进行可视化的步骤。

柱状图/条形图（Bar）是一种以长方形的长度为变量的统计图表。

使用柱状图，可以直观地看到每个分数段人数的分布情况。

Step 1：下载并使用 echarts.js 或者 echarts.min.js

有两种方式调用 ECharts 文件：一种是使用网络资源，另一种是下载离线资源到本地。使用本地的文件速度更快，稳定性更好。在本示例中，使用本地 ECharts 文件。

使用浏览器访问 ECharts 官网，根据页面的提示下载 ECharts 工具。通常使用的是文件 echarts.min.js 或 echarts.js，本书使用 echarts.js。

编辑"templates"文件夹中的文件"base.html"，添加使用字符编码和引用 echarts.js 的代码。代码清单如下所示。

```
# 其他已有的代码保持不变，没有显示  <header>
<header>
    <meta charset="utf-8">
    <script src="{{ url_for('static', filename='echarts.js')}}">
</script>
   {% block header %}{% endblock %}
  </header>

# 其他已有的代码保持不变，没有显示
```

Step 2：创建直方图页面基础

在"templates"文件夹中创建文件"showHisto.html"，此文件继承了基础模板"base.html"。代码清单如下所示。

```
{% extends 'base.html' %}


{% block title %}
成绩分布柱状图
{% endblock %}


{% block content %}


{% endblock %}
```

Step 3：创建一个具备宽和高的 DOM 容器

进行绘图前，使用<div>标签为 ECharts 创建一个具备宽和高的 DOM 容器。

在这里设置容器的宽为 600px，高为 400px。

代码清单如下所示。

```
# 其他已有的代码保持不变，没有显示


{% block content %}
   <div id="main" style="width: 600px;height:400px;"></div>
{% endblock %}
```

Step 4：创建并生成 ECharts 实例

设置完成画图区域之后，接下来我们需要使用 ECharts.init()方法初始化一个 ECharts 实例，设置该实例的样式 option，最后通过 setOption()方法渲染图表。

在这里，我们首先设计初始化和渲染的代码，图表样式等其他设置代码在下一步中完成。代码清单如下所示。

```
# 其他已有的代码保持不变，没有显示

{% block content %}
    <div id="main" style="width: 600px;height:400px;"></div>
    <script type="text/javascript">
        var myChart = ECharts.init(
document.getElementById('main'));
        var option = {
                };
        myChart.setOption(option);
    </script>
{% endblock %}
```

在上述代码中，option 是设计的图表样式，myChart.setOption()方法将 option 作为参数，并对 option 中设置的样式进行渲染。

Step 5：完成柱状图的设计

使用 title 设置项设置主标题和副标题的样式。在这里，设置主标题居中放置。代码清单如下所示。

```
title: {
                text: '期末考试成绩分布',
                left: 'center'
            }
```

使用 legend 设置项设置图例的样式。在这里，设置图例位于画图区域右侧 10%的位置。代码清单如下所示。

```
legend: {
                data:['人数'],
                right: '10%'
            }
```

使用 xAxis 设置项设置直角坐标系中的 x 轴的样式。在这里，设置其数据项为不同的分数段，设置坐标轴的名称为居中显示的 18 号黑体字，且与轴线之间的距离为 30。代码清单如下所示。

```
xAxis: {
                data: ["0～59","60～69","70～79","80～89","90～100"],
                name:'成 绩',
                nameLocation:'center',
                nameGap:'30',
```

```
            nameTextStyle: {
                fontWeight:'bold',
                fontSize:'18'
            }
        }
```

使用 yAxis 设置项设置直角坐标系中的 y 轴的样式。在这里，设置坐标轴的名称为居中显示的 18 号黑体字，且与轴线之间的距离为 30。代码清单如下所示。

```
yAxis: {
            name:'人 数',
            nameLocation:'center',
            nameGap:'30',
            nameTextStyle: {
                fontWeight:'bold',
                fontSize:'18'
            }
        }
```

最后，使用 series 设置项设置图表的系列项。在这里，设置样式为柱状图，设置其数据为不同分数段的人数。代码清单如下所示。

```
series: [{
            name: '人数',
            type: 'bar',
            data: [2, 8, 16, 22, 4]
        }]
```

在最后一个设置项之前，将不同的设置项之间用逗号分隔。

option 的完整代码清单如下所示。

```
var option = {
        title: {
            text: '期末考试成绩分布',
            left: 'center'
        },
        legend: {
            data:['人数'],
            right: '10%'
        },直角坐标系 grid 中的 x 轴,
        xAxis: {
            data: ["0~59","60~69","70~79","80~89","90~100"],
            name:'成 绩',
            nameLocation:'center',
            nameGap:'30',
            nameTextStyle: {
```

```
                fontWeight:'bold',
                fontSize:'18'
            }
        },
        yAxis: {
            name:'人数',
            nameLocation:'center',
            nameGap:'30',
            nameTextStyle: {
                fontWeight:'bold',
                fontSize:'18'
            }
        },
        series: [{
            name: '人数',
            type: 'bar',
            data: [2, 8, 16, 22, 4]
        }]
    };
```

Step 6：使用浏览器访问 Web 应用

使用浏览器访问地址/histo，Flask 服务器会运行视图函数 showHisto()来响应此请求。返回的渲染数据在浏览器页面中显示，如图 5-16 所示。

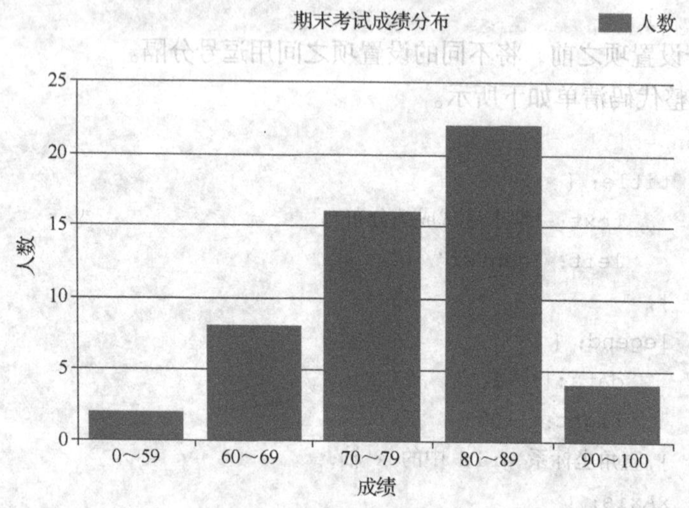

图 5-16　用柱状图可视化成绩

5.5.3　将考试成绩用饼图进行可视化

饼图（Pie）以二维或三维格式显示每一数值相对于总数值的大小。

使用饼图进行分数段可视化，能够直观地看到每个分数段的人数在总人数中的比例。

本小节中，我们将分数用饼图进行可视化呈现。

Step 1：修改工厂函数和视图函数

编辑“flaEChartsDesign”文件夹中的“__init__.py”文件，在该文件中注册一个新的蓝图 showPie。代码清单如下所示。

```
# 其他已有的代码保持不变，没有显示

    from . import showPie
flaECharts.register_blueprint(showPie.bp)

# 其他已有的代码保持不变，没有显示
```

在“flaEChartsDesign”文件夹中新建文件“showPie.py”，将该文件作为绘制饼图功能的蓝图。代码清单如下所示。

```
import functools

from flask import (
Blueprint, g, redirect, render_template,
request, session, url_for
    )


bp = Blueprint('showPie', __name__)

@bp.route('/pie')
def showPie ():
    return render_template('showPie.html')
```

在该蓝图中，浏览器对路由“/pie”的请求将通过视图函数 showPie()进行处理。

Step 2：创建饼图页面模板

在“templates”文件夹中创建模板文件“showPie.html”，此文件继承了基础模板文件“base.html”。

在该模板中，首先设置画图区域 DOM，然后使用 ECharts.init()方法初始化一个 ECharts 实例，设置该实例的样式 option，最后通过 setOption()方法渲染图表。

代码清单如下所示。

```
# 其他已有的代码保持不变，没有显示

{% block title %}
成绩分布饼图
{% endblock %}

{% block content %}
```

```
<div id="main" style="width: 600px;height:400px;"></div>
<script type="text/javascript">
    var myChart = ECharts.init(
document.getElementById('main'));
    var option = {
            };
    myChart.setOption(option);
</script>
{% endblock %}
```

从上述代码可以看到，设置的容器的宽为 600px，高为 400px。上述代码中的 option 是设计的图表样式，详细的设计代码在下一步骤完成。myChart.setOption()方法将 option 作为参数，并对 option 中设置的样式进行渲染。

Step 3：设计饼图样式

使用 title 设置项设置主标题和副标题的样式。在这里，设置主标题和副标题位于画布左侧 55%的位置，文字居中对齐，主副标题的间隔是 3。设置主标题为居中对齐的 30 号加粗雅黑字体，副标题为右对齐的 20 号加粗雅黑字体。代码清单如下所示。

```
title:{
            show: true,
            text: '成绩分布饼图',
            subtext: '按照成绩段',
            textAlign: 'center',
            itemGap: 3,
            left: '55%',
            textStyle:{
                fontFamily: 'Microsoft YaHei',
                fontWeight: 'bold',
                fontSize: 30,
                align: 'center'
            },
            subtextStyle:{
                fontFamily: 'Microsoft YaHei',
                fontWeight: 'bold',
                fontSize: 20,
                align: 'right'
            }
        }
```

使用 series 设置项设置图表的系列项。在这里，设置样式为柱状图，该图的中心点位于画布宽 40%、高 50%处，内径大小为 0，外径大小为可视区域尺寸的 55%。设置饼图标签的文字为居中对齐的 12 号黑体字，显示内容的格式和字符串“（70～79）分：16 人”相同。该饼图表达的数据是通过 data 设置项进行设置的。代码清单如下所示。

```
series:{
            name: '人数',
            type: 'pie',
            center: ['40%', '55%'],
            radius: ['0', '55%'],
            label:{
               position: 'Bottom',
               formatter: '({b})分: {c}人',
               fontWeight: 'bold',
               fontSize: 12,
               align: 'center'
               },
            data:[
               {value:2, name:'0～59'},
               {value:8, name:'60～69'},
               {value:16, name:'70～79'},
               {value:22, name:'80～89'},
               {value:4, name:'90～100'}
            ]
         }
```

使用 legend 设置项设置图例的样式。在这里，设置图例为垂直放置于离画图区左侧 80%、顶部 30%的位置的大头针，不同图例之间的间隔为 20。代码清单如下所示。

```
legend:{
            orient: 'vertical',
            itemGap: 20,
            icon: 'pin',
            left: '80%',
            top: '30%'
         }
```

在最后一个设置项之前，将不同的设置项之间用逗号分隔。

option 的完整代码清单如下所示。

```
var option = {
         title:{
            show: true,
            text: '成绩分布饼图',
            subtext: '按照成绩段',
            textAlign: 'center',
            itemGap: 3,
            left: '55%',
            textStyle:{
```

```
            fontFamily: 'Microsoft YaHei',
            fontWeight: 'bold',
            fontSize: 30,
            align: 'center'
        },
        subtextStyle:{
            fontFamily: 'Microsoft YaHei',
            fontWeight: 'bold',
            fontSize: 20,
            align: 'right'
        }
    },
    series:{
        name: '人数',
        type: 'pie',
        center: ['40%', '55%'],
        radius: ['0', '55%'],
        label:{
            position: 'Bottom',
            formatter: '({b})分: {c}人',
            fontWeight: 'bold',
            fontSize: 12,
            align: 'center'
            },
        data:[
            {value:2, name:'0~59'},
            {value:8, name:'60~69'},
            {value:16, name:'70~79'},
            {value:22, name:'80~89'},
            {value:4, name:'90~100'}
        ]
    },
    legend:{
        orient: 'vertical',
        itemGap: 20,
        icon: 'pin',
        left: '80%',
        top: '30%'
    }
};
```

Step 4：使用浏览器访问 Web 应用

使用浏览器访问路由“/pie”，Flask 服务器会运行视图函数 showPie()来响应此请求。返回的渲染数据在浏览器页面中显示，如图 5-17 所示。

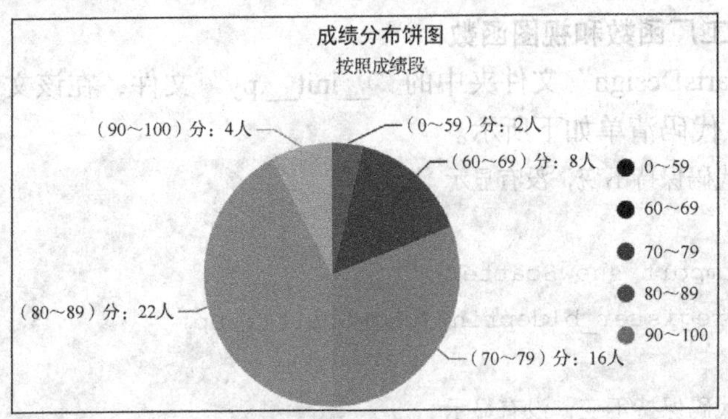

图 5-17　用饼图表示成绩

Step 5：实现组件交互

现在在饼图上无法看到每个分数段人数的比例。在这里，通过组件提示框的方式来实现此功能，提示框组件是通过 tooltip 配置项实现的。在这里，当鼠标指针在图表上移动的时候，显示黄色字体的文字，显示每个分数段的人数占总人数的百分比。代码清单如下所示。

```
tooltip: {
            trigger: 'item',
            formatter: '({b})分占比: <br/> {d}%)',
            textStyle:{
               color: 'yellow'
            }
        }
```

使用浏览器访问/pie，将鼠标指针悬浮在饼图上，可以显示如图 5-18 所示的提示框。

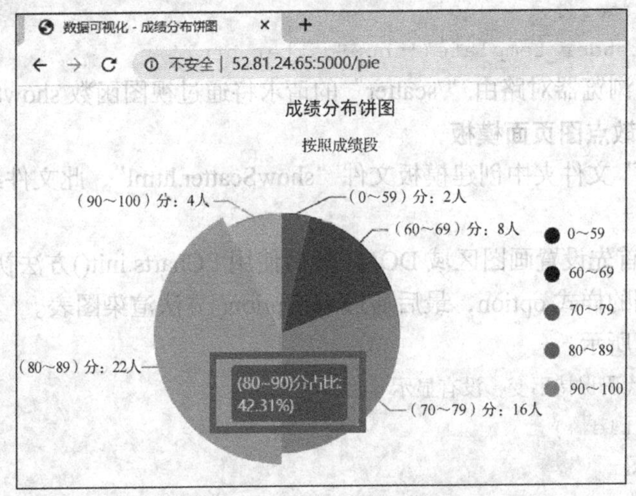

图 5-18　和饼图进行交互

从图 5-18 可见，使用提示框可以直观地显示每个成绩分数段的占比。

5.5.4 将考试成绩用散点图进行可视化

在之前的设计中，我们将成绩段及对应人数分别使用柱状图和饼图进行了可视化。

在本小节中，我们将分数段数据用散点图进行可视化。

Step 1：修改工厂函数和视图函数

编辑“flaEChartsDesign”文件夹中的“__init__.py”文件，在该文件中注册一个新的蓝图 showScatter。代码清单如下所示。

```
# 其他已有的代码保持不变，没有显示

    from . import showScatter
flaECharts.register_blueprint(showScatter.bp)

# 其他已有的代码保持不变，没有显示
```

在“flaEChartsDesign”文件夹中新建文件“showScatter.py”，将该文件作为绘制散点图功能的蓝图。代码清单如下所示。

```
import functools

from flask import (
Blueprint, g, redirect, render_template,
request, session, url_for
    )


bp = Blueprint('showScatter', __name__)

@bp.route('/scatter')
def showScatter():
    return render_template('showScatter.html')
```

在该蓝图中，浏览器对路由“/scatter”的请求将通过视图函数 showScatter()进行处理。

Step 2：创建散点图页面模板

在“templates”文件夹中创建模板文件“showScatter.html”，此文件继承了基础模板文件“base.html”。

在该模板中，首先设置画图区域 DOM，然后使用 ECharts.init()方法初始化一个 ECharts 实例，设置该实例的样式 option，最后通过 setOption()方法渲染图表。

代码清单如下所示。

```
# 其他已有的代码保持不变，没有显示
{% block title %}
成绩分布散点图
{% endblock %}
```

```
{% block content %}
    <div id="main" style="width: 600px;height:400px;"></div>
    <script type="text/javascript">
        var myChart = ECharts.init(
document.getElementById('main'));
        var option = {
              };
        myChart.setOption(option);
    </script>
{% endblock %}
```

从上述代码可以看到，设置的容器的宽为 600px，高为 400px。上述代码中的 option 是设计的图表样式，详细的设计代码在下一步骤完成。myChart.setOption()方法将 option 作为参数，并将 option 中设置的样式进行渲染。

Step 3：设计散点图样式

使用 series 设置项设置图表的系列项。在这里，设置样式为使用二维直角坐标系的散点图，图中的符号为圆，圆的大小 symbolSize 使用回调函数进行设置，使用 data 设置在 *y* 轴上表示的数值列表。

通过 itemStyle 设置项设置散点图中点符号的颜色和样式。这里使用 shadowBlue、shadowColor 和 shadowOffsetY 设置了符号在图表中的阴影样式。使用 color 设置了由红色渐变到黑色的渐变色。代码清单如下所示。

```
series: {
            name: '人数',
            type: 'scatter',
            coordinatesystem: 'cartesian2d',
            symbol: 'circle',
            symbolSize: function(value){
                return Math.sqrt(value)* 10
            },
            data:[
                2, 8, 16, 22, 4
            ],
            itemStyle: {
                shadowBlur: 10,
                shadowColor: 'rgba(120, 36, 50, 0.5)',
                shadowOffsetY: 8,
                color: {
                    type: 'linear',
                    x: 0,
                    y: 0,
                    x2: 0,
```

```
                y2: 1,
                colorStops: [{
                    offset: 0, color: 'red'
                    }, {
                        offset: 0.7, color: 'black'
                        }]
                }
            }
        }
```

使用 xAxis 设置 x 轴的样式。由于横轴是一个具体的范围，而不是具体的数值，因此需要将 type 参数设置为 category。设置横坐标名称的字体大小为 14 号。通过 data 设置横轴上显示的坐标刻度。代码清单如下所示。

```
xAxis: {
                type: 'category',
                name: '分数段',
                nameTextStyle:{
                    fontSize: 14
                },
                data: [
                    '0~59',
                    '60~69',
                    '70~79',
                    '80~89',
                    '90~100'
                    ]
            }
```

使用 yAxis 设置 y 轴的样式。在这里，设置纵坐标的名称及其字体大小。代码清单如下所示。

```
yAxis: {
                name: '人数',
                nameTextStyle:{
                    fontSize: 14
                },
            }
```

使用 title 设置项设置主标题的样式。在这里，设置主标题文字为居中对齐的 30 号黑色粗体字。代码清单如下所示。

```
title: {
                text: '成绩分布散点示意图',
                left: 'center',
                textStyle: {
```

```
            color: 'black',
            fontWeight: 'bolder',
            fontSize: 30
        }
    }
```

在最后一个设置项之前，将不同的设置项之间用逗号分隔。

option 的完整代码清单如下所示。

```
var option = {
        series: {
            name: '人数',
            type: 'scatter',
            coordinatesystem: 'cartesian2d',
            symbol: 'circle',
            symbolSize: function(value){
                return Math.sqrt(value)* 10
            },
            data:[
                 2, 8, 16, 22, 4
            ],
            itemStyle: {
                shadowBlur: 10,
                shadowColor: 'rgba(120, 36, 50, 0.5)',
                shadowOffsetY: 8,
                color: {
                    type: 'linear',
                    x: 0,
                    y: 0,
                    x2: 0,
                    y2: 1,
                    colorStops: [{
                        offset: 0, color: 'red'
                    }, {
                        offset: 0.7, color: 'black'
                        }]
                }
            }
            },
        xAxis: {
            type: 'category',
            name: '分数段',
```

```
            nameTextStyle:{
                fontSize: 14
            },
            data: [
                '0～59',
                '60～69',
                '70～79',
                '80～89',
                '90～100'
                ]
            },
        yAxis: {
            name: '人数',
            nameTextStyle:{
                fontSize: 14
            },
        },
        title: {
            text: '成绩分布散点示意图',
            left: 'center',
            textStyle: {
                color: 'black',
                fontWeight: 'bolder',
                fontSize: 30
            }
        },
        tooltip: {
            trigger: 'axis',
            axisPointer: {
                type: 'cross'
            }
        }
    };
```

Step 4：使用浏览器访问 Web 应用

使用浏览器访问路由“/scatter”，Flask 服务器会运行视图函数 showScatter()来响应此请求。返回的渲染数据在浏览器页面中显示，如图 5-19 所示。

Step 5：设置提示框

如果需要提高图表的交互性和易读性，可以使用 tooltip 设置项设置提示框的样式。在这里，设置通过坐标轴触发该提示框，指示器为十字准星指示器。代码清单如下所示。

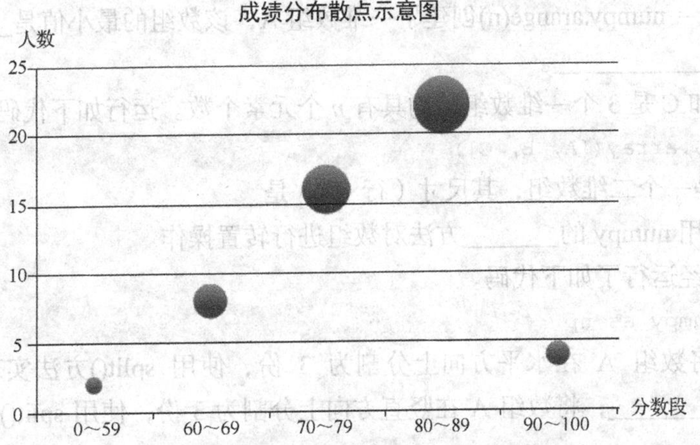

图 5-19 将数据用散点图进行可视化

```
tootip: {
        trigger: 'axis',
        axisPointer: {
            type: 'cross'
        }
    }
```

此时使用浏览器访问路由“/scatter”返回的页面如图 5-20 所示。

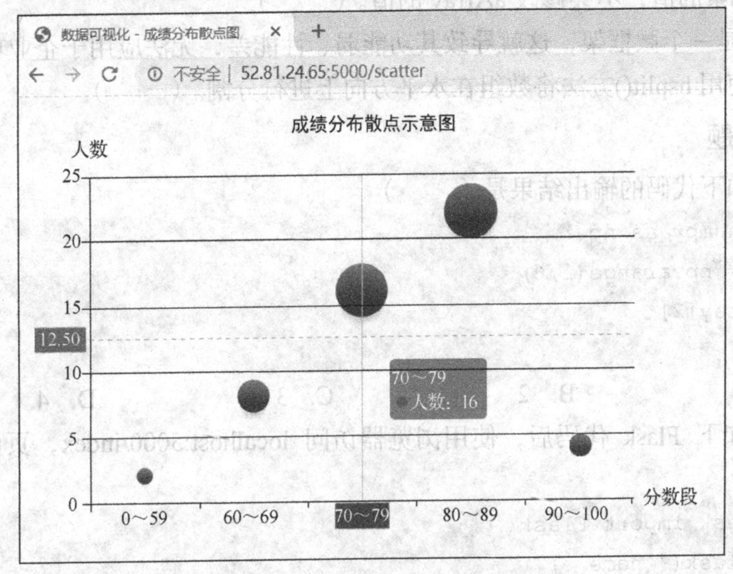

图 5-20 添加了提示框的散点图

5.6 课后练习

一、填空题

1. numpy 提供的 ndarray 对象由两部分组成，分别是______________和描述这些数据的________________。

2. 使用 A = numpy.arange(n)创建了一维数组 A，该数组的最小值是____________，最大值是________________。

3. A、B 和 C 是 3 个一维数组，均具有 *n* 个元素个数。运行如下代码。

```
D = numpy.array([A, B, C])
```

此时，D 是一个二维数组，其尺寸（行×列）是________。

4. 可以使用 numpy 的_______方法对数组进行转置操作。

5. 假设已经运行了如下代码。

```
import numpy as np
```

现在需要将数组 A 在水平方向上分割为 3 份，使用 split()方法实现该功能的代码是__________________；将数组 A 在竖直方向上分割为 3 份，使用 split()方法实现该功能的代码是__________________。

二、判断题

1. 使用 reshape()方法修改二维数组 aArray 的尺寸，并将结果赋值给数组 bArray。此时，修改 bArray 元素的值，不会修改 aArray 的值。(　　)

2. 使用 ravel()方法将二维数组 aArray 展平，并将结果赋值给数组 bArray。此时，修改 bArray 元素的值，不会修改 aArray 的值。(　　)

3. 使用 flattern()方法将二维数组 aArray 展平，并将结果赋值给数组 bArray。此时，修改 bArray 元素的值，不会修改 aArray 的值。(　　)

4. Flask 是一个微框架，这就导致其功能弱、性能差，无法应用于企业项目。(　　)

5. 可以使用 hsplit()方法将数组在水平方向上进行分割。(　　)

三、选择题

1. 运行如下代码的输出结果是（　　）。

```
import numpy as np
aArray = np.arange(1,6)
x = aArray[2]
print(x)
```

A. 1　　B. 2　　C. 3　　D. 4

2. 运行如下 Flask 代码后，使用浏览器访问 localhost:5000/index，页面输出结果是（　　）。

```
from flask import Flask
app = Flask(__name__)

@app.route('/index')
def index():
    return 'Hello World!'
```

A. app.route　　B. @app.route　　C. Hello World!　　D. 'Hello World!'

3. 启动 Flask 服务的开发模式，通过执行（　　）命令实现。

A. export FLASK_Mode=development　B. export FLASK = development

C. export FLASK_ENV=development　D. export FLASK = debug

4. 运行如下 Flask 代码后，使用浏览器访问 localhost:5000/user/lily，页面输出结果是（　　）。

```
from flask import Flask

MyApp = Flask(__name__)

@MyApp.route('/user/<username>')
def show_user(username):
    return 'User %s' % username
```

A. User %s　B. User %s lily　C. User lily　D. User lily %

5. 运行如下 Flask 代码后，使用浏览器访问 localhost:5000/path/MyPath1/MyPath2/MyPath3，页面输出结果是（　　）。

```
from flask import Flask

MyApp = Flask(__name__)
@MyApp.route('/path/<path:userpath>')
def show_path(userpath):
    return 'Subpath %s' % userpath
```

A. path/MyPath1/MyPath2/MyPath3

B. Subpath /MyPath1/MyPath2/MyPath3

C. Subpath MyPath1/MyPath2/MyPath3

D. Subpath path:userpath

四、编程题

1. 下表列出了 2020 年 11 月 4 日到 11 月 8 日，哈尔滨、北京、西安 3 座城市的最高温度（单位：℃）。使用柱状图对其进行可视化。

日期	城市		
	哈尔滨	北京	西安
11 月 4 日	2	15	16
11 月 5 日	7	15	16
11 月 6 日	11	18	19
11 月 7 日	7	19	21
11 月 8 日	0	15	18

2. 下表给出了某个班级的考试成绩，使用饼图可视化优秀（90～100 分）、良好（80～89 分）、一般（70～79 分）、及格（60～69 分）和不及格（0～59 分）的人数。

学号	成绩
2016001	60
2016002	84
2016003	89
2016004	88
2016005	89
2016006	83
2016007	74
2016008	76
2016009	81
2016010	68
2016011	79
2016012	52
2016013	62
2016014	92
2016015	80
2016016	88
2016017	86
2016018	86
2016019	72
2016020	88
2016021	89
2016022	84
2016023	68
2016024	94
2016025	85

项目六　航空数据分析及可视化

学习指导

知识目标	数据分析技术常用的统计量
	lambda()函数的概念
技能目标	使用 Notebook 读取 Amazon S3 存储桶中的数据
	能够使用 zipfile 处理数据
	熟练使用 lambda()函数
	能够使用 pyecharts 的时间轮播图进行数据可视化
	能够使用 pyecharts 的地图进行数据可视化

6.1 情境描述

经济发达、产业结构好的城市或者国家，其物流业通常也比较发达。作为物流业的重要组成部分，空运因其快速和安全，在行业中占有重要地位。因此，航空数据的好坏逐渐成为判断地区经济是否发达的一项重要指标。

微课 6-1

欢喜科技公司使用爬虫技术从公开数据源上采集了一段日期内的全球航班数据，并将数据存储在了 Amazon S3 存储桶中。

公司将分析航班数据的任务交给了小刘。小刘认为，需要将从互联网爬取的航班信息聚合形成航线信息，例如“2018/1/1 所有从北京飞往纽约的航班一共××架”。结合机场的地理信息，还能够以机场、城市、省、地区、国家等粒度进行聚合，进一步分析展示航线繁忙程度、航班准点率等。

6.2 任务分析

航班数据文件的每一行是一个航班的信息，包括该航班的日期、出发机场、到达机场、出发时间、到达时间和国家地区等信息。对这些数据进行分析，得出结论并进行可视化展示。

1. 分析任务

对同一城市或机场来说，分析一段时间内该机场的进、出港航班是有意义的。通过该机场的进、出港航班数，用户能够直观了解该机场所在城市或区域的物流业发达程度，从而了解该地区的经济发展状况。

对不同国家来说，分析一段时间内不同国家的航班数量是有意义的。分析这个国家的进、出港航班数，能够直观了解该国的物流业发达程度，从而了解该国的经济发展状况。

对我国来说，了解主要城市的航班数，可以掌握我国不同区域的经济发展情况，为制定经济政策、产业指导规划提供参考数据。

2. 选择图表样式

将数据用可视化的方式进行呈现，使数据更易被用户理解和接受。不同的图表样式具有不同的特点，用恰当的图表展示数据，能够更直观地展示数据的内涵。

地图上可使用气泡的大小、颜色的深浅等手段来展示区域范围的数值大小，适用于展现按地区分散分布的数据。其缺陷在于，通常大量数据会集中在地理区域范围较小的人口密集区，容易造成用户对数据的误解。

时间线轮播图展示不同数据随时间或日期的变化，直观展示一段日期内同一变量的变化和同一日期不同变量的比较情况。

6.3 数据分析技术基础

6.3.1 数据分析技术简介

微课 6-2

数据分析是指用适当的统计分析方法对收集来的大量数据进行分析，为提取有用信息和形成结论而对数据加以详细研究和概括总结的过程。这一过程也是质量管理体系的支持过程。在工作和生产中，数据分析可帮助人们作出判断，以便采取适当行动。

数据分析的数学基础在 20 世纪早期就已确立，但直到计算机的出现才使实际操作成为可能，并使数据分析得以推广。数据分析是数学与计算机科学相结合的产物。

在统计学领域，有些人将数据分析划分为描述性统计分析、探索性数据分析以及验证性数据分析；其中，探索性数据分析侧重于在数据之中发现新的特征，而验证性数据分析则侧重于已有假设的证实或证伪。

探索性数据分析是指为了形成值的假设的检验而对数据进行分析的一种方法，是对传统统计学假设检验手段的补充。该方法由美国著名统计学家约翰·图基（John Tukey）命名。

定性数据分析又称为“定性资料分析”“定性研究”“质性研究资料分析”，是指对诸如词语、照片、观察结果之类的非数值型数据（或者说资料）的分析。

用来进行分析的数据的主要来源有搜索引擎抓取数据、网站 IP 和 PV 等基本数据、网站的 HTTP 响应时间数据、网站流量来源数据等。

6.3.2 数据分析常用的数据文件格式

1. CSV 文件

逗号分隔值（Comma-Separated Values，CSV）的文件以纯文本形式存储表格数据（数字和文本）。CSV 是一种通用的、相对简单的文件格式，被用户、商业和科学广泛应用。最广泛的应用是在程序之间转移表格数据，而这些程序本身是在不兼容的格式上进行操作的（这些格式通常是私有的或无规范的格式）。大量程序都支持某种 CSV 变体——至少是作为一种可选择的输入/输出格式。

纯文本意味着 CSV 文件是一个字符序列，不含必须像二进制数字那样被解读的数据。CSV 文件由任意数目的记录组成，记录间以某种换行符分隔；每条记录由字段组成，字段间的分隔符是其他字符或字符串，最常见的是逗号或制表符。通常，所有记录都有完全相同的字段序列。CSV 文件通常都是纯文本文件。

CSV 文件格式的通用标准并不存在，但是在 RFC 4180 中有基础性的描述。其使用的字符编码同样没有被指定，但是 7-bit ASCII 是最基本的通用编码。

可以使用常用的文本编辑软件打开 CSV 文件。

2. Excel 文件

Microsoft Excel 是微软公司的办公软件 Microsoft Office 的组件之一，是为操作系统为 Windows 和 mac OS 的计算机编写和运行的一款试算表软件。Excel 可以进行各种数据的处理、统计分析和辅助决策操作，广泛地应用于管理、统计财经、金融等众多领域。

Excel 文件格式也是常用的数据来源。

6.3.3 数据分析技术中常用的统计量

1. 方差

（1）方差的概念

方差（Variance）是衡量数据和期望值之间的差值的度量值。在概率论或者统计学中，方差是对随机变量或一组数据离散程度的度量。

当数据分布得比较分散（即数据在平均数附近波动较大）时，各个数据与平均数的差的平方和较大，方差就较大；当数据分布得比较集中时，各个数据与平均数的差的平方和较小。因此方差越大，数据的波动越大；方差越小，数据的波动就越小。

概率论中方差用来度量随机变量和其数学期望（即均值）之间的偏离程度。

统计学中的方差（样本方差）是每个样本值与全体样本值的平均数之差的平方值的平均数。

在许多实际问题中，研究方差（即偏离程度）有着重要意义。

（2）统计学中的方差

在统计描述中，方差用来计算每一个变量（观察值）与总体均数之间的差异。方差计算公式如下。

$$\sigma^2 = \frac{\sum(X-\mu)^2}{N}$$

这里，σ^2 是总体方差，X 为变量，μ 为总体均值，N 为样本数。

（3）概率论中的方差

在概率分布中，设 X 是一个离散型随机变量，若 $\mathrm{E}\left\{\left[X-\mathrm{E}(X)\right]^2\right\}$ 存在，则称 $\mathrm{E}\left\{\left[X-\mathrm{E}(X)\right]^2\right\}$ 为 X 的方差，记为 $\mathrm{D}(X)$ 或 $\mathrm{D}X$，其中 $\mathrm{E}(X)$ 是 X 的期望值，X 是变量值，公式中的 E 是期望值。

离散型随机变量方差的计算公式如下。

$$\mathrm{D}(X)=\mathrm{E}\left\{\left[X-\mathrm{E}(X)\right]^2\right\}=\mathrm{E}\left(X^2\right)-\left[\mathrm{E}(X)\right]^2$$

（4）方差的性质

方差具有如下重要性质。

① 设C是常数，则$D(C)=0$成立。

② 设X是随机变量，C是常数，则$D(CX)=C^2D(X)$和$D(C+X)=D(X)$成立。

③ 设X与Y是两个随机变量，则$D(X\pm Y)=D(X)+D(Y)\pm 2\mathrm{cov}(X,Y)$成立。这里$\mathrm{cov}(X,Y)$是$X$和$Y$的协方差。

2．标准差

标准差（Standard Deviation）是反映一组数据离散程度的一种常用量化形式，是表示精确度的重要指标。标准差又称均方差，是方差的算术平方根，用σ表示。标准差是方差的算术平方根。标准差能反映一个数据集的离散程度。平均数相同的两组数据，标准差未必相同。

一个较大的标准差，代表大部分数值和其平均值之间的差异较大；一个较小的标准差，代表这些数值比较接近平均值。

假设有一组数据$x_i, i\in[1,N]$，这组数据的算术平均值是μ，则这组数据的标准差的计算公式如下。

$$\sigma=\sqrt{\frac{1}{N}\sum_{1}^{N}(x_i-\mu)^2}$$

方差是实际值与期望值之差平方的平均值，而标准差是方差的算术平方根。

3．协方差

协方差（Covariance）在概率论和统计学中用于衡量两个变量的总体误差。而方差是协方差的一种特殊情况，即当两个变量是相同变量的情况。

协方差表示的是两个变量的总体的误差，这与只表示一个变量误差的方差不同。如果两个变量的变化趋势一致，也就是说如果其中一个变量大于自身的期望值，另外一个变量也大于自身的期望值，那么两个变量之间的协方差就是正值。如果两个变量的变化趋势相反，即其中一个变量大于自身的期望值，另外一个变量却小于自身的期望值，那么两个变量之间的协方差就是负值。

期望值分别为$E(X)$与$E(Y)$的两个随机变量X与Y之间的协方差$\mathrm{cov}(X,Y)$定义如下。

$$\mathrm{cov}(X,Y)=E\left[(X-E(X))(Y-E(Y))\right]$$

协方差具有如下重要性质。

（1）$\mathrm{cov}(X,X)=D(X)$。

（2）$\mathrm{cov}(X,Y)=\mathrm{cov}(Y,X)$。

（3）若a、b是常数，则$\mathrm{cov}(aX,bY)=ab\mathrm{cov}(X,Y)$成立。

（4）$\mathrm{cov}(X+Y,Z)=\mathrm{cov}(X,Z)+\mathrm{cov}(Y,Z)$。

4．相关系数

相关关系是一种非确定性的关系，相关系数是研究变量之间线性相关程度的量。

相关系数最早是由卡尔·皮尔逊提出的，是研究变量之间线性相关程度的统计量，一般用字母r表示。由于研究对象的不同，相关系数有多种定义方式，较为常用的是皮尔逊相关系数。

相关系数的公式如下。

$$r(X,Y)=\frac{\mathrm{cov}(X,Y)}{\mathrm{D}(X)\mathrm{D}(Y)}$$

6.4 在 Notebook 中开发航空数据分析及可视化程序

微课 6-3

6.4.1 从存储在 Amazon S3 存储桶中的 ZIP 文件中读取航班数据

航空数据文件存储在 Amazon S3 存储桶中的 ZIP 文件中，因此需要先从 Amazon S3 中下载该文件到 Amazon EC2 实例中，然后将 ZIP 文件解压缩。解压缩之后，使用 pandas 中的 read_csv()方法读取这些数据文件。

在 Notebook 中新建一个 Python 3 工程文件“FlightData.ipynb”，本小节的设计在该文件中完成。

Step 1：导入 urllib.request 和 zipfile 包

使用 urllib.request 包中的工具解析 URL 地址，使用 zipfile 包中的方法处理 ZIP 文件，因此需要导入这两个包。代码清单如下所示。

```
import urllib.request
import zipfile
```

Step 2：从 Amazon S3 中下载文件到 Amazon EC2 实例中

前面的章节已经讲解了设置 Amazon S3 存储桶具有公开权限的方法，并介绍了获取存储桶中文件 URL 的方法。

该项目使用到的 ZIP 文件“FlightData.zip”存储在名称为“chapter6-data”的存储桶中，将该文件的 URL 赋值给变量 dataUrl。

使用 urlOpen()方法解析该 URL，其返回值是一个 HttpResponse 对象，为了能够将该文件写入 Amazon EC2 实例中，需要使用 read()方法获取其内容。

最后，使用 write()方法将读取的内容写入 Amazon EC2 实例中的文件“./FightDataFromS3.zip”。该文件使用了相对地址，和当前设计的 Python 工程文件存储在同一文件夹中。

这部分的代码清单如下所示。

```
dataUrl = 'https://chapter6-data.s3.cn-north-1
.amazonaws.com.cn/FlightData.zip'
zipFile = urllib.request.urlopen(dataUrl)
zipData = zipFile.read()

with open("./FightDataFromS3.zip","wb")as f:
    f.write(zipData)
```

运行如上代码之后，在 Python 工程文件所在文件夹执行 ls 命令，可以看到现在该文件夹中有一个名称为“FightDataFromS3.zip”的文件，如图 6-1 所示。

Step 3：解压 ZIP 文件

上一步骤中的 ZIP 文件中包含航班数据，在使用这些数据之前，需要解压该文件。

先使用 zipfile 包的 ZipFile()方法读取该文件，然后使用 extractall()方法将文件解压到路径“./FLightData”中。该路径是相对地址，和 Python 工程文件在同一文件夹中。这部分的代码清单如下所示。

```
zipF = zipfile.ZipFile('./FightDataFromS3.zip','r' )

zipF.extractall('./FlightData')
```

运行如上代码之后，在 Python 工程文件所在文件夹执行 ls 命令，可以看到现在该文件夹中有一个名称为“FLightData”的文件夹，如图 6-2 所示。

```
[ec2-user@ip-172-31-14-65 chapter6]$
[ec2-user@ip-172-31-14-65 chapter6]$ ls
FightDataFromS3.zip  FlightAnalyse.ipynb
[ec2-user@ip-172-31-14-65 chapter6]$
[ec2-user@ip-172-31-14-65 chapter6]$
```

图 6-1　当前的文件列表

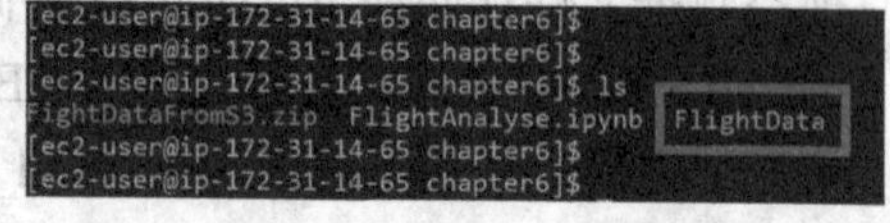

图 6-2　当前的文件夹列表

在“FlightData”文件夹中，存储了从压缩文件中解压得到的文件。执行如下命令进入该文件夹，执行 ls 命令查看文件列表。

```
cd FlightData
ls
```

文件夹中的部分航空数据如图 6-3 所示。

由于该文件夹中有 8000 多个文件，无法在一个截屏图像上全部显示，所以图 6-3 仅显示了 ls 命令结果的前 6 行。

Step 4：设计读取数据文件方法

在本步骤中，设计方法 LoadData()。使用该方法可以读取数据文件夹中的所有文件，并返回一个 DataFrame 对象。

由于文件夹中有多个数据文件，因此需要读取所有数据文件，并将每个文件的数据整合在一起。

具体来讲，首先设计一个包含所有数据文件名的列表，然后逐次读取该列表中列出的每个文件。每成功读取一个文件，就将读取出的数据拼接到一个 DataFrame 对象中。直到所有文件读取完成。

使用 LoadData()方法读取数据文件的流程图如图 6-4 所示。

图 6-3　部分航空数据

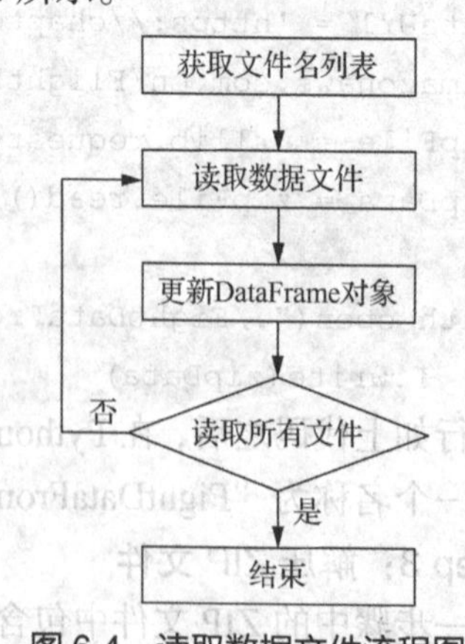

图 6-4　读取数据文件流程图

数据文件存储在文件夹“./FlightData”中，使用 listdir()方法获取该文件夹的文件，该方法返回一个列表，列表的元素是文件的名称。这部分代码如下所示。

```
import os
DataFilePath = "./FlightData/"
AllDataFile = os.listdir(DataFilePath)
```

通过运行如上代码，将“./FlightData”文件夹下的文件名称存储在变量 AllDataFile 中，该变量指向一个列表对象，列表的元素是字符串，每个字符串是一个文件名。输出 AllDataFile 的元素个数和其前 10 个元素，运行结果如图 6-5 所示。

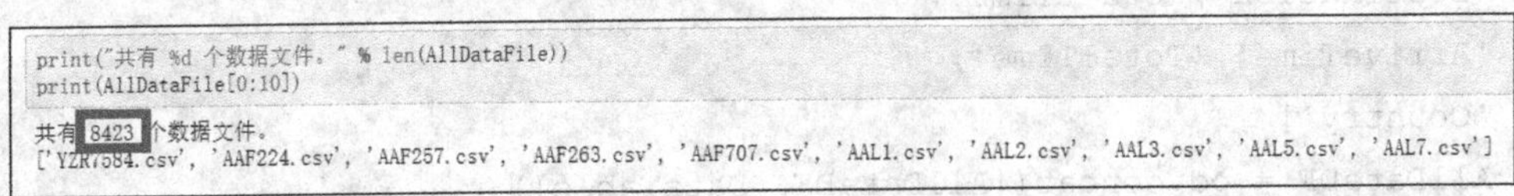

图 6-5 数据文件总数

从图 6-5 可见，该列表共有 8423 个数据文件。

数据文件的读取是通过设计循环结构实现的。具体来说，设计一个循环结构，遍历 AllDataFile 列表中的每个元素 DataFile。对于每一个文件名 DataFile，通过字符串拼接生成该文件的相对路径 CurrentDataFileName，如“./FlightData/AAF224.csv”。接下来使用 open()方法打开该文件，并指定编码为“gbk”。在这里，使用何种编码取决于数据文件的编码格式和使用的开发环境。

对于单个数据文件，使用 pandas 的 read_csv()方法读取，读取出的数据是一个 DataFrame 对象，赋值给变量 DataTable。为了避免可能出现的编码问题，将 DataTable 的中文列名称修改为英文列名称。在这里，将列名称依次命名为 FlightDate、Departure、Destination、StartTime、ArriveTime、TotalTime 和 Country。之后，使用 concat()方法将 DataTable 拼接到 DataFrame 对象 AllDataDF 中。最后，在完成当前数据文件的读取之后，使用 close()方法关闭该数据文件。

该循环结构的代码清单如下所示。

```
for DataFile in AllDataFile:
    CurrentDataFileName = DataFilePath + DataFile
CurrentDataFile = open(CurrentDataFileName,
encoding='gbk')
DataTable = pd.read_csv(CurrentDataFile)
DataTable.columns=['FlightDate','Departure','Destination',
'StartTime','ArriveTime','TotalTime', 'Country']
AllDataDF = pd.concat([AllDataDF, DataTable])
CurrentDataFile.close()
```

由于读取数据文件的功能会经常被调用，因此需要设计函数，将该功能进行模块化设计。在这里，将该函数命名为 LoadAllCSVData()，完整代码清单如下所示。

```
def LoadAllCSVData():
    AllDataDF = pd.DataFrame()
```

```
    DataFilePath = " ./FlightData/"
    AllDataFile = os.listdir(DataFilePath)
    for DataFile in AllDataFile:
    CurrentDataFileName = DataFilePath + DataFile
CurrentDataFile = open(CurrentDataFileName,
encoding='gbk')
DataTable = pd.read_csv(CurrentDataFile)
DataTable.columns=['FlightDate','Departure',
'Destination','StartTime',
'ArriveTime','TotalTime',
'Country']
AllDataDF = pd.concat([AllDataDF, DataTable])
CurrentDataFile.close()
    AllDataDF = AllDataDF.reset_index(drop=True)

    return AllDataDF
```

通过调用函数 LoadAllCSVData()来读取文件。这是通过运行如下代码实现的。

```
AllDataDf = LoadAllCSVData()
```

输出 AllDataDf 的前 10 行，输出结果如图 6-6 所示。

```
print(AllDataDf.head(10))
   FlightDate           Departure              Destination StartTime  \
0  2018-03-22  Haikou Meilan Int'l  Zhengzhou Xinzheng Int'l   09:45pm
1  2018-03-21  Haikou Meilan Int'l  Zhengzhou Xinzheng Int'l   11:32pm
2  2018-03-20  Haikou Meilan Int'l  Zhengzhou Xinzheng Int'l   09:27pm
3  2018-03-19  Haikou Meilan Int'l  Zhengzhou Xinzheng Int'l   11:16pm
4  2018-03-18  Haikou Meilan Int'l  Zhengzhou Xinzheng Int'l   09:34pm
5  2018-03-17  Haikou Meilan Int'l  Zhengzhou Xinzheng Int'l   09:35pm
6  2018-03-16  Haikou Meilan Int'l  Zhengzhou Xinzheng Int'l   09:29pm
7  2018-03-16  Haikou Meilan Int'l  Zhengzhou Xinzheng Int'l   12:13am
8  2018-03-14  Haikou Meilan Int'l  Zhengzhou Xinzheng Int'l   09:37pm
9  2018-03-13  Haikou Meilan Int'l  Zhengzhou Xinzheng Int'l   09:33pm

  ArriveTime TotalTime Country
0    12:21am      2:36   China
1    02:10am      2:38   China
2    11:58pm      2:31   China
3    01:35am      2:19   China
4    11:56pm      2:22   China
5    11:59pm      2:24   China
6    12:04am      2:35   China
7    02:55am      2:42   China
8    12:04am      2:27   China
9    12:09am      2:36   China
```

图 6-6　输出数据前 10 行

到此为止，所有的代码清单如下所示。

```
import urllib.request
import zipfile
import os
import pandas as pd

dataUrl = 'https://chapter6-data.s3.cn-north-1
```

```
.amazonaws.com.cn/FlightData.zip'
zipFile = urllib.request.urlopen(dataUrl)
zipData = zipFile.read()

with open("./FightDataFromS3.zip","wb")as f:
f.write(zipData)

zipF = zipfile.ZipFile('./FightDataFromS3.zip','r' )

zipF.extractall('./FlightData')

def LoadAllCSVData():
    AllDataDF = pd.DataFrame()
    DataFilePath = "./FlightData/Data/"
    AllDataFile = os.listdir(DataFilePath)
    for DataFile in AllDataFile:
        CurrentDataFileName = DataFilePath + DataFile
        CurrentDataFile = open(CurrentDataFileName,
encoding='gbk')
        DataTable = pd.read_csv(CurrentDataFile)
        DataTable.columns=['FlightDate','Departure',
'Destination','StartTime',
'ArriveTime','TotalTime',
'Country']
        AllDataDF = pd.concat([AllDataDF, DataTable])
        CurrentDataFile.close()
    AllDataDF = AllDataDF.reset_index(drop=True)

return AllDataDF

AllDataDf = LoadAllCSVData()
```

Step 5：将航班数据存储到文件中

在前面的步骤中，我们设计了函数来读取航班数据，但是由于需要读取将近 1 万个小文件，因而读取的速度很慢。

为了避免在以后的开发调试过程中耗费大量的时间读文件，在这里，我们将读取出的 DataFrame 对象存储在数据文件“./FlightData/AllData.csv”中。这是通过运行如下代码实现的。

```
AllDataDf.to_csv('./FlightData/AllData.csv',
index = False)
```

以后在需要读取航班数据的时候，只需要读取一个大文件“./FlightData /AllData.csv”即可，这样可以大幅缩短读取时间。

将当前的工程文件重命名为“FlightAnalyse_LoadData.ipynb”。

微课 6-4

6.4.2 分析并可视化一段时间内进出港最繁忙的机场

在本小节中，将设计可视化程序，统计一段时间内航班起飞和降落最繁忙的若干机场。这里的若干是指，统计的机场个数是参数化的，方便用户调用。

统计航班起飞和降落，使用的算法和之前章节讲述的“词频统计”类似。

在 Notebook 中新建 Python 3 工程“FlightData_BusyAirPort.ipynb”，本小节的设计在该文件中完成。

接下来详细介绍出港最繁忙机场的统计方法。由于算法相同，所以对于进港最繁忙机场的统计方法直接给出代码。

Step 1：设计区间日期生成方法

在这里，设计方法 GenAllDateInRange(A, B)，获取某个时间段内的所有日期。该方法具有两个参数 A 和 B，其中 A 是开始日期，B 是结束日期。该方法的返回值是一个列表，其元素是 A 和 B 期间内的日期。

使用如下语句创建空列表 AllDateInRangeStrLis，用来存储一段区间内的所有日期。

```
AllDateInRangeStrList = []
```

创建两个时间对象 TmpBeginDate 和 TmpEndDate，分别用来存储用户输入的开始时间和结束时间。调用 strptime()方法，将字符串转换为 Python 的日期对象。数据文件中的日期是按照“年-月-日”格式存储的，因此 strptime()方法的第 2 个参数是字符串"%Y-%m-%d"。这部分代码清单如下所示。

```
TmpBeginDate = datetime.datetime.strptime(
BeginDate, "%Y-%m-%d")
TmpEndDate = datetime.datetime.strptime(
EndDate, "%Y-%m-%d")
```

设计一个 while 循环结构为列表对象 AllDateInRangeStrList 赋值。循环体语句执行的条件是开始日期小于结束日期。因此，条件语句的判断条件是，日期变量 TmpBeginDate 是否“小于”日期变量 TmpEndDate。在循环体内，首先将开始日期对象 TmpBeginDate 转换为"%Y-%m-%d"格式的字符串，并将其添加到列表 AllDateInRangeStrList 的末尾。然后，TmpBeginDate 加 1，也就是变为当期日期的后一天，继续执行判断语句。这就意味着，循环体结束的条件是，当前开始日期和用户输入的结束日期是同一天。使用日期格式作为循环条件的好处是，可以自动解决每个月天数不同的问题。这部分代码清单如下所示。

```
while TmpBeginDate <= TmpEndDate:
        TmpDataStr = TmpBeginDate.strftime("%Y-%m-%d")
        AllDateInRangeStrList.append(TmpDataStr)
        TmpBeginDate += datetime.timedelta(days=1)
```

方法返回变量 AllDateInRangeStrList。语句如下所示。

```
return AllDateInRangeStrList
```

最后，将上述代码封装在方法 GenAllDateInRange(BeginDate, EndDate)中，其中 BeginDate 是开始日期，EndDate 是结束日期。代码清单如下所示。

```
def GenAllDateInRange(BeginDate, EndDate):
    AllDateInRangeStrList = []
TmpBeginDate = datetime.datetime.strptime(
BeginDate, "%Y-%m-%d")
TmpEndDate = datetime.datetime.strptime(
EndDate, "%Y-%m-%d")
    while TmpBeginDate <= TmpEndDate:
        TmpDataStr = TmpBeginDate.strftime("%Y-%m-%d")
        AllDateInRangeStrList.append(TmpDataStr)
        TmpBeginDate += datetime.timedelta(days=1)
    return AllDateInRangeStrList
```

调用该方法，获取 2019 年 2 月 22 日和 2019 年 3 月 16 日之前的日期。运行结果如图 6-7 所示。

```
import datetime
print( GenAllDateInRange("2019-2-22","2019-3-16"))

['2019-02-22', '2019-02-23', '2019-02-24', '2019-02-25', '2019-02-26', '2019-02-27', '2019-02-28', '2019-03-01', '2019-03-02', '2019-03-03', '2019-03-04', '2019-03-05', '2019-03-06', '2019-03-07', '2019-03-08', '2019-03-09', '2019-03-10', '2019-03-11', '2019-03-12', '2019-03-13', '2019-03-14', '2019-03-15', '2019-03-16']
```

图 6-7 数据文件中的日期格式

从图 6-7 可见，2019 年 2 月份只有 28 天，使用该方法能够正确地统计区间内的日期。

Step 2：统计一段日期内的航班信息

设计方法 GenFlightInDateRangeDF(DF,A,B)，获取某个时间段内的所有航班信息。该方法具有 3 个参数 DF、A 和 B，其中 DF 是 DataFrame 对象，A 是开始日期，B 是结束日期。该方法的返回值是一个 DataFrame 对象，存储 A 和 B 区间内的所有航班信息。

方法 GenFlightInDateRangeDF()具有 3 个参数 DataTable、StartDate 和 EndDate，分别是存储航班数据的 DataFrame 对象、开始日期和结束日期。该方法的声明如下所示。

```
def GenFlightInDateRangeDF(DataTable,
StartDate,
EndDate)
```

调用之前创建的 GenAllDateInRange()方法，将 StartDate 和 EndDate 作为该方法的两个参数，将方法的返回值赋给变量 DateList。使用的语句如下所示。

```
DateList = GenAllDateInRange(StartDate, EndDate)
```

对 DataTable 的 FlightDate 列使用 isin()方法，获取 DataTable 中与 FlightDate 列 DateList 的元素一致的对象，这样就实现了从数据表中按日期筛选的功能。符合条件的对象存储在 DataFrame 对象 BusyFlightDF 中。代码如下所示。

```
BusyFlightDF =
DataTable[DataTable.FlightDate.isin(DateList)]
```

该方法的返回值是变量 BusyFlightDF。代码如下所示。

```
return BusyFlightDF
```

该方法的完整代码清单如下所示。

```
def GenFlightInDateRangeDF(DataTable,
StartDate,
EndDate):
    DateList = GenAllDateInRange(StartDate, EndDate)
    BusyFlightDF = DataTable[DataTable.FlightDate.isin(DateList)]
    return BusyFlightDF
```

运行如下代码执行测试。

```
import pandas as pd
DataTable = pd.read_csv('./FlightData/AllData.csv')
BusyFlightDF = GenFlightInDateRangeDF(DataTable,
'2018-3-17',
'2018-4-4')
print(BusyFlightDF.head（5））
```

可以看到，如上代码读取了“./FlightData/AllData.csv”文件，从中筛选出“2018-03-17”和“2018-04-04”之间的航班，存储在 BusyFlightDF 中，输出 BusyFlightDF 的前 5 行。

运行结果如图 6-8 所示。

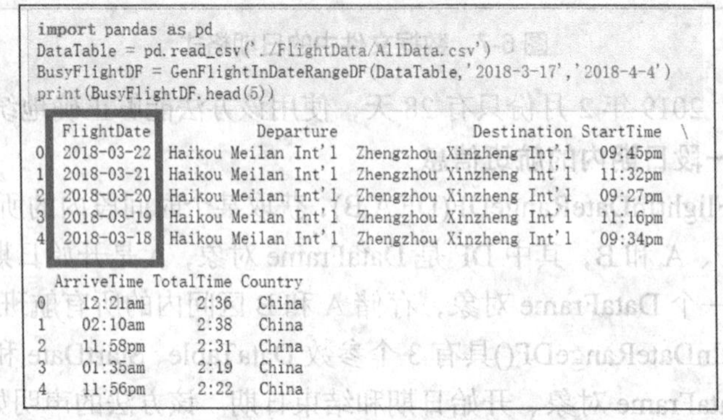

```
import pandas as pd
DataTable = pd.read_csv('./FlightData/AllData.csv')
BusyFlightDF = GenFlightInDateRangeDF(DataTable,'2018-3-17','2018-4-4')
print(BusyFlightDF.head(5))

   FlightDate              Departure              Destination StartTime  \
0  2018-03-22  Haikou Meilan Int'l  Zhengzhou Xinzheng Int'l   09:45pm
1  2018-03-21  Haikou Meilan Int'l  Zhengzhou Xinzheng Int'l   11:32pm
2  2018-03-20  Haikou Meilan Int'l  Zhengzhou Xinzheng Int'l   09:27pm
3  2018-03-19  Haikou Meilan Int'l  Zhengzhou Xinzheng Int'l   11:16pm
4  2018-03-18  Haikou Meilan Int'l  Zhengzhou Xinzheng Int'l   09:34pm

  ArriveTime TotalTime Country
0    12:21am      2:36   China
1    02:10am      2:38   China
2    11:58pm      2:31   China
3    01:35am      2:19   China
4    11:56pm      2:22   China
```

图 6-8　输出前 5 行筛选数据

从图 6-8 可见，该 DataFrame 对象存储的航班信息符合指定的日期区间。

Step 3：统计指定日期区间内最繁忙的若干出港机场

在这里设计一个方法，用来求解某个时间段内出港最繁忙的前若干个机场。该方法具有 4 个参数，分别是开始日期、结束日期、所有航班数据以及最繁忙机场出港航班的数量。

方法原型是 BusyFlightRankByDeparture(FlightDf, rankNo, StartDate, EndDate)。该方法具有 4 个参数 FlightDf、rankNo、StartDate 和 EndDate，其中 FlightDf 是存储航班数据的 DataFrame 对象，rankNo 是求解的排名数，StartDate 是开始日期，EndDate 是结束日期。代码清单如下所示。

```
def BusyFlightRankByDeparture(FlightDf,
rankNo,
StartDate,
```

```
EndDate)
```

调用之前创建的 GenFlightInDateRangeDF()方法，求解在日期 StartDate 和 EndDate 间隔内的所有航班，将方法的返回值赋给变量 BusyFlightDF。代码清单如下所示。

```
BusyFlightDF = GenFlightInDateRangeDF(FlightDf,
                                       StartDate,
EndDate)
```

当前，如果编写测试代码，可以看到 BusyFlightDF 的样式如图 6-9 所示。

```
   FlightDate          Departure              Destination StartTime  \
0  2018-03-22  Haikou Meilan Int'l  Zhengzhou Xinzheng Int'l   09:45pm
1  2018-03-21  Haikou Meilan Int'l  Zhengzhou Xinzheng Int'l   11:32pm
2  2018-03-20  Haikou Meilan Int'l  Zhengzhou Xinzheng Int'l   09:27pm
3  2018-03-19  Haikou Meilan Int'l  Zhengzhou Xinzheng Int'l   11:16pm
4  2018-03-18  Haikou Meilan Int'l  Zhengzhou Xinzheng Int'l   09:34pm

  ArriveTime TotalTime Country
0   12:21am     2:36   China
1   02:10am     2:38   China
2   11:58pm     2:31   China
3   01:35am     2:19   China
4   11:56pm     2:22   China
```

图 6-9 处理后的数据样式

由于我们统计的是出港机场，因此仅需保留“Departure”列，删除其他列。运行的代码如下所示。

```
tmp = BusyFlightDF.drop(( ['FlightDate',
'Destination',
'StartTime',
'ArriveTime',
'TotalTime',
'Country']),
axis = 1)
```

当前，如果编写测试代码，可以看到 tmp 的样式如图 6-10 所示。

可以看到当前 tmp 中仅有一行。

为了要统计数量，在 tmp 中添加一列数据，其名称是“FlightCnt”，其值是 1。代码如下所示。

```
tmp['DepartureCnt'] = 1
```

当前，如果编写测试代码，可以看到 tmp 的样式如图 6-11 所示。

```
            Departure
0  Haikou Meilan Int'l
1  Haikou Meilan Int'l
2  Haikou Meilan Int'l
3  Haikou Meilan Int'l
4  Haikou Meilan Int'l
5  Haikou Meilan Int'l
```

图 6-10 处理后的数据样式

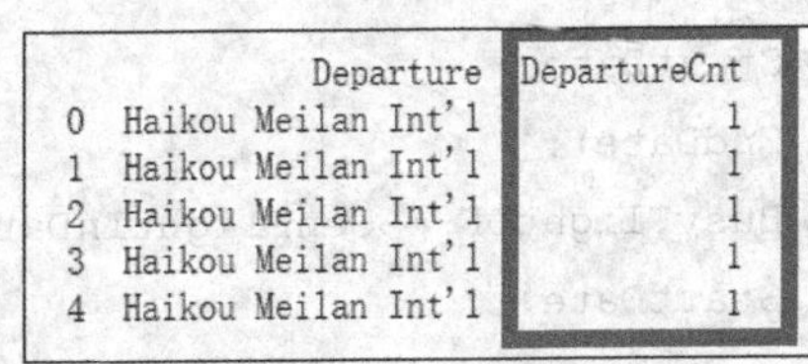

	Departure	DepartureCnt
0	Haikou Meilan Int'l	1
1	Haikou Meilan Int'l	1
2	Haikou Meilan Int'l	1
3	Haikou Meilan Int'l	1
4	Haikou Meilan Int'l	1

图 6-11 添加新列后的数据样式

使用 DataFrame 类型的 gropuby()方法，对列'Departure'进行聚合操作，然后使用 count()方法求解每个'Departure'元素的个数。在这里，tmp 是一个 DataFrame 对象。代码如下所示。

```
tmp = tmp.groupby('Departure').count()
```

当前，如果编写测试代码，可以看到 tmp 的样式如图 6-12 所示。

从图 6-12 可见，进行聚合操作之后，tmp 的行索引不再是整数，而是“Departure”列的值。此时，tmp 每一列的值均为数值类型。

接下来，使用 reset_index()方法重设 tmp 的索引，并且按照“DepartureCnt”列进行降序排列。代码如下所示。

```
tmp = tmp.reset_index()
tmp = tmp.sort_values(by= 'DepartureCnt', ascending=False)
```

当前，如果编写测试代码，可以看到 tmp 的样式如图 6-13 所示。

Departure	DepartureCnt
?zmir Adnan Menderes Int'l	53
Aalborg	11
Abbotsford Int'l	5
Abel Santa Maria	7
Aberdeen	22

图 6-12 处理后的数据样式

	Departure	DepartureCnt
512	Hartsfield-Jackson Intl	1574
727	Los Angeles Intl	1239
237	Chicago O'Hare Intl	1164
296	Dallas-Fort Worth Intl	1118
721	London Heathrow	1048

图 6-13 降序排列后的数据样式

可以看到，tmp 的“DepartureCnt”列是降序排列，实现了按照离岗航班数从大到小排列的需求。

但是现在 tmp 的索引不是从 0 开始的自然数，所以我们使用下面的代码，在不保留现有索引数据的情况下，重设 tmp 的索引。

```
tmp = tmp.reset_index(drop = True)
```

当前，如果编写测试代码，可以看到 tmp 的样式如图 6-14 所示。

	Departure	DepartureCnt
0	Hartsfield-Jackson Intl	1574
1	Los Angeles Intl	1239
2	Chicago O'Hare Intl	1164
3	Dallas-Fort Worth Intl	1118
4	London Heathrow	1048

图 6-14 处理后的数据样式

最后，根据方法的参数 rankNo 取出前 rankNo 行。运行的代码如下所示。

```
tmp = tmp.loc[0:rankNo-1]
```

到目前为止，方法 BusyFlightRankByDeparture()的完整代码清单如下所示。

```
def BusyFlightRankByDeparture(FlightDf,
rankNo,
StartDate,
EndDate):
BusyFlightDF = GenFlightInDateRangeDF(FlightDf,
StartDate,
EndDate)
tmp = BusyFlightDF.drop(( ['FlightDate',
'Destination',
'StartTime',
```

```
'ArriveTime',
'TotalTime',
'Country']),
axis = 1)
    tmp['DepartureCnt'] = 1
    tmp = tmp.groupby('Departure').count()
    tmp = tmp.reset_index()
tmp = tmp.sort_values(by='DepartureCnt',
ascending=False)
tmp = tmp.reset_index(drop = True)
tmp = tmp.loc[0:rankNo]
    return tmp
```

运行如下代码执行测试。

```
import pandas as pd
import datetime
DataTable = pd.read_csv('./FlightData/AllData.csv')
tmp = BusyFlightRankByDeparture(DataTable,
10,
'2018-03-17',
'2018-04-04')
print(tmp)
```

可见，如上代码读取了“./FlightData/AllData.csv”文件，输出“2018-03-17”和“2018-04-04”之间 10 个最忙的出港机场。运行结果如图 6-15 所示。

```
                 Departure  DepartureCnt
0  Hartsfield-Jackson Intl          1574
1        Los Angeles Intl          1239
2      Chicago O'Hare Intl          1164
3   Dallas-Fort Worth Intl          1118
4         London Heathrow          1048
5             Denver Intl           863
6    Houston Bush Int'ctl           851
7  Charlotte/Douglas Intl           807
8      John F Kennedy Intl           788
9              Miami Intl           741
```

图 6-15　统计出的 10 个最忙的出港机场

Step 4：统计指定日期区间内最繁忙的若干进港机场

前面详细讲解了离港的统计方法。由于算法相同，因此这里不再赘述进港的统计方法。将部分操作改写为链式赋值。该方法的代码清单如下所示。

```
def BusyFlightRankByArrival(FlightDf,
rankNo,
StartDate,
EndDate):
BusyFlightDF = GenFlightInDateRangeDF(FlightDf,
```

```
StartDate,
EndDate)
tmp = BusyFlightDF.drop(( ['FlightDate',
'Departure',
'StartTime',
'ArriveTime',
'TotalTime',
'Country']),
axis = 1)
    tmp['DestinationCnt'] = 1
    tmp = tmp.groupby('Destination').count()
    tmp = tmp.reset_index()
tmp = tmp.sort_values(by='DestinationCnt',
ascending=False)
    tmp = tmp.reset_index(drop = True)
    tmp = tmp.loc[0:rankNo]
    return tmp
```

运行如下代码执行测试。

```
import pandas as pd
import datetime
DataTable = pd.read_csv('./FlightData/AllData.csv')
tmp = BusyFlightRankByArrival(DataTable,
10,
'2018-03-17',
'2018-04-04')
print(tmp)
```

可见，如上代码读取了“./FlightData/AllData.csv”文件，输出“2018-03-17”和“2018-04-04”之间 10 个最忙的进港机场。运行结果如图 6-16 所示。

```
               Destination  DestinationCnt
0  Hartsfield-Jackson Intl            1563
1        Los Angeles Intl            1445
2      Chicago O'Hare Intl            1410
3    Dallas-Fort Worth Intl            1157
4              Dubai Int'l             963
5         John F Kennedy Intl             961
6        San Francisco Intl             865
7       Houston Bush Int'ctl             862
8               Miami Intl             839
9              Denver Intl             811
```

图 6-16 统计出的 10 个最忙的进港机场

Step 5：进出港航班可视化

在这里，统计“2018-03-17”到“2018-03-24”期间，进出港繁忙程度排名前 5 的机场，并在同一个画布上对这两组数据使用柱状图进行可视化。

导入工程中用到的包。代码清单如下所示。

```
import pandas as pd
import datetime
from pyecharts import charts
from pyecharts import options as opts
```

使用 pandas 中的 read_csv()方法读取“./FlightData/AllData.csv”文件，将读取的数据赋值给变量 DataTable。调用 BusyFlightRankByDeparture()方法获取离港最繁忙的 5 个机场，并将其航班数赋值给变量 departureCnt。调用 BusyFlightRankByArrival()方法获取进港最繁忙的 5 个机场，并将其航班数赋值给变量 arrivalCnt。这部分的代码清单如下所示。

```
DataTable = pd.read_csv('./FlightData/AllData.csv')


flightByDeparture = BusyFlightRankByDeparture(DataTable,
5,
'2018-03-17',
'2018-03-24')
departureCnt = list(flightByDeparture["DepartureCnt"])

flightByDestination = BusyFlightRankByArrival(DataTable,
5,
'2018-03-17',
'2018-03-24')
arrivalCnt = list(flightByDestination["DestinationCnt"])
```

创建一个列表 xAxisLabel，其元素为形如“第 1 名”的字符串，作为 x 轴横坐标的名称。代码如下所示。

```
rankNo = 5
xAxisLabel = [('第' + str(x)+ '名')
for x in range(1, rankNo+1)]
```

由于有两组数据进行展示，所以使用 add_yaxis()添加两个纵轴，表示出港航班数的柱状图，颜色为红色，标签文字为 20 号黑色字。出港航班数用绿色柱状图表示。这部分的代码清单如下所示。

```
.add_xaxis(xAxisLabel)
.add_yaxis(series_name = '出港航班数',
          y_axis = departureCnt,
          color = 'red',
          category_gap = '20%',
          gap = '10%',
          label_opts = opts.LabelOpts(font_size = 20,
                                      color = 'black'
                                     )
     )
```

```
.add_yaxis(series_name = '进港航班数',
           y_axis = arrivalCnt,
           color = 'green'
           )
```

分别使用 TitleOpts()、LegendOpts()和 AxisOpts()设置图表标题、图例和 y 轴的样式。这部分的代码清单如下所示。

```
opts.TitleOpts(title = "进出港航班示意图",
    pos_left = "center",
    title_textstyle_opts =
                    opts.TextStyleOpts(font_weight = 'bolder',
                    font_size = 24,
                    color = 'black')),
opts.LegendOpts(orient="vertical",
        pos_top="10%",
        pos_left="80%",
        item_height=15,
        item_gap=16,
        legend_icon='triangle',
         textstyle_opts =
         opts.TextStyleOpts(font_weight = 'bolder',
             font_size = 14,
             color = 'black')),
yaxis_opts=opts.AxisOpts(
axislabel_opts=opts.LabelOpts(
            formatter="{value} 架次"))
```

运行如下代码渲染图表。

```
departureBar.render_notebook()
```

在 Notebook 中输出图 6-17 所示的柱状图。

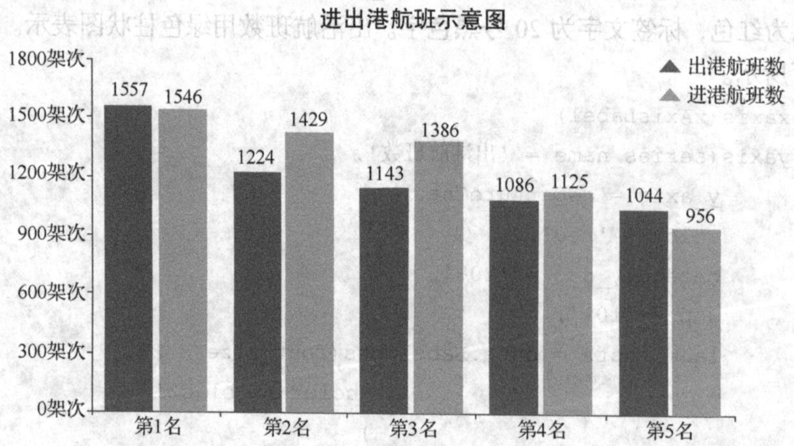

图 6-17　进出港航班最繁忙的 5 个机场

本部分的完整代码如下所示。

```
def GenAllDateInRange(BeginDate, EndDate):
    AllDateInRangeStrList = []
TmpBeginDate = datetime.datetime.strptime(BeginDate, "%Y-%m-%d")
    TmpEndDate = datetime.datetime.strptime(EndDate, "%Y-%m-%d")
    while TmpBeginDate <= TmpEndDate:
        TmpDataStr = TmpBeginDate.strftime("%Y-%m-%d")
        AllDateInRangeStrList.append(TmpDataStr)
        TmpBeginDate += datetime.timedelta(days=1)
return AllDateInRangeStrList

def GenFlightInDateRangeDF(DataTable, StartDate, EndDate):
    DateList = GenAllDateInRange(StartDate, EndDate)
    BusyFlightDF = DataTable[DataTable.FlightDate.isin(DateList)]
return BusyFlightDF

def BusyFlightRankByDeparture(FlightDf,rankNo,StartDate,EndDate):
BusyFlightDF = GenFlightInDateRangeDF(FlightDf,
StartDate,
EndDate)
tmp = BusyFlightDF.drop(( ['FlightDate',
'Destination',
'StartTime',
'ArriveTime',
'TotalTime',
'Country']),
axis = 1)
    tmp['DepartureCnt'] = 1
    tmp = tmp.groupby('Departure').count()
    tmp = tmp.reset_index()
    tmp = tmp.sort_values(by='DepartureCnt', ascending=False)
    tmp = tmp.reset_index(drop = Truc)
    tmp = tmp.loc[0:rankNo]
return tmp



def BusyFlightRankByArrival(FlightDf,rankNo,StartDate,EndDate):
BusyFlightDF = GenFlightInDateRangeDF(FlightDf,
StartDate,
EndDate)
```

```
tmp = BusyFlightDF.drop(( ['FlightDate',
'Departure',
'StartTime',
'ArriveTime',
'TotalTime',
'Country']),
axis = 1)
   tmp['DestinationCnt'] = 1
tmp = tmp.groupby('Destination').count()
.reset_index()
.sort_values(by='DestinationCnt', ascending=False)
.reset_index(drop = True)
.loc[0:rankNo]
return tmp


import pandas as pd
import datetime
from pyecharts import charts
from pyecharts import options as opts

DataTable = pd.read_csv('./FlightData/AllData.csv')

flightByDeparture = BusyFlightRankByDeparture(DataTable,
5,
'2018-03-17',
'2018-03-24')
departureCnt = list(flightByDeparture["DepartureCnt"])

flightByDestination = BusyFlightRankByArrival(DataTable,
5,
'2018-03-17',
'2018-03-24')
arrivalCnt = list(flightByDestination["DestinationCnt"])

rankNo = 5
xAxisLabel = [('第' + str(x)+ '名')for x in range(1, rankNo+1)]

departureBar= (
   charts.Bar()
   .add_xaxis(xAxisLabel)
```

```
    .add_yaxis(series_name = '出港航班数',
            y_axis = departureCnt,
            color = 'red',
            category_gap = '20%',
            gap = '10%',
            label_opts = opts.LabelOpts(font_size = 20,
                                color = 'black'
                                )

            )
    .add_yaxis(series_name = '进港航班数',
            y_axis = arrivalCnt,
            color = 'green'
            )
    .set_global_opts(opts.TitleOpts(title = "进出港航班示意图",
                        pos_left = "center",
                        title_textstyle_opts =
  opts.TextStyleOpts(
  font_weight = 'bolder',
                                font_size = 24,
                     color = 'black')),
            opts.LegendOpts(orient="vertical",
                         pos_top="10%",
                         pos_left="80%",
                       item_height=15,
                       item_gap=16,
                       legend_icon='triangle',
                       textstyle_opts =
  opts.TextStyleOpts(
  font_weight = 'bolder',
            font_size = 14,
                                 color = 'black')),
            yaxis_opts=opts.AxisOpts(
  axislabel_opts
  =opts.LabelOpts(
  formatter="{value} 架次")
         )
     )
  )
```

6.4.3　统计并可视化一段时间内若干国家的航班

在本小节中，设计可视化程序，统计一段时间内若干国家的航班总数，并用时间轮播

微课 6-5

图的方式进行可视化展示。这里的若干是指，统计的国家是通过列表提供的，用户可以任意增加或者删除。

在本项目中，使用上一小节设计的 GenAllDateInRange() 和 GenFlightInDateRangeDF()方法。

在 Notebook 中新建 Python 3 工程“FlightData_CountryAnalyse.ipynb”，本小节的设计在该文件中完成。

Step 1：导入使用的包

在本项目中，需要运行如下代码导入包。

```
import pandas as pd
import datetime
from pyecharts import charts
from pyecharts import options as opts
from pyecharts.charts import Bar, Timeline
from pyecharts import options as opts
```

Step 2：设计航班统计方法

在这里设计一个方法，用来求解某个时间段内某一个国家每一天进出港的航班总数。该方法具有 4 个参数，分别是数据表、国家、开始日期和结束日期。

方法原型是 GenCountryFlight(DataTable, Country, StartDate, EndDate)。该方法具有 4 个参数 DataTable、Country、StartDate 和 EndDate，其中 DataTable 是存储航班数据的 DataFrame 对象，Country 是国家名称，StartDate 是开始日期，EndDate 是结束日期。代码清单如下所示。

```
def GenCountryFlight(DataTable,
Country,
StartDate,
EndDate)
```

由于统计的是某国的航班信息，所以需要从数据表中筛选出符合条件的航班数据。在这里，是通过对 DataTable 的“Country”列使用 isin()方法实现的。由于 isin()方法的参数是列表，所以需要将函数接收的 Country 转换为列表。这部分的代码清单如下所示。

```
country = list(Country.split())
countryFlightDF = DataTable[DataTable.Country.isin(country)]
```

调用之前创建的 GenFlightInDateRangeDF()方法，求解在日期 StartDate 和 EndDate 间隔内的所有航班，将方法的返回值赋给变量 countryFlightDF2。代码清单如下所示。

```
countryFlightDF2 = GenFlightInDateRangeDF(countryFlightDF,
                    StartDate,
EndDate)
```

由于我们是按天统计航班数量，因此需要保留“FlightDate”列和“Country”列，删除其他列。代码清单如下所示。

```
tmp = countryFlightDF2.drop(( ['Destination',
'StartTime',
```

```
    'ArriveTime',
    'TotalTime',
    'Departure']),
    axis = 1)
```

当前，如果编写测试代码，可以看到 tmp 的样式如图 6-18 所示。

接下来，使用 lambda()函数，将 tmp 每一行的两列合并为一列，并命名为“DateCountry”。代码清单如下所示。

```
tmp = pd.DataFrame(
tmp.apply(lambda row:(row['FlightDate'],
          row['Country']),
axis=1 ),
columns=['DateCountry']
)
```

当前，如果编写测试代码，可以看到 tmp 的样式如图 6-19 所示。

	FlightDate	Country
4	2018-03-18	China
5	2018-03-17	China
6	2018-03-16	China
7	2018-03-16	China
8	2018-03-14	China

图 6-18　处理后的数据样式

	DateCountry
4	(2018-03-18, China)
5	(2018-03-17, China)
6	(2018-03-16, China)
7	(2018-03-16, China)
8	(2018-03-14, China)

图 6-19　合并列后的数据样式

为了要统计数量，为 tmp 添加一列数据，其名称是“FlightCnt”，其值是 1。代码如下所示。

```
tmp[' FlightCnt'] = 1
```

当前，如果编写测试代码，可以看到 tmp 的样式如图 6-20 所示。

使用 DataFrame 类型的 gropuby()方法，对列“DateCountry”进行聚合操作，然后使用 count()方法求解每个“Departure”元素的个数。在这里，tmp 是一个 DataFrame 对象。代码如下所示。

```
tmp = tmp.groupby('DateCountry').count()
```

当前，如果编写测试代码，可以看到 tmp 的样式如图 6-21 所示。

	DateCountry	FlightCnt
4	(2018-03-18, China)	1
5	(2018-03-17, China)	1
6	(2018-03-16, China)	1
7	(2018-03-16, China)	1
8	(2018-03-14, China)	1

图 6-20　添加列后的数据样式

DateCountry	FlightCnt
(2018-03-01, China)	400
(2018-03-02, China)	331
(2018-03-03, China)	374
(2018-03-04, China)	301
(2018-03-05, China)	365

图 6-21　统计元素后的数据样式

从图 6-21 可见，进行聚合操作之后，tmp 的行索引不再是整数，而是“DateCountry”列的值。

使用 reset_index()方法重设 tmp 的索引，并且按照“DepartureCnt”列进行降序排列。代码如下所示。

```
tmp = tmp.reset_index()
```

当前，如果编写测试代码，可以看到 tmp 的样式如图 6-22 所示。

从图 6-22 可见，“DateCountry”列的元素是元组，包含日期和国家。接下来，我们从该列的数据中提取出日期和国家，为 tmp 添加两个新列“Date”和“country”，并将“DateCountry”列删除。这部分代码如下所示。

```
tmp['Date'] = [ i[0] for i in list(tmp['DateCountry'])]
tmp['country'] = [ i[1] for i in list(tmp['DateCountry'])]
tmp = tmp.drop(( ['DateCountry']), axis = 1)
```

当前，如果编写测试代码，可以看到 tmp 的样式如图 6-23 所示。

	DateCountry	FlightCnt
0	(2018-03-01, China)	400
1	(2018-03-02, China)	331
2	(2018-03-03, China)	374
3	(2018-03-04, China)	301
4	(2018-03-05, China)	365

图 6-22　降序后的数据样式

	FlightCnt	Date	country
0	400	2018-03-01	China
1	331	2018-03-02	China
2	374	2018-03-03	China
3	301	2018-03-04	China
4	365	2018-03-05	China

图 6-23　添加/删除列后的数据样式

将 tmp 的“FlightCnt”列转换为列表，代码如下所示。

```
countryFlightList = list(tmp['FlightCnt'])
```

GenCountryFlight()方法的返回值是列表 countryFlightList，代码如下所示。

```
return countryFlightList
```

方法的完整代码清单如下所示。

```
def GenCountryFlight(DataTable,Country,
StartDate, EndDate)
country = list(Country.split())
countryFlightDF = DataTable[DataTable.Country.isin(country)]
countryFlightDF2 = GenFlightInDateRangeDF(countryFlightDF,
StartDate,EndDate)
tmp = countryFlightDF2.drop(( ['Destination',
'StartTime','ArriveTime',
'TotalTime','Departure']),
axis = 1)
tmp = pd.DataFrame(tmp.apply(lambda
row:(row['FlightDate'],
row['Country']), axis=1 ),
columns=['DateCountry'])
tmp[' FlightCnt'] = 1
tmp = tmp.groupby('DateCountry').count()
tmp = tmp.reset_index()
tmp['Date'] = [ i[0] for i in list(tmp['DateCountry'])]
tmp['country'] = [ i[1] for i in
list(tmp['DateCountry'])]
tmp = tmp.drop(( ['DateCountry']), axis = 1)
countryFlightList = list(tmp['FlightCnt'])
return countryFlightList
```

Step 3：将一段日期内各国的航班数使用时间线图表进行轮播

在本小节中，我们使用 pyecharts 的 TimeLine 图表，将一段日期内多个国家每天的航班总数用可视化的方式呈现。

统计的起始日期是“2018-03-05”；统计的结束日期是“2018-03-10”；统计的国家是 5 个，分别是“China”“Japan”“Austria”“France”“India”。运行如下代码，生成这段日期内这 5 个国家每天的航班数量。

```
DataTable = pd.read_csv('./FlightData/AllData.csv')
startDate = '2018-03-05'
endDate = '2018-03-10'

dateRange = GenAllDateInRange(startDate, endDate)
dateCnt = len(dateRange)

countryList = ['China','Japan','Austria','France','India']

countryFlightByCountry = [
GenCountryFlight(DataTable,
i,
startDate,
endDate)
for i in countryList]

countryFlightByDate=[]

for k in range(dateCnt):
    tmpList = [i[k] for i in countryFlightByCountry]
    countryFlightByDate.append(tmpList)
```

上述代码中，countryFlightByCountry 是一个列表，包含了每个国家这段日期内的航班总量，其格式如图 6-24 所示。

```
[365, 360, 336, 405, 346, 387]
[66, 70, 74, 78, 75, 79]
[39, 36, 37, 45, 40, 22]
[122, 108, 104, 129, 113, 87]
[47, 46, 42, 49, 43, 48]
```

图 6-24 求解的列表样式

从图 6-24 可见，countryFlightByCountry 是一个二维列表，其每一行的列表存储了一个国家的航班数据。由于统计了 6 天的航班数据，因此每行的列表有 6 个元素。

在轮播图中，每一个轮播页面需要的数据是当天所有国家的航班数，因此需要取出 countryFlightByCountry 中每一列的数据，生成一个新的数组 countryFlightByDate，如图 6-25 所示。

```
[365, 66, 39, 122, 47]
[360, 70, 36, 108, 46]
[336, 74, 37, 104, 42]
[405, 78, 45, 129, 49]
[346, 75, 40, 113, 43]
[387, 79, 22, 87, 48]
```

图 6-25 转换后的列表样式

可见，countryFlightByDate 相当于 countryFlightByCountry 的转置。

运行下述代码完成时间轮播图表的设计。

```
countryFlightTl = Timeline()
for i in range(dateCnt):
    flightTl = (
        Bar()
        .add_xaxis(countryList)
        .add_yaxis("航班总数", countryFlightByDate[i])
        .set_global_opts(title_opts=
opts.TitleOpts(title = "不同国家航班统计",
                pos_top = "5%",
                pos_left = "center",
                title_textstyle_opts = opts.LabelOpts(font_size = 30,font_
weight ="bold")),
                    legend_opts=opts.LegendOpts(is_show = True,
                            pos_left = '70%',
                            pos_top = '15%',
                            legend_icon = 'pin',
                            textstyle_opts = opts.LabelOpts
(font_size = 20,font_weight ="bold")))
    )
    countryFlightTl.add(flightTl,dateRange[i])
```

在这里，使用 for 循环结构向轮播图中添加图表，绘制出的日期轮播图如图 6-26 所示。

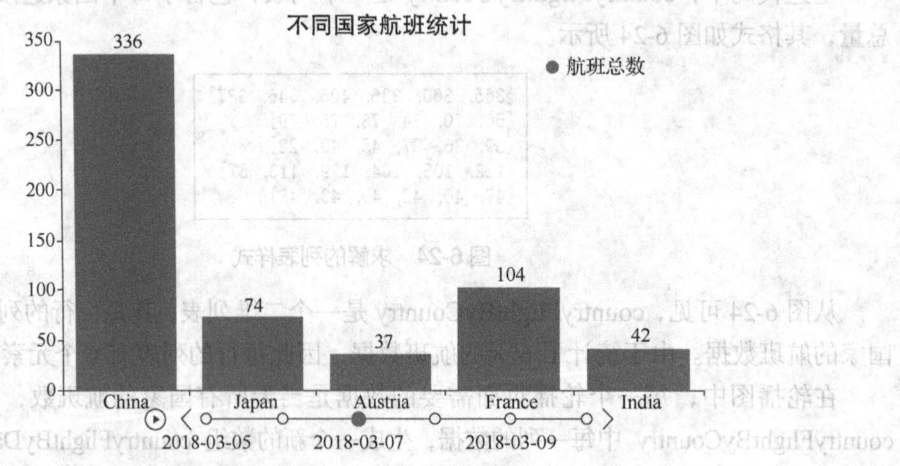

图 6-26 用日期轮播图可视化不同国家的航班总数

6.4.4 分析并可视化我国城市航班排名

微课 6-6

在本小节中，设计可视化程序，统计数据表中某国若干个城市的航班总数，并用地图热力图的方式进行可视化表达。这里的某国是指国家的名称是通过函数的参数提供的；若干个城市是指统计的城市数量是通过函数的参数提供的。

在本项目中，使用之前设计的 GenAllDateInRange()和 GenFlightInDateRangeDF()方法。

在 Notebook 中新建 Python 3 工程“FlightData_CityHeat.ipynb”，本小节的设计在该文件中完成。

Step 1：导入工程中用到的包

在本项目中，需要运行如下代码导入包。

```
import pandas as pd
import datetime
from pyecharts import charts
from pyecharts import options as opts
from pyecharts.charts import Geo
from pyecharts.globals import ChartType,SymbolType
```

Step 2：设计航班统计方法

在这里设计一个方法，用来求解某个时间段内某国若干个城市进出港的航班总数。该方法具有 5 个参数，分别是数据表、国家、城市数量、开始日期和结束日期。

方法原型是 GenCityFlight(DataTable, Country, rankNo,StartDate, EndDate)。该方法具有 5 个参数 DataTable、Country、rankNo、StartDate 和 EndDate，其中 DataTable 是存储航班数据的 DataFrame 对象，Country 是国家名称，rankNo 是求解的城市数量，StartDate 是开始日期，EndDate 是结束日期。代码清单如下所示。

```
def GenCityFlight(DataTable,
Country,
rankNo,
StartDate,
EndDate)
```

由于统计的是某国城市的航班信息，所以需要从数据表中筛选该国的航班数据。在这里，是通过对 DataTable 的“Country”列使用 isin()方法实现的。由于 isin()方法的参数是列表，所以需要将方法接收的 Country 参数转换为列表。这部分的代码清单如下所示。

```
country = list(Country.split())
countryFlightDF = DataTable[DataTable.Country.isin(country)]
```

调用之前创建的 GenFlightInDateRangeDF()方法，求解在日期 StartDate 和 EndDate 间隔内的所有航班，将方法的返回值赋给变量 countryFlightDF2。代码清单如下所示。

```
countryFlightDF2 = GenFlightInDateRangeDF(countryFlightDF,
                      StartDate,
EndDate)
```

需要统计城市的航班量，也就是该城市机场的航班数量，这意味着既需要统计出港航班，也需要统计进港航班。因此删除 tmp 中的无用列，保留“Departure”列和“Destination”列。代码清单如下所示。

```
tmp = countryFlightDF2.drop(( ['FlightDate',
'StartTime',
'ArriveTime',
'TotalTime',
'Country']),
axis = 1)
```

当前，如果编写测试代码，可以看到 tmp 的样式如图 6-27 所示。

	Departure	Destination
0	Haikou Meilan Int'l	Zhengzhou Xinzheng Int'l
1	Haikou Meilan Int'l	Zhengzhou Xinzheng Int'l
2	Haikou Meilan Int'l	Zhengzhou Xinzheng Int'l
3	Haikou Meilan Int'l	Zhengzhou Xinzheng Int'l
4	Haikou Meilan Int'l	Zhengzhou Xinzheng Int'l
5	Haikou Meilan Int'l	Zhengzhou Xinzheng Int'l
6	Haikou Meilan Int'l	Zhengzhou Xinzheng Int'l
7	Haikou Meilan Int'l	Zhengzhou Xinzheng Int'l
8	Haikou Meilan Int'l	Zhengzhou Xinzheng Int'l
9	Haikou Meilan Int'l	Zhengzhou Xinzheng Int'l
10	Haikou Meilan Int'l	Zhengzhou Xinzheng Int'l

图 6-27　处理后的数据样式

接下来，将“Departure”列和“Destination”列分别转换为列表 dList 和 aList，并将这两个列表合并为一个列表 allList。使用该列表创建一个 DataFrame 对象 tmp，其仅有一列，列名称为“Airport”。通过这种方式，可以获取进出港的所有机场。代码清单如下所示。

```
dList = list(tmp['Departure'])
aList = list(tmp['Destination'])
allList = dList + aList
tmp = pd.DataFrame(allList,columns=['Airport'])
```

当前，如果编写测试代码，可以看到 tmp 的样式如图 6-28 所示。

然后统计每个机场的航班总量。类似的项目之前章节已经实现过很多次，代码清单如下所示。

```
tmp['FlightCnt'] = 1
tmp = tmp.groupby('Airport').count()
.sort_values(by="FlightCnt",ascending=False)
.reset_index()
tmp = tmp[0:rankNo]
```

当前，如果编写测试代码，可以看到 tmp 的样式如图 6-29 所示。

	Airport
0	Haikou Meilan Int'l
1	Haikou Meilan Int'l
2	Haikou Meilan Int'l
3	Haikou Meilan Int'l
4	Haikou Meilan Int'l
5	Haikou Meilan Int'l
6	Haikou Meilan Int'l
7	Haikou Meilan Int'l
8	Haikou Meilan Int'l
9	Haikou Meilan Int'l
10	Haikou Meilan Int'l

图 6-28　合并后的数据样式

	Airport	FlightCnt
0		9115
1	Beijing Capital Int'l	7990
2	Shanghai Pudong Int'l	5843
3		5445
4	Nanjing Lukou Int'l	3183
5	Chengdu Shuangliu Int'l	2663
6	Zhengzhou Xinzheng Int'l	2269
7	Kunming Changshui Int'l	2173
8	Los Angeles Intl	1790
9		1550
10		1489

图 6-29　统计出的数据样式

由于牵涉到繁体字的问题，因此本书删除了图 6-29 中第 1、4、10 和 11 行中的繁体字。删除的内容是机场的名称。

图 6-29 所示的机场中，大部分是我国的机场，然而其中却包含了“Los Angeles Intl”这样的机场。产生这样的误差，应该是数据源没有做好正确的筛选。

GenCityFlight()方法的完整代码清单如下所示。

```
def GenCityFlight(DataTable, Country, rankNo,StartDate, EndDate):
    country = list(Country.split())
    countryFlightDF = DataTable[DataTable.Country.isin(country)]
countryFlightDF2 = GenFlightInDateRangeDF(countryFlightDF,
StartDate,
EndDate)
tmp = countryFlightDF2.drop(( ['FlightDate',
'StartTime',
'ArriveTime',
'TotalTime',
'Country']),
axis = 1)

    dList = list(tmp['Departure'])
    aList = list(tmp['Destination'])
    allList = dList + aList
    tmp = pd.DataFrame(allList,columns=['Airport'])
    tmp['FlightCnt'] = 1
tmp = tmp.groupby('Airport').count()
.sort_values(by="FlightCnt",ascending=False)
.reset_index()
    tmp = tmp[0:rankNo]
    return tmp
```

Step 3：将城市航班量使用地图热力图呈现

在本步骤中，我们使用 pyecharts 的 Geo 图表，将我国航班数量最多的 30 个机场进行可视化展示。为了突出显示各区域航班的繁忙程度，选择使用地图热力图进行呈现。

读取“./FlightData/AllData.csv”文件，设置统计的起始日期是“2017-10-01”，结束日期是“2018-03-31”，统计的国家是“China”的 30 个城市。通过运行如下代码实现上述功能。

```
DataTable = pd.read_csv('./FlightData/AllData.csv')


startDate = '2017-10-01'
endDate = '2018-03-31'


cityFlight = GenCityFlight(DataTable,
```

```
    'China',
    60,
    startDate,
    endDate)
```

上述代码中，之所以将 GenCityFlight()方法的第 3 个参数设置为 60，是为了避免数据表中可能存在非中国的城市。cityFlight 存储了分析得到的航班数据。输出该 DataFrame 对象的前 10 行，如图 6-30 所示。

```
                Airport  FlightCnt
0                香港國際機場        9115
1   Beijing Capital Int'l      7990
2   Shanghai Pudong Int'l      5843
3                廣州白雲國際機場        5445
4     Nanjing Lukou Int'l      3183
5  Chengdu Shuangliu Int'l     2663
6  Zhengzhou Xinzheng Int'l    2269
7  Kunming Changshui Int'l     2173
8       Los Angeles Intl      1790
9                武漢國際機場        1550
```

图 6-30 处理后的数据样式

由于牵涉到繁体字的问题，因此编者删除了图 6-30 中第 1、4、10 行中的繁体字。删除的内容是机场的名称。

图 6-30 中的“Beijing Capital Int’l”是北京国际机场的英文名，其航班数量是 7990。可以认为，当前的数据表中分析的结果表示，这段时间北京出入港的航班共 7990 次。基于此，我们可以创建如下列表。

```
("北京", 7990)
```

以此类推，基于 cityFlight，创建一个包含 30 个元素的列表 cityFlightCnt，该列表的元素是如上述格式所示的元组。完整的元组数据如下所示。

```
cityFlightCnt = [("香港", 9115),
                 ("北京", 7990),
                 ("上海", 6349),
                 ("广州", 5445),
                 ("南京", 3183),
                 ("成都", 2663),
                 ("郑州", 2269),
                 ("昆明", 2173),
                 ("武汉", 1550),
                 ("深圳", 1463),
                 ("三亚", 1358),
                 ("杭州", 1351),
                 ("乌鲁木齐", 113),
                 ("沈阳", 1064),
                 ("长沙", 968),
                 ("重庆", 949),
```

```
            ("海口",783),
            ("兰州", 716),
            ("大连",623),
            ("西安", 606),
            ("贵阳", 605),
            ("厦门", 597),
            ("无锡", 558),
            ("福州", 525),
            ("南宁", 519),
            ("长春", 511),
            ("合肥", 506),
            ("南昌", 443),
            ("蓬莱", 371),
            ("连云港", 333)]
```

使用 pyecharts 中的地理坐标系绘制热力图，设置图的类型是热力图 ChartType.HEATMAP。可视化的代码清单如下所示。

```
cityFlightGeo = (
    charts.Geo()
    .add_schema(maptype="china")
    .add("geo",
        cityFlightCnt,
        type_=ChartType.HEATMAP)
    .set_series_opts(label_opts=opts.LabelOpts(is_show=False))
    .set_global_opts(
        visualmap_opts=opts.VisualMapOpts(type_ = 'color',
                                          min_ = 100,
                                          max_ = 1500,
                                          orient = 'vertical',
                                          pos_left='85%',
                                          pos_top='20%'),
        legend_opts=opts.LegendOpts(is_show = False),
        title_opts=opts.TitleOpts(title="中国 30 个城市航线热力图",
                                  pos_left = "center",
                                  pos_top = 10,
                                  title_textstyle_opts = opts.TextStyleOpts(
                                          font_weight = 'bolder',
                                          font_size = 24,
                                          color = 'Black')
        )
    )
)
```

使用 render_notebook()渲染，代码如下所示。

```
cityFlightGeo.render_notebook()
```

运行上述代码，可以输出一幅热力图。热力图中显示了图的标题、地图和用颜色表示的热力分布。从输出的图可以得出结论，东南沿海城市的航班热度最高。

6.5 课后练习

一、判断题

1. 方差用于衡量两个数据误差的大小。(　　)

2. 标准差越大，说明大部分数值和其平均值差异越大。(　　)

3. 如果两个变量的变化趋势一致，也就是说如果其中一个变量大于自身的期望值，另外一个变量也大于自身的期望值，那么两个变量之间的协方差就是负值。(　　)

4. 相关系数是研究变量之间线性相关程度的量。(　　)

二、编程题

采集 30 天内深圳、厦门和成都 3 个城市的进出港航班，使用柱状图可视化每个城市数量最多的 5 种飞机型号（如波音 737、空客 A320 等）。